Konstruktionsbücher

Herausgeber Prof. Dr.-Ing. K. Kollmann, Karlsruhe

3

Berechnung und Gestaltung von Metallfedern

Von

Dipl.-Ing. **Siegfried Gross**

Sevenoaks, Kent, England

Dritte
verbesserte und erweiterte Auflage

Mit 126 Abbildungen

Springer-Verlag Berlin Heidelberg GmbH

ISBN 978-3-642-48956-3   ISBN 978-3-642-48955-6 (eBook)
DOI 10.1007/978-3-642-48955-6

Vorwort zur dritten Auflage

Noch weit mehr als bei der zweiten Auflage hat es sich als notwendig erwiesen, den Inhalt dieses Buches einer gründlichen Durchsicht zu unterziehen, um ihn auf den neuesten Stand zu bringen, und ihn zu erweitern. Darüber hinaus habe ich es für ratsam erachtet, Gebiete ausführlicher zu behandeln, denen früher nur ein knapper Raum gewidmet war, und es dem Leser dadurch im wesentlichen zu ersparen, auf andere Quellen zurückgreifen zu müssen. Das gilt vor allem für die Abschnitte über Baustoffe und zulässige Beanspruchungen, über die Tellerfeder, die Spiralfeder, die Drehstabfeder und die Ringfeder. Anderseits bin ich dem in den früheren Auflagen befolgten Grundsatz, die zu benutzenden Formeln nicht abzuleiten, mit einer einzigen Ausnahme treugeblieben, einmal weil es sich um ein Konstruktionsbuch, also um ein Buch für die Praxis handelt, zum andern weil sich sonst sein Umfang mindestens verdoppelt hätte.

In Anbetracht der fortgeschrittenen Normung habe ich davon abgesehen, Einzelheiten zu bringen, die in DIN-Blättern niedergelegt sind, z. B. Toleranzen, zeichnerische Darstellung und Prüfung. Die einschlägigen Normblätter sind im Text genannt, so daß sie der Leser heranziehen kann.

Trotz aller Hilfsmittel, die dieses Buch und die Normen bieten, mag es dem sich praktisch betätigenden Leser, besonders was die Wahl des Werkstoffes und die zulässige Beanspruchung angeht, nicht immer klar sein, ob er sich auf dem richtigen Wege befindet. Beim geringsten Zweifel sollte er sich von einem Fachmann beraten lassen. Das ist immer dringend geboten, wenn er begangene Pfade verlassen und Neuland betreten muß.

An den Konstrukteur, der — ohne ein erfahrener Federkonstrukteur zu sein — in seinen Entwürfen Federn vorsehen muß, sei die Mahnung gerichtet, sich zu vergewissern, daß für dieses wichtige Maschinenelement genügend Raum vorhanden ist. Die Betriebssicherheit einer Maschine oder eines Fahrzeuges hängt vom zuverlässigen Arbeiten und einer ausreichenden Lebensdauer *aller* Einzelteile ab. Zu ihnen gehört auch die Feder, und nicht an letzter Stelle. Wenn eine infolge Platzmangels unzureichend bemessene Feder immer wieder versagt und Betriebsstörungen verursacht, läßt sich trotz der vereinten Bemühungen von Stahlfachmann, Federkonstrukteur und Federhersteller nur selten wirksame Abhilfe schaffen. Meistens lassen sich bauliche Änderungen oder, wenn sie sich verbieten, unerwünschte Kompromißlösungen nicht vermeiden.

Dem Herrn Herausgeber sei auch an dieser Stelle für manche fruchtbare Anregung zur Neubearbeitung bestens gedankt.

Es würde mich freuen, wenn diese dritte Auflage die gleiche freundliche Aufnahme fände wie ihre Vorgänger.

Sevenoaks, im Mai 1960   **Der Verfasser**

Inhaltsverzeichnis

Einleitung

I. Das Wesen und die kennzeichnenden Eigenschaften der Federn

Alle festen Körper besitzen mehr oder minder große Elastizität oder Fedrigkeit, d. h. das Bestreben, nach Verformungen, die sie unter der Einwirkung äußerer Kräfte erfahren haben, wieder ihre ursprüngliche Gestalt anzunehmen. In dieser Eigenschaft liegt das Wesen der Feder begründet.

Als Federn im *engeren* Sinne sind Vorrichtungen anzusprechen, die durch zweckentsprechende Formgebung und Verwendung hochelastischen Baustoffes eigens dafür geschaffen sind, vermöge ihrer elastischen Formänderung mechanische Arbeit in potentielle Energie umzuformen und wieder in mechanische Arbeit zurückzuverwandeln. Hieraus entspringt die Eignung der Federn zur *Arbeitsspeicherung*, zur *Milderung von Stößen*, zur *Abfederung oder Steuerung bewegter Massen* und, wegen der gesetzmäßigen Abhängigkeit zwischen Kraft und Formänderung, zur *Kraftmessung*.

II. Baustoffe und Bauarten

Bauart und Baustoff richten sich in erster Linie nach dem Verwendungszweck. Der wichtigste Werkstoff ist Stahl von hoher Festigkeit. Besonderen Anforderungen, wie Hitze- oder Korrosionsbeständigkeit, Antimagnetismus, geringer Wärmedehnung und Unabhängigkeit des elastischen Verhaltens von der Temperatur kann man durch geeignete Zusammensetzung des Stahles Rechnung tragen. Ihnen werden zum Teil auch Federwerkstoffe wie Messing, Bronze und andere Legierungen von Nichteisenmetallen gerecht. Daneben sind Federn im Gebrauch, welche die elastischen Eigenschaften nichtmetallischer Stoffe wie Gummi, Holz, Kork und Luft ausnutzen.

Das vorliegende Buch behandelt lediglich Federn aus Metall und im besonderen aus Stahl.

1. Stahl. (Vornorm DIN 17220 enthält ein Verzeichnis aller Normen, die Federstähle betreffen.) Stahl kann durch *Kaltverformen* (Ziehen oder Walzen) oder durch *Vergüten* (d. h. *Härten* und *Anlassen*) auf Federhärte gebracht werden.

Durch *Kaltverformen* läßt sich eine Festigkeit, die der durch Vergüten erzielbaren zu vergleichen ist, nur erreichen, wenn der Durchmesser des Drahtes 14 mm und die Dicke des Federbandes 2,5 mm nicht übersteigt. Federstahldraht wird zwar bis 17 mm Durchmesser gezogen, eignet sich aber schon von etwa 9 mm an nur für sehr mäßig oder niedrig beanspruchte Federn. Wie die Festigkeit vom Drahtdurchmesser abhängt, ist aus DIN 2076 zu ersehen; Vornorm DIN 17223 gibt Auskunft, für welche Zwecke sich die Drähte der verschiedenen Güteklassen eignen. Dünne Drähte der Güteklassen I und II sind vergüteten Drähten gleichen Durchmessers hinsichtlich der Zerreißfestigkeit sogar überlegen.

Vergütungsstähle werden, je nach den Abmessungen, kaltgezogen oder -gewalzt (Vornorm DIN 17222 und 17223) oder warmgewalzt (Vornorm DIN 17221). Bandstahl, Draht und gezogene Stangen werden gewöhnlich vor der Formgebung im Durchlaufverfahren gehärtet und angelassen und kalt zu Federn geformt. Nach

Tabelle 1. *Beispiele*

Stahlart	Chemische Zusammensetzung	Eigenschaften bei Zugbeanspruchung in kg/mm²		
		Festigkeit	Elast.-Grenze	Elast.-Modul
Uhrfeder-Stahl A.S. 100 S.A.E. 1095	C 0,90—1,05% Mn 0,30—0,50%	126—239	105—218	21 100
Feder-Bandstahl A.S. 101 S.A.E. 1074	C 0,70—0,80% Mn 0,50—0,80%	112—225	87—197	21 100
Feder-Bandstahl A.S. 102 S.A.E. 1060	C 0,50—0,65% Mn 0,60—0,90% P u. S $\leqq$ 0,04%	112—197	84—126	21 100
C-Stahl-Draht A.S. 8	C 0,85—0,95% Mn 0,25—0,60%	140—175	112—147	21 100
Ölschlußgeh. Draht A.S. 10 A.S.T.M. A 229—41	C 0,60—0,70% Mn 0,60—0,90%	109—211	84—175	21 100
Klaviersaitendraht A.S. 5 A.S.T.M. A 228—47	C 0,70—1,00% Mn 0,30—0,60%	175—351	105—246	21 100
Hartgezog. Federdraht A.S. 20 A.S.T.M. A 227—47	C 0,60—0,70% Mn 0,90—1,20%	105—211	70—140	21 100
Si-Mn-Stahl A.S. 20 S.A.E. 9260	C 0,55—0,65% Mn 0,60—0,90% Si 1,80—2,20%	140—175	126—161	21 100
Cr-V-Stahl A.S. 32 S.A.E. 6150	C 0,48—0,53% V $\geqq$ 0,15% Mn 0,70—0,90% P $<$ 0,04% Si 0,20—0,35% S $<$ 0,04% Cr 0,80—1,10%	140—175	126—161	21 100
Cr-Si-Stahl A.S. 33 S.A.E. 9254	C 0,50—0,60% Mn 0,50—0,80% Si 1,20—1,60% Cr 0,50—0,80%	175—228	154—211	21 100
Rostfreier Stahl 18—8 A.S. 35 S.A.E. 30302	Cr 17—20% Mn $\leqq$ 2,00% Ni 6—10% Si 0,30—0,75% C 0,08—0,15%	112—222	42—183	19 700
Rostfreier Stahl 316 S.A.E. 30316	Cr 16—18% C $\leqq$ 0,08% Ni 10—14% Si $\leqq$ 1,0% Mo 2—3% P $\leqq$ 0,04%	119—175	91—141	19 700

amerikanischer Federstähle

| Eigenschaften bei Drehbeanspruchung in kg/mm² | | | Rockwell Härte DIN 50103 | Bemerkungen | Entsprechende deutsche Federstähle |
Festigkeit	Elast.-Grenze	Gleitmodul			
—	—	—	C 40—52	Kaltgewalzt und vor der Formgebung gehärtet. Für Uhr- und Grammophon-Federn	Entspricht M k 101, Werkstoff-Nr. 1274 0,98/1,05% C, 0,15/.25 Si, 0,35/.45 Mn, P und S kleiner als je 0,035% (für Uhr- und Schreibfedern)
—	—	—	C 38—50	Kaltgewalzt und gehärtet. Üblichster Bandstahl	Entspricht etwa M k 75, Werkstoff-Nr. 1248 0,70/.80 C, 0,15/.25 Si, 0,40/.60 Mn, P und S kleiner als je 0,040 (für Federbänder (Seeger-Sicherungen))
—	—	8100	C 38—50	Kaltgewalzt und gehärtet	Etwa Vergütungsstahl C k 60, in Deutschland selten als Federstahl verwendet, hier üblicher C k 67, Werkstoff-Nr. 1231, 0,65/.72 C, 0,25/.50 Si, 0,60/.80 Mn, P und S kleiner als je 0,035 (Federbänder)
112—140	77—105	8100	C 44—48	Kaltgewalzt oder gezogen. Für hochwertige Schrauben- und Formfedern	In Deutschland zwei Sorten für Klaviersaitendrähte: M k 87 und M k 92 mit 0,85/.89 C bzw. 0,90/.94 C, bei beiden Sorten 0,10/.20 Si, 0,25/.40 Mn, P und S kleiner als je 0,025
81—140	56—91	8100	C 42—46	Kaltgezogen und im Durchlaufverfahren gehärtet. Für Schraubenfedern (Ventilfedern)	Ähnlich C k 67 vgl. Nr. 3
105—211	63—126	je nach Durchmesser 8100 —8430	—	Patentiert und federhart gezogen. Für hochwertige kleine Federn	In Deutschland stärker nach C-Gehalt unterteilt: M k 72 mit 0,70/.74% C, M k 77 „ 0,75/.79% C, M k 82 „ 0,80/.84% C, M k 87 „ 0,85/.89% C, M k 92 „ 0,90/.94% C, M k 97 „ 0,95/.99% C, alle für Klaviersaitendrähte, Si, Mn, P und S vgl. Nr. 4
84—154	53—91	8100	—	Patentiert und federhart gezogen	In Deutschland kein zu vergleichender Federstahl
98—123	70—91	8100	C 42—52	Kalt- oder warmgewalzt oder gezogen. Warmfester als Cr-V-Stahl	In Deutschland nicht so hohe Si-Gehalte, vergleichbar etwa 65 Si Mn 5 mit 0,60/.70 C, 1,0/1,3 Si, 0,90/1,1 Mn für Ringfedern. Werkstoff-Nr. 0931
98—123	77—91	8100	C 42—48	Kaltgewalzt oder gezogen. Für besondere Zwecke	Etwa 50 Cr V 4, Werkstoff-Nr. 8159 mit 0,47/.55 C, 0,15/.35 Si, 0,80/1,1 Mn, 0,90/1,2 Cr, 0,07/0,12 V
112—141	90—112	8100	C 47—51	Kaltgewalzt oder gezogen. Für hohe Beanspruchungen. Gut warmfest bis 230° C	67 Si Cr 5, Werkstoff-Nr. 7103 ist im C-Gehalt etwas höher, dafür in Mn- und Cr-Gehalten etwas niedriger. 0,62/.72 C, 1,2/1,4 Si, 0,40/.60 Mn, 0,40/.60 Cr
84—169	31—98	7000	C 35—45	Kaltgewalzt oder gezogen. Beste Rostbeständigkeit. Ziemlich warmfest	Etwa X 12 Cr Ni 18 8, Werkstoff-Nr. 4300
84—154	56—91	7750	C 35—45	Kaltgewalzt oder gezogen. Wärmebehandlung nach der Formgebung. Rostsicher, wenn poliert. Gut warmfest	Etwa X 5 Cr Ni Mo 18 10, Werkstoff-Nr. 4401

Tabelle 2. *Nichteisenmetalle*

Werkstoff	Chemische Zusammensetzung		Eigenschaften bei Zugbeanspruchung in kg/mm²		
			Festigkeit	Elast.-Grenze	Elast.-Modul
Messing A.S. 55 A.S. 155	Cu Zn	64—72% Rest	70—91	28—42	10550
Neusilber	Cu Zn Ni	56% 25% 18%	95—105	56—77	11250
Phosphorbronze A.S. 60 A.S. 160	Cu Sn oder Cu Sn	91—93% 7— 9% 94—96% 4— 6%	70—105	42—77	10550
Siliziumbronze A.S. 46 A.S. 146	Si Mn und Sn Cu	2—3% kleine Zusätze Rest	70—105	42—77	10550
Monel A.S. 40 A.S. 140	Ni Cu Mn Fe	64% 26% 2,5% 2,25%	70—98	56—84	18300
Inconel X A. S.40 A.S. 140	Ni Cr Fe Zusätzen von Mn, Al, Ti und Nb	70% 14% Rest mit kl.	98—123	77—95	·21800
Inconel A.S. 40 A.S. 140	Ni Cr Fe	80% 14% Rest	98—123	77—95	21800
Permanickel A.S. 40 A.S. 140	Ni Rest: Cu, Mn, Fe, Si, Mg und Ti	97%	127—162	91—120	21100
Iso-Elastic	Ni Cr Mo Fe	36% 8% 0,5% Rest	120	72	18300
Berylliumkupfer A.S. 45 A.S. 145	Cu Be	98% 2%	120—141	77—105	11250—13000 je nach Wärmebehandlung

Die Vergleiche mit deutschen Werkstoffen sind nach der chemischen Zusammensetzung gezogen und nicht nach den erzielbaren Festigkeitseigenschaften, die stark querschnittsabhängig sind; ganz allgemein in Deutschland engere Analysengrenzen.

schlußgehärtet und zeichnet sich besonders in der Güte *Ventilfederdraht* durch hohe Dauerfestigkeit aus. Daneben gibt es den sog. *Wasserdraht*, der gezogen, in Wasser gehärtet und nochmals gezogen wird, sich aber wegen seiner geringen Festigkeit nur für Polster- und Matratzenfedern und für ähnliche Zwecke eignet.

Warmgewalzte oder geschmiedete Vergütungsstähle umfassen Blattfederstahl, glatt oder gerippt, für geschichtete Blattfedern, runden und rechteckigen Stabstahl für Schrauben- und Drehstabfedern, Flachstahl für Kegel- und Tellerfedern und *als Federwerkstoff*

| Eigenschaften bei Drehbeanspruchung in kg/mm² | | | Rockwell Härte DIN 50103 | Bemerkungen | Entsprechende deutsche Werkstoffe |
Festigkeit	Elast.-Grenze	Gleit-modul			
31—63	21—42	3870	B 90	Kaltgewalzt oder gezogen. Korrosionssicher. Gute elektrische Leitfähigkeit. Für niedrige Beanspruchungen	Ms 63, Ms 67 bis Ms 72 DIN 17066
60—70	42—49	3870	B 95—100	Kaltgewalzt oder gezogen. Fester als Messing. Korrosionssicher	In Deutschland für Federn Neusilber mit höherem Cu-, geringerem Zn-Gehalt. Z. B. Ns 65 12 oder Ns 62 18 DIN 17663
56—74	35—60	4400	B 90—100	Kaltgewalzt oder gezogen. Korrosionssicher. Gute elektrische Leitfähigkeit	SnBz 8 oder SnBz 6 DIN 17662
56—74	35—60	4400	B 90—100	Kaltgewalzt oder gezogen. Billigerer Ersatz für Phosphorbronze	Nicht üblich
52—77	31—49	6700	C 23—28	Kaltgewalzt oder gezogen. Korrosionssicher. Für mäßige Beanspruchungen bis zu 200° C	Etwa Ni 67 Cu DIN 1727
67—84	39—56	7750	C 30—40	Kaltgewalzt oder gezogen. Bei geeigneter Wärmebehandlung bis zu 480° C brauchbar	Nicht üblich
67—84	39—56	7750	C 30—40	Kaltgewalzt oder gezogen. Korrosionssicher. Hoch beanspruchbar bis zu 340° C	Ni 80 Cr (Heizleiterlegierung), für Federn in Deutschland Ni 60 Cr Mo Be oder Ni 60 Fe Mo DIN 1727
84—105	42—63	7750	C 36—46	Kaltgewalzt oder gezogen. Ausscheidungshärtung. Korrosionssicher. Hoch beanspruchbar bis zu 285° C	Zusammensetzung, ähnlich Ni 98,7 DIN 1727, Anodenlegierung, nicht für Federn
—	42	6500	C 30—36	*E*-Modul fast temperaturunabhängig (Temp.-Koeff. nur $20—14,5 \times 10^{-6}/°$ C). Für Unruhen und feine Meßinstrumente	Nicht üblich
70—91	45—67	4200 —4900 je nach Wärmebehandlung	C 35—42	Kaltgewalzt oder gezogen. Korrosionssicher wie Kupfer. Für Federn hoher elektrischer Leitfähigkeit, z. B. Bürsten- und Kontaktfedern	Beryllium-Bronze, nicht genormt. $\sim 2,5\%$ Be

Blech für Tellerfedern mit mehr als 240 mm Durchmesser. Diese Stähle sind durchweg *legiert*, d. h. sie enthalten (außer Mangan) Silizium, Chrom, Molybdän oder Vanadium. Vornorm DIN 17221 enthält eine Liste legierter Federstähle und belehrt über ihre Anwendungsgebiete. Die Stähle sind dort in Qualitäts- und Edelstähle eingeteilt. Edelstähle zeichnen sich durch größere Reinheit und Gleichmäßigkeit aus und werden daher höchsten Anforderungen gerecht. Wegen ihrer besseren Durchhärtbarkeit eignen sie sich besonders für große und größte Querschnitte. Für gezogene und geschliffene Stangen sollte nur Edelstahl verwendet werden. Auch Draht und Bandstahl sind als legierter Vergütungsstahl erhältlich.

Neben gewöhnlichen Federstählen gibt es *rostfreie* und *warmfeste*, für welche die Vornormen DIN 17224 und 17225 gelten.

In Tab. 1, S. 2, sind einige amerikanische Federstähle aufgeführt. Diese Tabelle ist insofern besonders nützlich, als sie auch Angaben über die Eigenschaften der Stähle bei Drehbeanspruchung enthält.

Die in den deutschen Normen und in Tab. 1 angegebenen Festigkeiten und Streckgrenzen sind an Proben auf Werkstoffprüfmaschinen ermittelte Werte. Sie lassen sich in der fertigen Feder durch *Setzen*, d. h. durch wiederholtes zu bleibenden Verformungen führendes Überlasten, ganz beträchtlich erhöhen. Von diesem Mittel macht der Federhersteller fast immer Gebrauch.

Trotz der in den Normen enthaltenen Belehrungen sollte sich der in Werkstofffragen nicht hinreichend erfahrene Federkonstrukteur bei der Wahl des Werkstoffes vom Federhersteller beraten lassen. Es werden ihm dann Mißerfolge oder Ausgaben erspart bleiben, wenn er davor bewahrt bleibt, unnötigerweise einen zu teuren Stahl vorzuschreiben.

Außer den Festigkeitseigenschaften sind *Elastizitäts-* und *Gleitmodul* für die Federberechnung wichtig. — Hinsichtlich des *Elastizitätsmoduls* liegen klare Verhältnisse vor. Bei normalen Federstählen wird international einheitlich mit $E = 21000$—21100 kg/mm^2 gerechnet, gleichgültig ob es sich um kalt verfestigten oder vergüteten Stahl handelt. Für nickelhaltige Stähle, wie die rostfreien Stähle X 12 CrNi 17 7 (auch unter warmfesten Stählen aufgeführt) und X 5 CrNiMo 18 10 und für die amerikanischen Stähle 18—8 und 316 (s. Tab. 1) ist der E-Modul kleiner. Für die deutschen Stähle ist 18000 kg/mm^2, für die amerikanischen aber 19700 kg/mm^2 angegeben, obwohl der Nickelgehalt in beiden Fällen derselbe ist und auch sonst in der Zusammensetzung kaum Unterschiede bestehen.

Wird der E-Modul aus Biegeversuchen ermittelt, so ergibt sich ein etwas höherer Wert als beim Zugversuch. Es empfiehlt sich daher bei Biegefedern aus *gewöhnlichem* Stahl mit $E = 21500$ kg/mm^2 zu rechnen.

Die als *Gleitmodul* gewöhnlichen Federstahls angegebenen Zahlenwerte sind weniger einheitlich. Nach den deutschen Normen ist mit $G = 8300$ kg/mm^2 für kalt verfestigten und mit 8100 kg/mm^2 für vergüteten Stahl zu rechnen, in England und den USA hingegen in beiden Fällen mit 8100 kg/mm^2. Eine Ausnahme bildet der amerikanische Klaviersaitendraht mit 8100—8430 kg/mm^2 (der obere Wert gilt für kleinste Durchmesser). — Der Verfasser hat mit bestem Erfolg auch Schraubenfedern aus Vergütungsstahl mit 8300 kg/mm^2 berechnet. Folgender Hinweis mag dazu beitragen, die unterschiedlichen Werte des G-Moduls zu erklären.

F. Körber und W. Roland fanden bei Zugversuchen, daß sich der E-Modul durch bleibendes Recken erniedrigte, aber nach längerem Lagern der Probe auf den vor der Verformung gemessenen höheren Wert zurückging. Da ähnliche Beobachtungen hinsichtlich des G-Moduls im Schrifttum nicht zu finden waren, machte R. Mailänder auf die Bitte des Verfassers Ende der dreißiger Jahre einen Verdrehversuch mit einem ziemlich weichen Vergütungsstahl. Bei Prüfspannungen unterhalb der Fließgrenze ergab sich $G = 8210$ kg/mm^2. Wurde aber die Fließgrenze um 40% überschritten, so sank der Modul auf 7990 kg/mm^2. Um die Alterungszeit abzukürzen, wurde nun die Probe eine Stunde auf einer Temperatur von 250° gehalten. Danach ergab sich $G = 8310$ kg/mm^2.

Dieser Versuch beweist, daß die Moduln von dem Verformungszustand und von der nach einer bleibenden Verformung verflossenen Zeit abhängen. Nun erfahren fast alle Federn bei der Fertigung eine bleibende Verformung. Bei der im allgemeinen nicht lange danach stattfindenden Abnahmeprüfung wird also der G-

Modul vermutlich etwa 8000 kg/mm² betragen, und eine mit einem höheren Wert berechnete zylindrische Schraubenfeder oder eine Kegelfeder müßte sich als etwas zu weich erweisen. Schon wegen der Unsicherheit, die hinsichtlich der Zahl der wirksamen Windungen besteht, wird sich das kaum bemerkbar machen, und der Hersteller wird die Feder innerhalb der Toleranzen halten können. Anders bei Drehstabfedern, die genau auf Maß gearbeitet werden. Sie sollten mit $G = 8000$ kg/mm² berechnet werden, wie in DIN 2091 empfohlen.

2. Nichteisenmetalle. Soweit es sich um Werkstoffe für korrosionsfeste Federn handelt, bestand diese Gruppe vor etwa 25 Jahren eigentlich nur aus Messing, Bronze und allenfalls Neusilber. Heute ist der Gebrauch von Messing wegen seiner geringen Festigkeit und stark schwankenden Eigenschaften sehr zurückgegangen. Dafür sind Nickel- und Berylliumlegierungen hinzugekommen, die neben Korrosionssicherheit andere höchst erwünschte Eigenschaften besitzen, wie Warmfestigkeit oder Unabhängigkeit der Moduln von der Temperatur oder vorzügliche elektrische Leitfähigkeit.

DIN 2095 *Zylindrische Druckfedern aus Runddraht, kaltgeformt* enthält ein Verzeichnis der für Kupfer-, Messing-, Bronze- und Neusilberdrähte geltenden DIN-Blätter. Federblech und Federband aus Kupfer sind nach DIN 1777 und 1780 genormt, und Tab. 2 auf S. 1150 und Tab. 4 auf S. 1154 in Hütte I, 28. Aufl. bringen eine Zusammenstellung der unter verschiedenen Handelsnamen hergestellten Nickellegierungen. Eine gute Übersicht über Nichteisenmetalle gibt die auf amerikanischen Unterlagen beruhende Tab. 2, S. 4, die außer dem Verwendungszweck auch wichtige Angaben enthält, die anderwärts kaum oder gar nicht zu finden sind.

III. Zweck und Grundbegriffe der Federberechnung

Die Federn lassen sich nach der Art der Beanspruchung, der ihr Baustoff überwiegend unterworfen ist, im wesentlichen in drei große Gruppen einteilen, nämlich in Biegefedern, Drehfedern und Zug- und Druckfedern.

Die Federberechnung dient zur Ermittlung der für einen bestimmten Verwendungszweck geeignetsten Feder. Sie beruht im wesentlichen auf der Anwendung dreier Gleichungsgruppen, nämlich

1. der Abhängigkeit der *Verformung* von der Belastung oder der Federkraft von der Verformung;

2. der Abhängigkeit der *Beanspruchung* des Werkstoffes von der Belastung oder der Verformung;

3. der Abhängigkeit der *Federarbeit* von der Verformung und Belastung oder von der Beanspruchung.

Infolge der durch eine Last P hervorgerufenen Verformung der Feder verschiebt sich der Lastangriffspunkt um ein Stück f, das *Federung* oder *Federweg* (bei Biegefedern auch *Durchbiegung*) genannt wird. Die zeichnerische Darstellung von P in Abhängigkeit von f heißt die Kraft-Weg-Linie oder *Kennlinie* der Feder. Sie ist häufig eine Gerade oder fast eine Gerade (Abb. 1). Es gibt aber auch Federarten mit gekrümmter Kennlinie, die gegen die f-Achse konvex oder konkav sein kann. Ist sie, wie die Kennlinie I in Abb. 2, konvex, so nimmt das einem unveränderten Lastintervall $P_2 - P_1$ entsprechende Federungsintervall $f_2 - f_1$ mit zunehmender Last P ab; bei der konkaven Kennlinie II dagegen nimmt es zu.

Denkt man sich $P_2 - P_1 = \Delta P$ sehr klein, so wird auch $f_2 - f_1 = \Delta f$ sehr klein, und im Grenzfalle ist

$$\lim \frac{\Delta f}{\Delta P} = \frac{df}{dP} = \operatorname{tg} \alpha = C$$

der Tangens des Winkels α, den die Tangente an die Kennlinie mit der P-Achse einschließt. C heißt die *Einheitsfederung*, d. h. die Federung je Einheit der Last. Sie wird gewöhnlich in cm/kg oder mm/kg angegeben. Daneben sind auch mm/100 kg und mm/t gebräuchlich. Der Kehrwert $1/C = c$ heißt sinngemäß *Einheitskraft*, da er die Kraft oder Last je Einheit der Federung angibt; außerdem kommen die Bezeichnungen Federkonstante, Federsteife oder Federhärte vor. Der ziemlich nichtssagende Ausdruck Federkonstante hat höchstens dann eine gewisse Berechtigung, wenn die Federkennlinie eine Gerade (Abb. 1) und daher $c = P/f$ wirklich über die ganze Kennlinie hin unveränderlich ist. In diesem Falle sind die Tangente an die Kennlinie und die Kennlinie selbst ein und dieselbe Linie, und $C = f/P = \operatorname{tg} \alpha$ ist der Tangens des Winkels α, unter dem die Kennlinie gegen die P-Achse geneigt ist (s. Abb. 2).

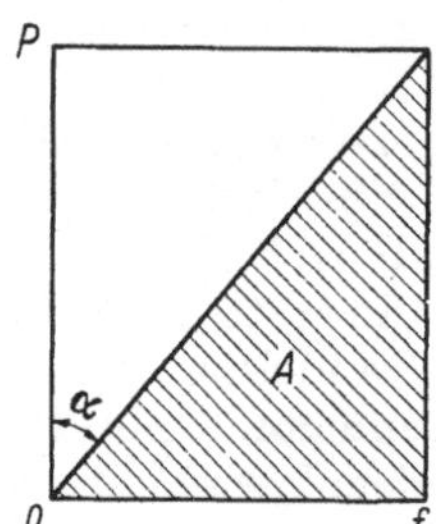

Abb. 1. Gerade Federkennlinie

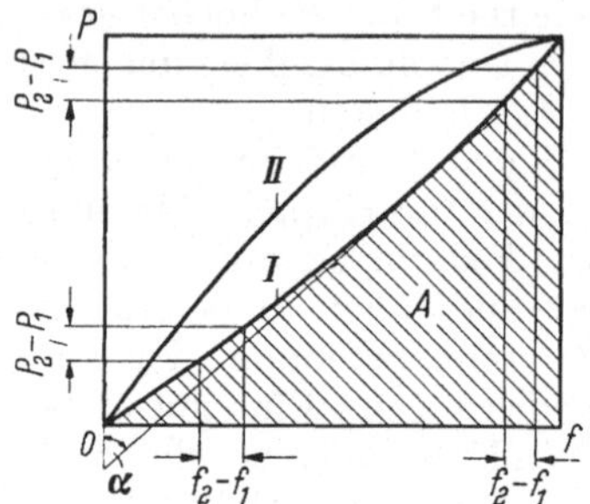

Abb. 2. Gekrümmte Federkennlinien

Bei praktisch gerader Kennlinie ist das elastische Verhalten einer Feder durch die Einheitsfederung oder durch die wegen ihrer Bedeutung für die Schwingungslehre eine noch größere Rolle spielende Einheitskraft ganz eindeutig bestimmt, so daß die Kennlinie nicht aufgezeichnet zu werden braucht. Dagegen wird sich das Aufzeichnen einer gekrümmten Kennlinie häufig nicht umgehen lassen, da sie sich nur punktweise errechnen läßt.

Die Frage nach der durch eine Kraft P oder eine Federung f hervorgerufenen *Beanspruchung* des Werkstoffes wird sich meistens durch Aufstellen ausreichend genauer Formeln für den *Höchstwert der Spannung* in Abhängigkeit von P und f beantworten lassen, da unter Berücksichtigung der Festigkeitseigenschaften des gewählten Werkstoffs nur dieser Höchstwert für die vom Festigkeitsstandpunkt richtige Bemessung einer Feder maßgebend ist. Besonders für die Bemessung solcher Federn, die dazu dienen sollen, bewegte Massen bis zum Stillstand zu verzögern (Pufferfedern), spielt *die Federarbeit* eine wichtige Rolle. Die Arbeit A einer Feder, deren Lastangriffspunkt infolge der Kraft P den Weg f zurücklegt, ist nach Abb. 1 und 2 durch die gestrichelte Fläche unter der Kennlinie gekennzeichnet. Die Arbeit erhält man durch Ausmessen der Fläche und Multiplizieren mit den Maßstäben, in denen P und f aufgetragen sind. Bei gerader Kennlinie ist A einfach durch die Arbeitsgleichung $A = 1/2\, P f$ gegeben. Setzt man die als bekannt vorausgesetzten Beziehungen zwischen P und f einerseits und der Beanspruchung anderseits in die Arbeitsgleichung ein, so erhält man die Federarbeit in Abhängigkeit von der Beanspruchung und vom Federvolumen. Der Proportionalitätsfaktor ist eine allein von der Gestalt der Feder abhängige Kennzahl k. Sie gibt an, wie die Volumeneinheit oder auch die Gewichtseinheit des Werkstoffes verschieden gestalteter, aber aus demselben Werkstoff bestehender Federn bei gleicher Beanspruchung ausgenutzt wird.

IV. Die zulässigen Spannungen

Nur bei ruhender oder sich selten wenig und langsam ändernder Last darf eine Feder ohne Schaden bis zur Streckgrenze beansprucht werden. Selbst bei gelegentlicher Überlastung wird sie dann nicht brechen, sondern sich allenfalls bleibend verformen; sie *setzt sich*, wie es in der Werkstattsprache heißt. Sehr viele Federn werden aber — mehr oder weniger häufig und oft sehr schnell oder gar stoßartig — teilweise oder fast ganz belastet und wieder entlastet. So ändert sich die ruhende Belastung einer Fahrzeugtragfeder mit der Nutzlast. Dieser *Mittellast* überlagern sich Laständerungen, die durch Unebenheiten der Fahrbahn usw. hervorgerufen werden. Bei Ventilfedern der Kolben-Dampf- und Verbrennungskraftmaschinen erhöht sich die der Schließkraft des Ventils entsprechende Grundbelastung periodisch um einen dem Ventilhub verhältnisgleichen Betrag; man kann aber auch sagen, daß sich einer dem halb geöffneten Ventil entsprechenden Mittellast eine dem halben Ventilhub entsprechende Lastschwankung überlagert Gegenüber solchen häufigen und sich periodisch wiederholenden Änderungen der Last und den entsprechenden Spannungsschwankungen verhält sich der Werkstoff ganz anders als bei verhältnismäßig wenigen, aber großen Laständerungen. Übersteigen Zahl und Größe der Spannungsschwankungen gewisse Werte, so bricht die Feder ohne vorhergehende bleibende Verformung, auch wenn die Spannungsspitzen die Streckgrenze bei weitem nicht erreichen. Als einziges Anzeichen eines bevorstehenden *Dauerbruches* ist ein Haarriß an der Oberfläche des Werkstoffes festzustellen, und zwar oft lange, bevor der endgültige Bruch eintritt. Der größte Teil des gebrochenen Querschnittes ist auffallend glatt und zeigt konzentrische Linien um die Ausgangsstelle des Bruches; der kleine *Gewaltbruch* (*Restbruch*), der eintritt, wenn der Dauerbruch genügend weit fortgeschritten ist, hat hingegen eine rauhe und zerklüftete Oberfläche.

Eine häufigen Laständerungen unterworfene Feder läßt sich auf Grund der durch statische Versuche ermittelten Festigkeitseigenschaften *allein* nicht einwandfrei berechnen. Es ist mindestens ebenso wichtig, die aus Dauerschwingversuchen (s. DIN 50100) gefundene *Dauerfestigkeit* zu berücksichtigen.

Je nachdem es sich um Normal- oder Schubspannungen handelt, entspricht einer Mittellast eine Mittelspannung σ_m oder τ_m, und der halben Lastschwankung eine *Spannungsamplitude* σ oder τ. Die Spannung schwankt also zwischen der unteren Grenzspannung $\sigma_u = \sigma_m - \sigma$ oder $\tau_u = \tau_m - \tau$ und der oberen Grenzspannung $\sigma_o = \sigma_m + \sigma$ oder $\tau_o = \tau_m + \tau$. Wenn man z. B. sagt, eine Feder sei mit $2500 \pm 1500\ \text{kg/cm}^2$ beansprucht, so ist damit gemeint, daß einer Mittelspannung von $2500\ \text{kg/cm}^2$ eine Spannungsschwankung von $\pm 1500\ \text{kg/cm}^2$ überlagert ist, oder — mit anderen Worten — daß sich die Spannung periodisch zwischen $1000\ \text{kg/cm}^2$ und $4000\ \text{kg/cm}^2$ ändert.

Die Lebensdauer einer Feder, d. h. die Zahl der Laständerungen, die sie bis zum Bruch aushält, hängt von der Mittelspannung, besonders aber von der Spannungsamplitude ab, die, weil die Lebensdauer begrenzt ist, *Zeitfestigkeit* genannt wird. Bei gegebener Mittelspannung wächst die Lebensdauer mit abnehmender Amplitude. Verringert man die Amplitude nun so weit, daß die Feder 10 Millionen Laständerungen aushält, ohne zu brechen, so läßt sich mit großer Sicherheit annehmen, daß sie dauernd hält. Diese Grenzamplitude heißt daher *Dauerfestigkeit*. Die Dauerfestigkeit für die Mittelspannung null wird *Wechsel-* oder *Schwingungsfestigkeit* genannt. Sie spielt bei Federn keine große Rolle, weil sie technisch nur in sehr seltenen Fällen positiven *und* negativen Belastungen unterworfen werden (ein solcher Fall ist die Aufhängefeder eines Uhrpendels). Um so wichtiger ist die *Schwell-*

festigkeit. Sie ist die Amplitude der Dauerfestigkeit für die untere Spannungsgrenze null; Amplitude und Mittelspannung sind also einander gleich.

Trägt man die Dauerfestigkeit in Abhängigkeit von der Mittelspannung auf, so ergibt sich ein *Dauerfestigkeitsschaubild* (s. Abb. 3 und 4). Bei Normalspannungen, also bei Zug- und Druck oder Biegung, sind die Grenzkurven durchweg gekrümmt, wie es das Schaubild Abb. 3 zeigt, dessen äußere Grenzkurven für geschliffene Federblätter gelten. Aus dem Verlauf dieser Kurven geht hervor, daß die Wechsel-

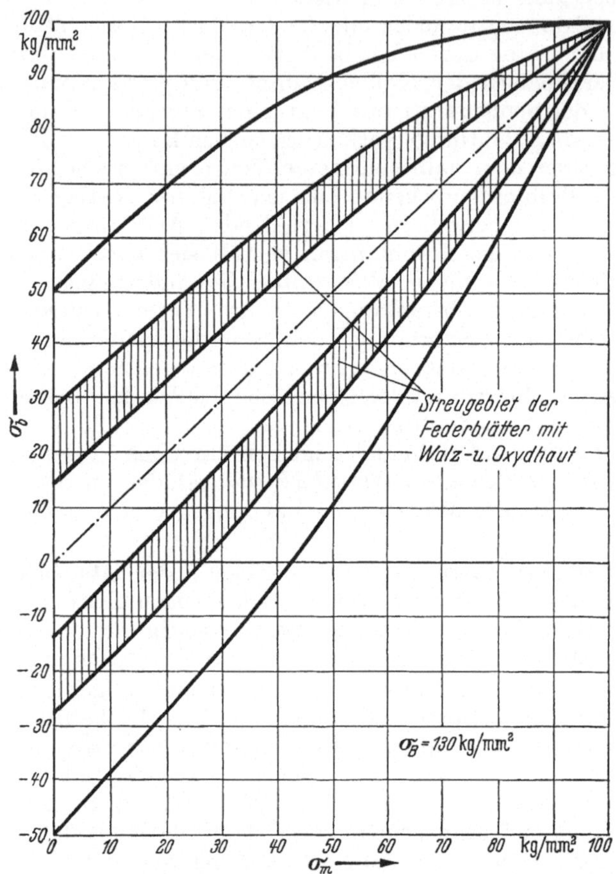

Abb. 3. Dauerfestigkeitsschaubild für Blattfedern

festigkeit $\sigma_{wb} \pm 50\,\mathrm{kg/mm^2}$ beträgt. — Die untere Grenzkurve schneidet die Null-Achse bei $\sigma_m = 43\,\mathrm{kg/mm^2}$. Diesem Schnittpunkt entspricht auf der oberen Grenzkurve der Spannungswert $86\,\mathrm{kg/mm^2}$. Die Schwellfestigkeit ist also $\sigma_{sch} = \pm \frac{1}{2} \cdot 86 = \pm 43\,\mathrm{kg/mm^2}$. Für $\sigma_m = 50\,\mathrm{kg/mm^2}$ ist die untere Grenzspannung $10\,\mathrm{kg/mm^2}$ und die obere Grenzspannung $90\,\mathrm{kg/mm^2}$. Die Dauerfestigkeit ist demnach $50 \pm 40\,\mathrm{kg/mm^2}$, usw.

In den Dauerfestigkeitsschaubildern schubbeanspruchter Federn, wie zylindrischer Schraubenfedern, Kegelstumpffedern und Drehstabfedern, sind die Grenzkurven praktisch Gerade, die bei mäßig großen Werten der Wechselfestigkeit über den größten Teil ihrer Länge ungefähr parallel verlaufen (Abb. 4).

Unter gleichen Arbeitsbedingungen und bei gleicher Werkstoffgüte hängt die Beanspruchbarkeit einer Feder wesentlich von der Beschaffenheit ihrer Oberfläche ab. Nicht so sehr im Bereich der Zeitfestigkeit und da um so weniger je höher die Spannungsamplitude und je kürzer infolgedessen die Lebensdauer ist. Dagegen hat die Oberfläche einen entscheidenden Einfluß auf die Dauerfestigkeit, der mit der Härte, d. h. Festigkeit des Werkstoffes wächst. Das gilt für Stähle und Nichteisenmetalle.

Soweit es sich um geschliffene und dann polierte Oberflächen handelt, ist die Dauerfestigkeit recht genau bekannt. Die Hütte I, 28. Aufl. S. 1007 entnommene Tab. 3 enthält die entsprechenden Werte der Wechselfestigkeit der wichtigsten warm gewalzten Stähle nach DIN 17221 für Biegung (σ_{wb}) und Drehung (τ_w).

Tabelle 3. *Streckgrenze, Zerreißfestigkeit und Dauerfestigkeit bei Biegung und Drehung in kg/mm²*
bei Raumtemperatur

Stahlart	$\sigma_{0,2}$	σ_B	$\sigma_b\,\%$	σ_{wb}	τ_w	Bemerkungen
38 Si 6	105—115	120—140	7	55—65	35—40	Die Wechselfestigkeits-
46 Si 7	110—125	130—150	6	60—70	38—43	werte gelten für po-
55 Si 7	110—125	130—150	6	62—72	40—47	lierte Probestäbe;
65 Si 7	115—130	135—150	6	70—80	45—50	bei Stäben mit Walz-
50 CrV 4	120—135	135—170	6	75—85	48—53	haut liegen sie 50—60% tiefer

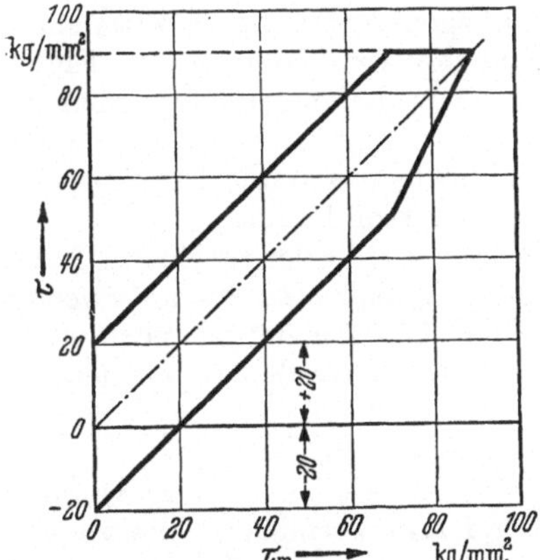

Abb. 4. Dauerfestigkeitsschaubild für zylindrische Schraubenfedern (Ventilfedern mittlerer Güte)

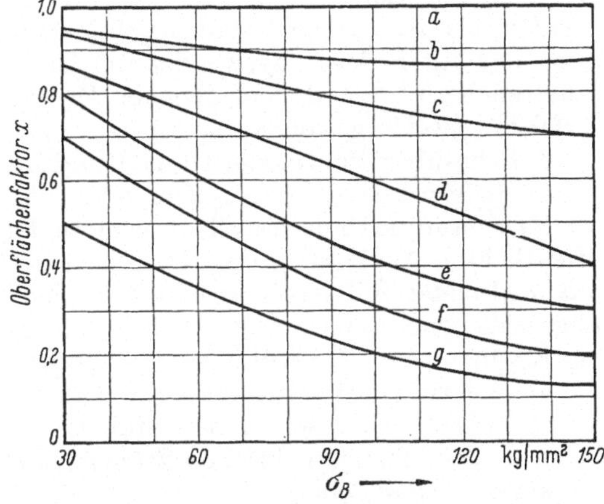

Abb. 5. Abhängigkeit der Wechselfestigkeit von der Bruchfestigkeit bei verschiedener Oberflächenbeschaffenheit (nach LEHR, Hütte I, 28. Aufl.). *a* poliert; *b* geschliffen; *c* geschruppt; *d* ringförmiger Spitzkerb; *e* Walzhaut; *f* Korrosion (Leitungswasser); *g* Korrosion (Seewasser)

Tab. 3 zeigt, daß die Wechselfestigkeit bei polierter Oberfläche mit zunehmender Zerreißfestigkeit σ_B wächst. Nun ist aber die Oberfläche technischer Federn im allgemeinen höchstens geschliffen. Stahl mit rechteckigem Querschnitt für schwere Schraubenfedern läßt sich wirtschaftlich nicht schleifen. Seine Oberfläche ist daher immer eine narbige und mehr oder minder entkohlte Walzhaut. Rundstahl läßt sich in Stangenform bequem schleifen. Wenn er warm zu einer Feder gewickelt wird, ist es unvermeidlich, daß er dabei mit Luft in Berührung kommt und zum mindesten eine leichte Randentkohlung erfährt.

Aus Abb. 5 ist zu ersehen, in welchem Verhältnis die Wechselfestigkeit eines Probestabes aus Stahl mit minderwertiger Oberfläche zu der Wechselfestigkeit derselben Probe in poliertem Zustand steht. Dieses Verhältnis ist durch den Oberflächenfaktor x ausgedrückt, mit dem die Wechselfestigkeit für polierte Oberfläche zu multiplizieren ist. Das Schaubild läßt erkennen, daß selbst eine roh bearbeitete Oberfläche immer noch besser ist als eine Walzhaut oder gar als eine ursprünglich blanke und dann korrodierte Oberfläche. Der Einfluß der Oberflächenbeschaffenheit nimmt offensichtlich mit wachsender Festigkeit σ_B zu, so daß es bei minderwertiger Oberfläche wenig oder gar keinen Zweck hat, die Festigkeit zu erhöhen. Die Kurven der Abb. 5 können selbstverständlich nur einen Anhalt für die zu erwartende Wechsel- und Dauerfestigkeit geben.

Der Konstrukteur ist nun vor allem an Dauerfestigkeitswerten interessiert, die er unmittelbar der Berechnung der einzelnen Federarten zugrunde legen darf, ohne erst umrechnen zu müssen. Hierzu läßt sich folgendes sagen [1]:

1. Blattfedern aus einem der üblichen Blattfederstähle bei $\sigma_B \approx 140 \text{ kg/mm}^2$ und bei einer Mittelspannung $\sigma_m = 50 \text{ kg/mm}^2$.

a) einzelne Blätter mit geschliffener Oberfläche $\qquad \sigma = \pm\ 40$ bis 45 kg/mm^2,

b) einzelne Blätter mit Walzhaut $\qquad\qquad\qquad \sigma = \pm\ 12$ bis 20 kg/mm^2,

c) geschichtete Blattfedern, aus Blättern mit Walzhaut bestehend und gut geschmiert $\qquad\qquad\qquad\qquad\qquad\qquad \sigma = \pm\ 10$ bis 12 kg/mm^2.

Geschichtete Blatt-Tragfedern für Schienen- und Straßenfahrzeuge (und dasselbe gilt auch für Schrauben-Tragfedern) werden wohl auch heute noch überwiegend lediglich statisch berechnet, d. h. nach der Mittelspannung bemessen, die der größten *ruhenden* Belastung entspricht. Gegen dieses Verfahren ist so lange nichts einzuwenden, als die aus der Erfahrung bekannten zulässigen Werte dieser Mittelspannung nur auf Federn angewendet werden, die ähnliche Abmessungen und Eigenschaften besitzen und dem gleichen Zweck dienen wie diejenigen, an denen die Erfahrungswerte gewonnen sind.

2. Schrauben-Ventilfedern aus Rundstahl von höchstens 5 mm Durchmesser.

a) Federn aus hartgezogenem oder ölschlußgehärtetem Draht.

Es sei auf die Dauerfestigkeitsschaubilder verwiesen, die in der im Entwurf veröffentlichten Neufassung des Normblattes DIN 2089 *Zylindrische Schraubenfedern aus Federstahl mit Kreisquerschnitt* erschienen sind. Die Ergebnisse noch nicht abgeschlossener Versuche mit mehr als 5 mm Durchmesser werden gegebenenfalls als Ergänzungsblatt veröffentlicht werden.

b) Federn aus Vergütungsstahl, kalt gewickelt und dann vergütet

α) Federn aus geschliffenen Stäben $\qquad\qquad\qquad \tau_w = \pm\ 15\text{—}17 \text{ kg/mm}^2$,

β) Federn aus geschliffenen Stäben, nach besonderem Verfahren gehärtet und weiter behandelt $\qquad\qquad\qquad\qquad\qquad \tau_w = \pm\ 28\text{—}32 \text{ kg/mm}^2$.

Bisher beobachteter Höchstwert $\qquad\qquad\qquad \tau_w = \pm\ 35 \text{ kg/mm}^2$.

3. Schwere Schraubenfedern aus Mn—Si- oder Cr—Si-Stahl, warm gewickelt und dann vergütet

a) Federn aus fehlerfreien Stäben mit Walzhaut $\quad \tau_w = \pm\ 4$ bis 6 kg/mm^2,

b) Federn aus geschliffenen Stäben, unter besonderen Maßnahmen zur Verhütung der Randentkohlung vergütet $\qquad\qquad \tau_w = \pm\ 10$ bis 16 kg/mm^2.

Diese Angaben sind als vorläufig zu betrachten. Die Ergebnisse noch nicht abgeschlossener Versuche mit Stabdurchmessern bis zu 50 mm werden als Nachtrag zu DIN 2089 erscheinen.

4. Die Dauerfestigkeitswerte für *Drehstabfedern* sind dem Schaubild in DIN 2091 *Drehstabfeder* zu entnehmen.

Ein äußerst wirksames Mittel, die Dauerfestigkeit zu erhöhen, ist Blasen mit Stahlsand, dessen Wirkung wohl hauptsächlich darauf beruht, daß es nützliche Druckspannungen in der Oberfläche und einer darunter liegenden Randzone erzeugt. Obwohl das Verfahren schon mehrere Jahrzehnte bekannt ist, scheint seine Entwicklung immer noch nicht abgeschlossen zu sein. Das ist erklärlich in Anbetracht der zahlreichen das Ergebnis beeinflussenden Faktoren wie Festigkeit und Oberflächenbeschaffenheit des Werkstückes und anderseits Härte, Körnung, Gestalt, Abnutzungsgrad und Geschwindigkeit des Stahlsandes und schließlich Blasezeit. Aber auch heute schon ist der Erfolg beträchtlich. Das gilt besonders von Federblättern und Drehstäben, deren Oberfläche vom Sandstrahl gleichmäßig bestrichen werden kann. Weniger günstig liegen die Verhältnisse bei Schraubenfedern, weil der Zutritt zu der Innenseite der Windungen, die am meisten nützlicher Druckvorspannungen bedarf, behindert ist.

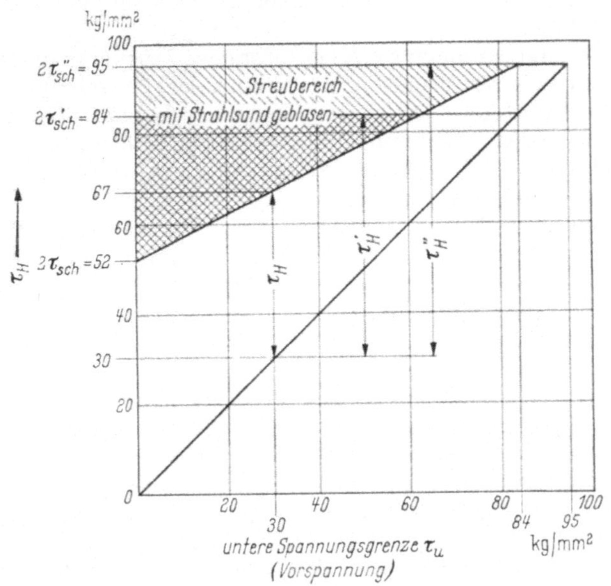

Abb. 6. Erhöhung der Dauerfestigkeit stählerner Schraubenfedern durch Blasen mit Stahlsand (nach dem Metals Handbook der American Society for Metals)

Stahlsandblasen wirkt sich um so günstiger aus, je dünner der Querschnitt ist; die verdichtete Randzone bildet dann einen größeren Teil des Gesamtquerschnittes. Diese Regel muß aber bei Schraubenfedern dahin eingeschränkt werden, daß die Wirkung bei sehr dünnen Drähten zurückgeht, weil die Windungen zu sehr federn. Dünnste Drähte lassen sich überhaupt nicht blasen.

Ob und in welchem Umfange Blatt-Tragfedern heute geblasen werden, ist dem Verfasser nicht bekannt. Bei Schrauben-Ventilfedern ist Blasen bereits die Regel, und die entsprechenden Dauerfestigkeitswerte sind in den Schaubildern der Neufassung von DIN 2089 berücksichtigt. Dasselbe gilt von Drehstabfedern und von dem Schaubild in DIN 2091.

Das einer amerikanischen Quelle [2] entnommene stark schematisierte Schaubild Abb. 6 veranschaulicht den Nutzen des Blasens mit Stahlsand an Schraubenfedern aus ölschlußgehärtetem Draht von etwa 5 mm Durchmesser. Dieses Schaubild weicht insofern von denjenigen der Abb. 3 und 4 ab, als hier die *doppelte* Amplitude der Dauerfestigkeit, die sog. *Dauerhubfestigkeit* τ_H, beginnend mit der doppelten Schwellfestigkeit, über der unter 45° gegen die Koordinatenachsen geneigten Geraden aufgetragen ist, deren Ordinaten und Abszissen die untere Spannungsgrenze τ_u, d. h. die Vorspannung sind. Durch Blasen mit Stahlsand hat sich also die Hubfestigkeit von $2\,\tau_{sch} = 52\ \text{kg/mm}^2$ auf mindestens $2\,\tau'_{sch} = 84\ \text{kg/mm}^2$, gelegentlich aber sogar auf $2\,\tau''_{sch} = 95\ \text{kg/mm}^2$ erhöht, d. h. um mindest 66% und höchstens $82,5\%$. Mit wachsender Mittelspannung nimmt die Erhöhung ab. So erhöht sich die für $\tau_u = 30\ \text{kg/mm}^2$ eingezeichnete Dauerhubfestigkeit $\tau_H = 67 - 30 = 37\ \text{kg/mm}^2$ auf $\tau'_H = 84 - 30 = 54\ \text{kg/mm}^2$ und $\tau''_H = 95 - 30 = 65\ \text{kg/mm}$, d. h. nur um 46% und $75,5\%$. Bei $\tau_u \approx 63\ \text{kg/mm}^2$ ist eine Erhöhung mit Sicherheit überhaupt nicht mehr zu erwarten.

Auch die Dauerfestigkeit mit Walzhaut behafteten Stahles läßt sich durch Blasen beträchtlich steigern.

Um eine möglichst hohe Dauerfestigkeit zu erzielen, sollte man die folgenden Hinweise beachten:

1. Wenn die Abmessungen es irgend gestatten, wickle man dauerbeanspruchte Schraubenfedern kalt aus ölschlußgehärtetem oder, bei sehr kleinem Drahtdurchmesser, aus hochwertigem federhart gezogenem Draht. Übersteigt der Durchmesser die für ölschlußgehärteten Draht bestehende obere Grenze, so wickle man kalt aus ungehärteten geschliffenen Stäben und erhitze die Feder zum Vergüten in einer neutralen Ofenatmosphäre.

2. Auch wenn sich Wickeln in warmem Zustande nicht vermeiden läßt, verwende man geschliffene Stäbe und erhitze zum Vergüten möglichst in aufkohlender Atmosphäre. Da sich Rechteckstahl wirtschaftlich nicht schleifen läßt, sehe man ihn für dauerbeanspruchte Federn nicht vor.

3. Für Drehstabfedern ist Feinschliff anzuraten und zwar möglichst *nach* dem Vergüten.

4. Blasen mit Stahlsand ist in allen Fällen dringend zu empfehlen.

5. Drähte und geschliffene Stäbe vor dem Verarbeiten und alle fertigen Federn sind vor mechanischen Verletzungen und vor allem vor Korrosion zu schützen.

Diese Bemerkungen dürften zur Einführung in dieses wichtige Gebiet genügen. Sie sollen den Konstrukteur vor allem darauf hinweisen, daß bei der Herstellung von Federn hoher Dauerfestigkeit eine enge Zusammenarbeit mit der Federfabrik notwendig ist, und daß die Auswahl des Federwerkstoffes und das Fertigungsverfahren von Fall zu Fall erwogen werden müssen. Jedenfalls sei nachdrücklichst davor gewarnt, beim Entwurf von Federn für Wechselbeanspruchung über die angegebenen Werte hinauszugehen. Es sollten, wenn es die Raumverhältnisse gestatten, möglichst die unteren Grenzwerte angestrebt werden. Auch muß man sich von Fall zu Fall über die etwa zu erwartenden Zusatzbeanspruchungen, z. B. infolge von Resonanzschwingungen (bei Ventilfedern), Klarheit verschaffen und dafür sorgen, daß die dabei zu erwartenden Spitzenwerte der Beanspruchung unter den angegebenen Grenzwerten bleiben. In jedem Fall müssen die *wirklichen Höchstbeanspruchungen* in Betracht gezogen werden und nicht die Spannungen, die sich aus Näherungsrechnungen ergeben.

Erster Teil

Die Biegefedern

I. Stabförmige Biegefedern

1. Die Grundgesetze der Biegelehre. Ein aus federndem Werkstoff bestehender gerader Stab AB von der Länge l sei am Ende A fest eingespannt (Abb. 7). Läßt man am freien Ende B die Last P angreifen, so nimmt die Stabachse die gekrümmte Gestalt AB' an, welche die *Biegelinie* des Stabes genannt wird. Die Verschiebung $BB' = f$ des Lastangriffspunktes B heißt, wie schon in der Einleitung erwähnt, die *Federung* oder, da es sich um eine Biegefeder handelt, auch *Durchbiegung*. Die Verschiebung $CC' = y$ eines Punktes C im Abstand x von der Einspannstelle A ist durch die Gleichung der Biegelinie gegeben, die für $x = l$ selbstverständlich die Durchbiegung $BB' = f$ liefert. Die Durchbiegung eines einseitig eingespannten Stabes, dessen Querschnitt über die ganze Stablänge l hin dieselbe Größe und Gestalt hat, ist

$$f = \frac{l^3 \, P}{3 \, E \, J} \, . \tag{1}$$

In dem Produkt EJ, das die Biegesteifigkeit genannt wird, ist der *Elastizitätsmodul E* eine Werkstoffkonstante und J das *Flächenträgheitsmoment*, bezogen auf die zur Biegeebene (d. h. zur Zeichenebene der Abb. 7) senkrechte Schwerachse des Querschnittes. Bekanntlich

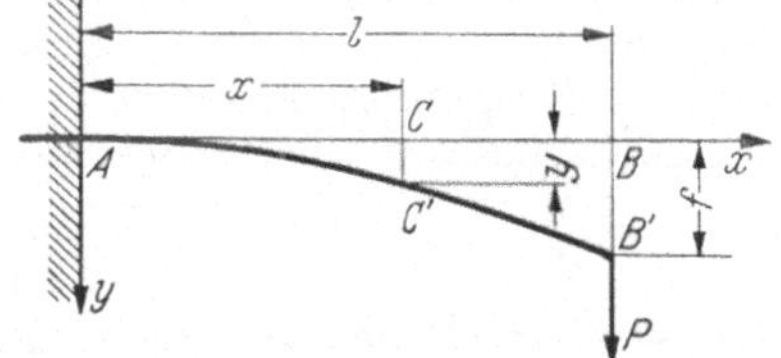

Abb. 7. Die Biegelinie der einarmigen einfachen Blattfeder

ist $J = \dfrac{\pi \, d^4}{64}$ für Kreisquerschnitt und $J = \dfrac{b \, h^3}{12}$ für Rechteckquerschnitt. Errechnet man aus Gl. (1) die f für verschiedene Werte von P und trägt sie über den P in einem Schaubild auf, so ergibt sich die *Kennlinie*, die im vorliegenden Falle, da f in demselben Verhältnis wie P wächst, eine *Gerade* ist (Abb. 1).

Größe und Gestalt des Stabquerschnittes sind nicht immer über die Stablänge l hin gleich (s. Abb. 9—12). Dann ändert sich der Zahlenfaktor in Gl. (1) (s. Tab. 4).

Bei der Biegung des betrachteten Stabes erfahren die auf der konvexen (gewölbten) Seite liegenden Werkstoffasern eine elastische Dehnung, die auf der kon-

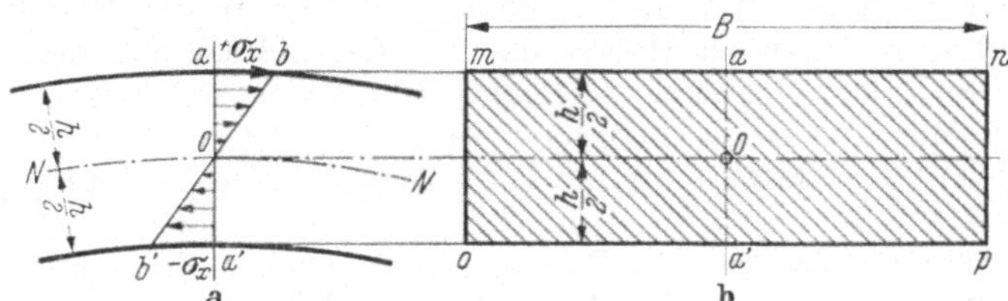

Abb. 8 a u. b. Die Spannungen im Querschnitt eines gebogenen Stabes

kaven (hohlen) Seite gelegenen Fasern dagegen eine elastische Zusammendrückung. Diesen Dehnungen und Zusammendrückungen entsprechen nach dem HOOKEschen Gesetz Zugspannungen in den gezogenen und Druckspannungen in den gedrückten Fasern. Sie werden, da es sich um einen Biegevorgang handelt, unter der Bezeichnung *Biegespannungen* zusammengefaßt. Abb. 8a soll im Längsschnitt die in Abb. 7 mit C' bezeichnete Stelle des gebogenen Stabes darstellen, der zur Vereinfachung der Betrachtung einen rechteckigen Querschnitt von der Höhe h und der Breite B (s. Abb. 8b) besitzen möge. Die Linie NON trennt die gedehnten Fasern (oberhalb NON) von den gedrückten (unterhalb NON) und heißt, da in ihr die Spannung gleich Null ist, die *Linie der Nullschicht*. Sie verbindet die Schwerpunkte aufeinander folgender Stabquerschnitte miteinander, geht also auch durch den Schwerpunkt 0 des gerade betrachteten Querschnittes und ist mit der Biegelinie identisch. Die Dehnungen und Zusammendrückungen sind dem Abstand von NON verhältnisgleich. Entsprechend verhalten sich nach dem HOOKEschen Gesetz die Spannungen, die in Abb. 8a durch Spannungspfeile angedeutet sind. In dem die Stelle C' der Abb. 7 darstellenden Querschnitt aOa' wächst die Spannung von Null im Schwerpunkt O geradlinig auf die größte Zugspannung $a \, b = +\sigma_x$ und auf die größte Druckspannung $a'\,b' = -\sigma_x$. Wegen der Achsensymmetrie des Rechteckquerschnittes ist $a\,b = a'\,b'$, d. h. die größte Zugspannung und die größte Druckspannung sind einander gleich und zwar über die ganze Breite B des Querschnittes hin. Für diese größten Spannungen ist, da sie am oberen Rande $m{-}n$ und am unteren Rande $o{-}p$ des Querschnittes auftreten (s. Abb. 8b), auch die Bezeichnung *Randspannung* üblich. Im vorliegenden Falle soll der bei σ_x gebrauchte Zeiger x andeuten, daß es sich um die Biegespannung an der Stelle des Stabes handelt, die von der Einspannstelle den Abstand x besitzt. Die Biegespannung an der Einspannstelle selbst ($x = 0$) sei einfach mit σ bezeichnet. Zwischen σ_x, P und x besteht die Beziehung

$$\sigma_x = \frac{(l-x)\,P}{W}. \tag{2}$$

Es ist $(l{-}x)\,P$ das auf die Stelle x ausgeübte *Biegemoment*, und W das *Widerstandsmoment* des Stabes an dieser Stelle. Für einen Rechteckquerschnitt von der Breite B und der Höhe h ist bekanntlich $W = 1/6\,Bh^2$, so daß in diesem Falle Gl. (2) in

$$\sigma_x = \frac{6\,(l-x)\,P}{B\,h^2} = \frac{6\,l\,P}{B\,h^2}\left(1 - \frac{x}{l}\right) \tag{3}$$

übergeht. Um z. B. die Spannung σ an der Einspannstelle zu erhalten, muß man in Gl. (3) $x = 0$ setzen und außerdem die an der Einspannstelle vorhandenen Maße für B und h einführen, sofern sie sich von den Maßen an der Stelle x unterscheiden. Auf diese Weise läßt sich der Spannungsverlauf über die ganze Stablänge hin verfolgen.

2. Die einfache Blattfeder. Die Abb. 9—12 stellen die fünf wichtigsten Formen der *einarmigen* Stabfeder dar. Da sie zum mindesten an der Einspannstelle mit einem im Verhältnis zu seiner Höhe ziemlich breiten Rechteckquerschnitt ausgeführt zu werden pflegt, heißt sie allgemein Blattfeder und zwar *einfache* Blattfeder, weil sie nur aus *einem* Federblatt besteht. Ihre Gestalt ist durch ihren Grundriß (Verlauf der Blattbreite) und ihren Längsschnitt (Verlauf der Blattdicke) gekennzeichnet.

Die einfachste Blattfeder ist die Rechteckfeder gleicher Blattstärke nach Abb. 9. Sie läßt sich leicht und sehr wirtschaftlich herstellen, hat aber den Mangel, daß sie den Werkstoff sehr schlecht ausnutzt. Denn nach Spalte 2 und 3 der Tab. 4 nimmt die Biegespannung nach Gl. (3) von ihrem größten Wert an der Stelle $x = 0$ (Einspannstelle) geradlinig auf den Wert Null an der Stelle $x = l$ (Lastangriffspunkt) ab, weil das Biegemoment $(l{-}x)\,P$ von seinem größten Wert lP für $x = 0$ geradlinig auf Null für $x = l$ sinkt, während das Widerstandsmoment überall den Wert $W = \dfrac{B\,h^2}{6}$ hat. Mit Ausnahme der Einspannstelle, deren Biegespannung mit der zulässigen Spannung in Einklang gebracht werden muß, ist also die Feder zu niedrig beansprucht. Die schlechte Werkstoffausnutzung kommt in dem niedrigen Wert 1/18 der Kennzahl k (s. Abschn. III der Einleitung) nach Spalte 7 zum Ausdruck.

Das Bestreben, den Werkstoff über die ganze Länge l der Feder gleich hoch zu beanspruchen, führt auf die Dreieckfeder gleicher Blattstärke nach Abb. 10. Da das Widerstandsmoment bei gleicher Blattstärke h der Blattbreite verhältnisgleich ist, und da die Blattbreite bei dreieckigem Federgrundriß mit wachsendem x geradlinig abnimmt, nimmt auch das Widerstandsmoment nach einer geraden Linie ab. Mithin ist das Verhältnis des Biegemomentes $(l{-}x)\,P$ zum Widerstandsmoment $\dfrac{l-x}{l}\cdot\dfrac{B\,h^2}{6}$ überall gleich groß und damit auch die Biegespannung. Die Werkstoffausnutzung ist daher mit $k = 1/6$ nach Spalte 7 der Tab. 4 nicht weniger als dreimal so groß wie bei der Rechteckfeder nach Abb. 9. Denn die Dreieckfeder hat bei nur halbem Volumen eine um 50% größere Durchbiegung (Spalte 5), gleiches B, h und l und damit auch gleiches σ vorausgesetzt. Nun spielt aber beim Entwurf von Blattfedern meistens weniger das Federvolumen, also der Werkstoffaufwand, als der *Raumbedarf* eine Rolle, der durch die Blattstärke h und durch das dem Grundriß umschriebene Rechteck $B \cdot l$ gegeben ist. In dieser Hinsicht ist die Überlegenheit der Dreieckfeder über die einfache Rechteckfeder nicht so groß. Denn

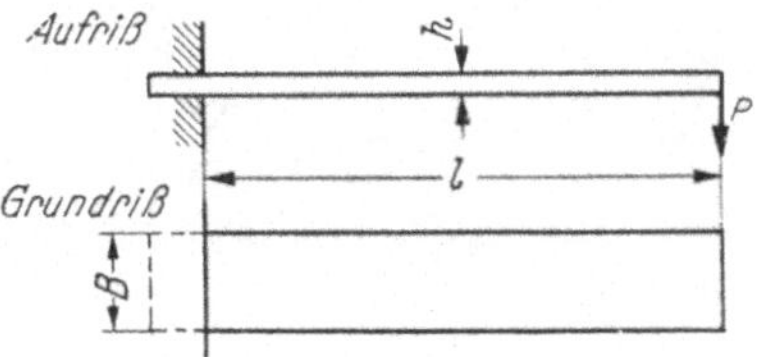

Abb. 9. Rechteckfeder gleicher Blattstärke h

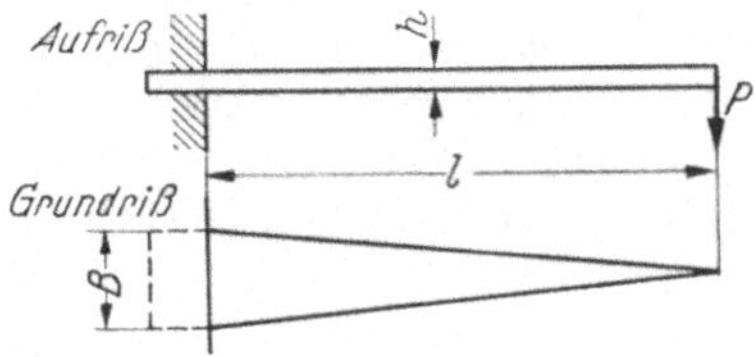

Abb. 10. Dreieckfeder gleicher Blattstärke h

nach den jeweils zweiten Ausdrücken für die Federarbeit in Spalte 6 ist der Zahlenfaktor 1/12 der Dreieckfeder nur um 50% größer als der Faktor 1/18 der Rechteckfeder.

Einen Vorteil in dieser Hinsicht bringt die Rechteckfeder, deren Blattstärke nach einer gemeinen Parabel verläuft (Abb. 11). Sie ist ebenfalls eine Feder gleicher Festigkeit und nutzt zwar den Werkstoff nicht besser aus als die Dreieckfeder (ebenfalls $k = 1/6$ nach Spalte 7), aber ihre Durchbiegung und die Federarbeit — entsprechend 1/9 gegenüber 1/12 nach Spalte 6 — sind um 1/3 größer. Mit ihrem großen, über die ganze Länge l gleich hoch beanspruchten Volumen $V = 2/3\ Bhl$ ist sie die leistungsfähigste Blattfeder, die sich in einem gegebenen Raum unterbringen läßt. Sie hat vor der Dreieckfeder auch den Vorzug, wirklich ausführbar zu sein. Das freie Federende B (s. Abb. 7) muß endliche Abmessungen haben, um die Last P aufnehmen zu können. Das ist aber bei der in eine Spitze auslaufenden Dreieckfeder nicht der Fall. Bei der Rechteckfeder nach Abb. 11 dagegen braucht man nur in unmittelbarer Nähe des Punktes B vom theoretisch richtigen Verlauf der gemeinen Parabel abzuweichen, um einen zur Lastaufnahme geeigneten Nocken oder ein Federauge ausbilden zu können.

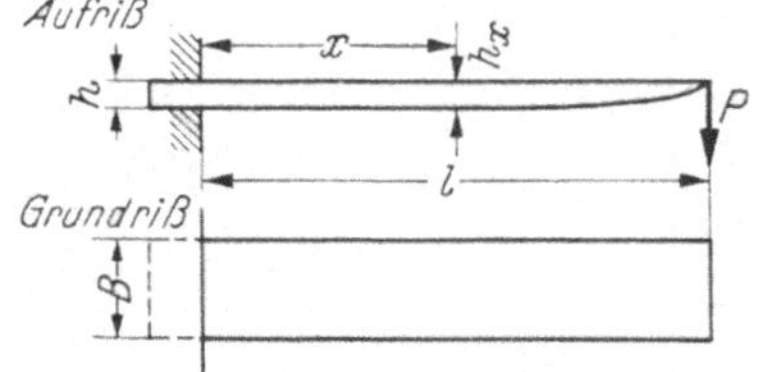

Abb. 11. Rechteckfeder. Die Blattstärke verläuft

a) nach der *gemeinen* Parabel $h_x = \sqrt{1 - \dfrac{x}{l}}\, h$,

b) nach der *kubischen* Parabel $h_x = \sqrt[3]{1 - \dfrac{x}{l}}\, h$

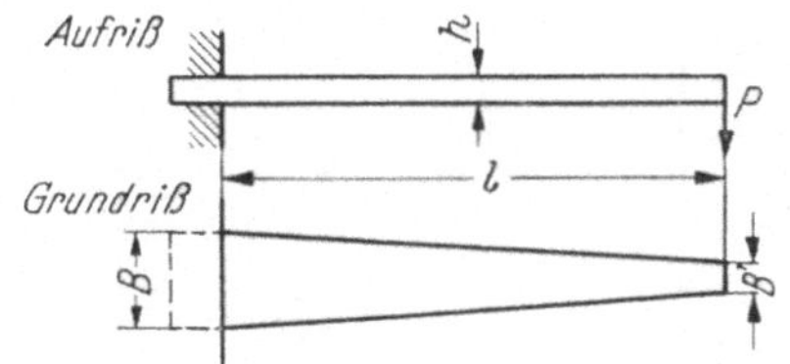

Abb. 12. Trapezfeder gleicher Blattstärke h

Weniger günstig ist die Rechteckfeder, deren Blattstärke nach einer kubischen Parabel verläuft (Abb. 11). Trotz größeren Volumens ist sie bei gleichem Raumbedarf nicht so leistungsfähig wie die Feder nach der gemeinen Parabel. Sie wird hier nur erwähnt, weil sie hinsichtlich der Durchbiegung und der Gestalt der Biegelinie mit der Dreieckfeder genau übereinstimmt (s. Spalte 4 der Tab. 4).

Tabelle 4

1 Art der Feder	2 Verlauf der Biegespannung σ_x	3 Größte Biegespannung σ (für $x = 0$)	4 Gleichung der Biegelinie	5 Durchbiegung	6 Federarbeit	7 Kennzahl k Federvolumen V
Abb. 9. Rechteckfeder gleicher Blattstärke	$\sigma_x = \dfrac{6\,l\,P}{B\,h^2}\left(1 - \dfrac{x}{l}\right)$	$\sigma = \dfrac{6\,l\,P}{B\,h^2}$	$y = 2\,\dfrac{l^3\,P}{B\,h^3\,E}\left(\dfrac{x}{l}\right)^2\left(3 - \dfrac{x}{l}\right)$	$f = 4\,\dfrac{l^3\,P}{B\,h^3\,E}$ $= \dfrac{2}{3}\,\dfrac{l^2\,\sigma}{h\,E}$	$A = \dfrac{P\,f}{2}$ $= \dfrac{1}{18}\,\dfrac{B\,h\,l}{E}\,\sigma^2$ $= \dfrac{1}{18}\,\dfrac{V}{E}\,\sigma^2$	$k = \dfrac{1}{18}$ $V = B\,h\,l$
Abb. 10. Dreieckfeder gleicher Blattstärke	$\sigma_x = \sigma = \dfrac{6\,l\,P}{B\,h^2}$		$y = 6\,\dfrac{l^3\,P}{B\,h^3\,E}\left(\dfrac{x}{l}\right)^2$ Die Biegelinie ist *Kreisbogen* mit dem Halbmesser $\varrho = \dfrac{B\,h^3\,E}{12\,l\,P}$	$f = 6\,\dfrac{l^3\,P}{B\,h^3\,E}$ $= \dfrac{l^2\,\sigma}{h\,E}$	$A = \dfrac{P\,f}{2}$ $= \dfrac{1}{12}\,\dfrac{B\,h\,l}{E}\,\sigma^2$ $= \dfrac{1}{6}\,\dfrac{V}{E}\,\sigma^2$	$k = \dfrac{1}{6}$ $V = \dfrac{1}{2}\,B\,h\,l$
Abb. 11. Rechteckfeder. Die Blattstärke verläuft nach einer *gemeinen* Parabel	$\sigma_x = \sigma = \dfrac{6\,l\,P}{B\,h^2}$		$y = 4\,\dfrac{l^3\,P}{B\,h^3\,E}\left[4\sqrt{\left(1 - \dfrac{x}{l}\right)^3} + 6\,\dfrac{x}{l} - 4\right]$	$f = 8\,\dfrac{l^3\,P}{B\,h^3\,E}$ $= \dfrac{4\,l^2\,\sigma}{3\,h\,E}$	$A = \dfrac{P\,f}{2}$ $= \dfrac{1}{9}\,\dfrac{B\,h\,l}{E}\,\sigma^2$ $= \dfrac{1}{6}\,\dfrac{V}{E}\,\sigma^2$	$k = \dfrac{1}{6}$ $V = \dfrac{2}{3}\,B\,h\,l$
Abb. 11. Rechteckfeder. Die Blattstärke verläuft nach einer *kubischen* Parabel	$\sigma_x = \dfrac{6\,l\,P}{B\,h^2}\sqrt[3]{1 - \dfrac{x}{l}}$	$\sigma = \dfrac{6\,l\,P}{B\,h^2}$	$y = 6\,\dfrac{l^3\,P}{B\,h^3\,E}\left(\dfrac{x}{l}\right)^2$ Die Biegelinie ist ein *Kreisbogen* mit dem Halbmesser $\varrho = \dfrac{B\,h^3\,E}{12\,l\,P}$	$f = 6\,\dfrac{l^3\,P}{B\,h^3\,E}$ $= \dfrac{l^2\,\sigma}{h\,E}$	$A = \dfrac{P\,f}{2}$ $= \dfrac{1}{12}\,\dfrac{B\,h\,l}{E}\,\sigma^2$ $= \dfrac{1}{9}\,\dfrac{V}{E}\,\sigma^2$	$k = \dfrac{1}{9}$ $V = \dfrac{3}{4}\,B\,h\,l$
Abb. 12. Trapezfeder gleicher Blattstärke	$\sigma_x = \dfrac{6\,l\,P}{B\,h^2}$ $\times \dfrac{1 - \dfrac{x}{l}}{1 - \left(1 - \dfrac{B'}{B}\right)\dfrac{x}{l}}$	$\sigma = \dfrac{6\,l\,P}{B\,h^2}$	$y = 6\,\dfrac{l^3\,P}{B\,h^3\,E}\,\dfrac{1}{1 - \dfrac{B'}{B}}\left\{\left(\dfrac{x}{l}\right)^2 + \right.$ $+\,\dfrac{2}{1 - \dfrac{B'}{B}}\left[-\dfrac{x}{l} - \left(\dfrac{1}{1 - \dfrac{B'}{B}} - \dfrac{x}{l}\right)\right.$ $\left.\left.\times \ln\left(1 - \left(1 - \dfrac{B'}{B}\right)\dfrac{x}{l}\right)\right]\right\}$	$f = 4\,K\,\dfrac{l^3\,P}{B\,h^3\,E}$ $= \dfrac{2}{3}\,K\,\dfrac{l^2\,\sigma}{h\,E}$	$A = \dfrac{P\,f}{2}$ $= \dfrac{K}{18}\,\dfrac{B\,h\,l}{E}\,\sigma^2$ $= \dfrac{K}{9}\,\dfrac{1}{1 + \dfrac{B'}{B}}\,\dfrac{V}{E}\,\sigma^2$	$k = \dfrac{1}{9}\,\dfrac{K}{1 + \dfrac{B'}{B}}$ $V = \dfrac{1}{2}\,B\,h\,l$ $\times\left(1 + \dfrac{B'}{B}\right)$

Die beiden Rechteckfedern mit veränderlicher Blattstärke nach Abb. 11 sind leider schwer herstellbar und daher kostspielig. Dieser Nachteil fällt so ins Gewicht, daß man meistens unter Verzicht auf höchste Leistungsfähigkeit eine einfachere Federform zu wählen gezwungen ist. Eine solche bietet sich in der Trapezfeder gleicher Blattstärke nach Abb. 12. Ihr Grundriß ist, wie schon der Name besagt, ein Trapez. Ihre Eigenschaften hängen selbstverständlich von dem Verhältnis B'/B

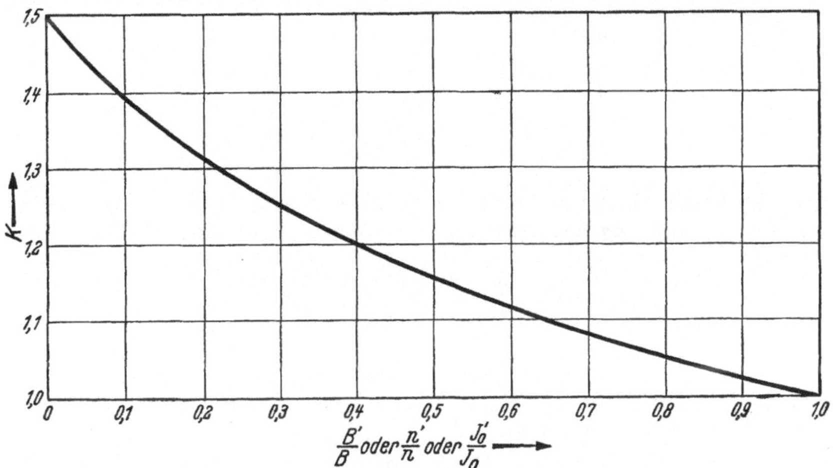

Abb. 13. Beiwert K zur Berechnung der Trapezfedern

der Breite B' am freien Ende und der Breite B an der Einspannstelle ab. Die Rechteckfeder nach Abb. 9 und die Dreieckfeder nach Abb. 10 stellen also Grenzfälle der Trapezfeder dar, womit schon gesagt ist, daß diese höchstens so günstig sein kann wie die Dreieckfeder. Aber es läßt sich mühelos ein Nocken oder Federauge am freien Ende vorsehen. In den Formeln der Spalten 4—7 der Tab. 4 erscheint der von B'/B abhängige Beiwert K, der aus Abb. 13 entnommen werden kann. Einen guten (bis zu 4% zu großen) Näherungswert für K liefert die Formel [3]

$$K = \frac{3}{2 + B'/B}.$$

Die bisher angestellten Betrachtungen setzen voraus, daß die Federn in unbelastetem Zustand *gestreckt* sind und unter der Last P eine durch die Gleichung der Biegelinie gegebene Gestalt annehmen. Es ist aber auch der Fall denkbar, daß die Feder in unbelastetem Zustand *gekrümmt* ist und durch die Last P in die Strecklage gebogen wird. Die angegebenen Berechnungsformeln gelten dann ebenfalls, sofern sich die Anfangskrümmung in mäßigen Grenzen hält; die Gleichung der Biegelinie nach Spalte 4 der Tab. 4 liefert aller-

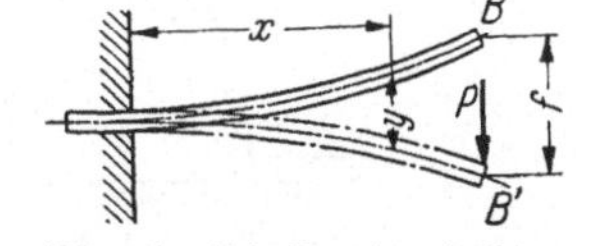

Abb. 14. Gekrümmte Anfangsgestalt der einfachen Blattfedern

dings nicht mehr unmittelbar die Gestalt der Biegelinie, bezogen auf die x-Achse (Abb. 7), sondern die Verschiebungen y, welche die einzelnen Stellen der Feder gegenüber der Anfangsgestalt (Gestalt in unbelastetem Zustand) erfahren (s. Abb. 14). Die Gleichungen der Tab. 4 gelten auch, wenn die Last P die anfänglich gekrümmte Feder über die Strecklage hinaus in eine Gestalt entgegengesetzter Krümmung biegt.

In Abb. 15 ist eine *zweiarmige* einfache Blattfeder dargestellt. Die beiden eingespannten und in entgegengesetzter Richtung durch eine Kraft P belasteten

Federenden werden parallel geführt. Diese Federn erhalten im allgemeinen Rechteckquerschnitt, der über die ganze Länge $L = 2\,l$ hin dieselben Abmessungen aufweist. Ihre Berechnung läßt sich auf die Rechteckfeder nach Abb. 9 zurückführen. Da das Biegemoment in Federmitte (also bei $L/2 = l$) gleich Null ist, kann man sich bei $L/2$ ein Gelenk eingefügt denken und erhält dann zwei hintereinandergeschaltete Federn nach Abb. 9 von der Einzellänge $l = L/2$. Folglich ist

$$\sigma = \frac{6\,l\,P}{B\,h^2}, \tag{4}$$

$$f = \frac{8\,l^3\,P}{B\,h^3\,E} = \frac{4}{3}\,\frac{l^2}{h}\,\frac{\sigma}{E}, \tag{5}$$

$$A = \frac{P\,f}{2} = \frac{1}{18}\,\frac{B\,h\,L}{E}\,\sigma^2 = \frac{1}{18}\,\frac{V}{E}\,\sigma^2. \tag{6}$$

Wird aber die Feder nicht nur durch die Kraft P, sondern außerdem nach Abb. 15 durch die Last Q auf *Zug* beansprucht, so verlieren diese Formeln ihre Gültigkeit, und es wird

$$\sigma = \frac{Q}{B\,h} \pm \frac{6\,P}{\omega\,B\,h^2}\,\mathfrak{Tg}\,(\omega\,l). \tag{7}$$

$$f = 2\,\frac{P}{Q}\left(l - \frac{\mathfrak{Tg}\,(\omega\,l)}{\omega}\right). \tag{8}$$

Beansprucht dagegen Q die Feder auf *Druck*, wirkt also die Feder gewissermaßen als Pendelstütze, so ist zu setzen

$$\sigma = -\frac{Q}{B\,h} \pm \frac{6\,P}{\omega\,B\,h^2}\,\mathrm{tg}\,(\omega\,l). \tag{7a}$$

$$f = 2\,\frac{P}{Q}\left(\frac{\mathrm{tg}\,(\omega\,l)}{\omega} - l\right). \tag{8a}$$

In allen diesen Gleichungen ist

$$\omega = \sqrt{\frac{12\,Q}{B\,h^3\,E}}. \tag{9}$$

Das $+$-Zeichen bedeutet in üblicher Weise Zugspannungen, das $-$-Zeichen Druckspannungen.

Eine andere zweiarmige einfache Blattfeder zeigt Abb. 16. Hier sind die Feder-

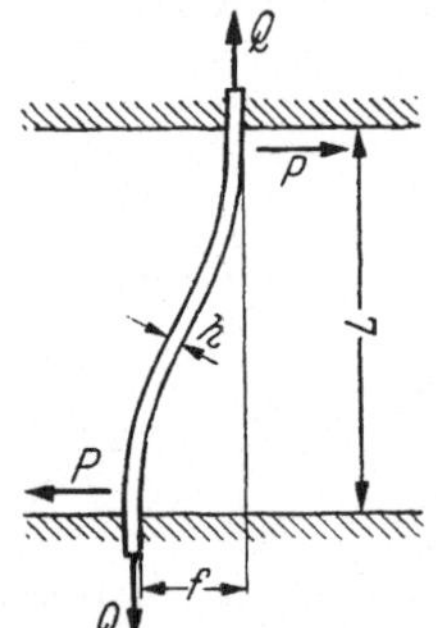

Abb. 15. Zweiarmige einfache Blattfeder, beiderseitig eingespannt

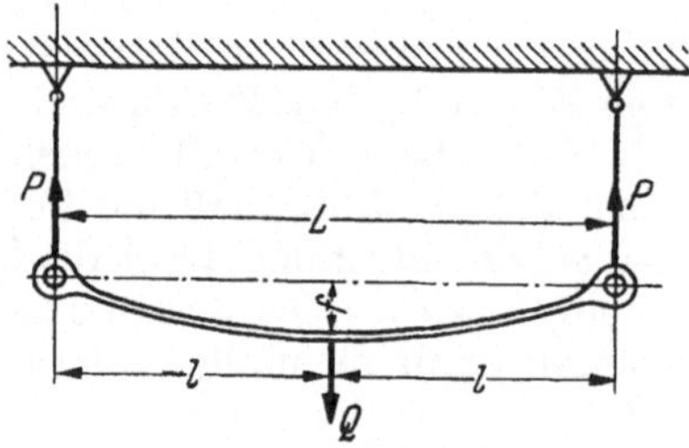

Abb. 16. Zweiarmige einfache Blattfeder, Federenden drehbar gelagert

enden drehbar gelagert. Die in der Mitte angreifende Last Q ruft in Federmitte die Durchbiegung f hervor und an den Federenden die Auflagerkräfte $P = Q/2$. Wenn das Federblatt, wie meist üblich, mit über die ganze Länge L gleichem Rechteckquerschnitt ausgeführt wird, handelt es sich offenbar um zwei *parallel geschaltete* Federn nach Abb. 9 von der Einzellänge $l = L/2$, die am freien Ende mit $P = Q/2$ belastet sind. Während bei der Feder nach Abb. 15 die Durchbiegung f bei gleicher

Tragkraft P doppelt so groß ist wie bei der einarmigen Teilfeder nach Abb. 9, weist die Feder nach Abb. 16 die doppelte Tragkraft bei gleicher Durchbiegung auf. Das Arbeitsvermögen ist in beiden Fällen doppelt so groß wie dasjenige der Teilfeder.

Bei der Feder nach Abb. 16 ist

$$\sigma = 3\,\frac{l\,Q}{B\,h^2}, \tag{10}$$

$$f = 2\,\frac{l^3\,Q}{B\,h^3\,E} = \frac{2}{3}\,\frac{l^2}{h}\,\frac{\sigma}{E}. \tag{11}$$

$$A = \frac{P\,f}{2} = \frac{1}{9}\,\frac{B\,h\,l}{E}\,\sigma^2 = \frac{1}{18}\,\frac{V}{E}\,\sigma^2. \tag{12}$$

Alle hier gegebenen Berechnungsformeln gelten streng nur für kleine Durchbiegungen, da sie die mit der Federkrümmung veränderliche Länge des Federarmes unberücksichtigt lassen. Immerhin reicht ihre Genauigkeit für die meisten Zwecke vollkommen aus. Bei sehr hohen Ansprüchen muß allerdings ein genaueres Berechnungsverfahren angewendet werden.

Ein solches Verfahren ist in [1] angegeben, beschränkt sich aber dort auf Federblätter, die in unbelastetem Zustande gerade sind (Abb. 7). Es erschien daher ratsam, das Verfahren auch auf Federn mit kreisbogenförmiger Anfangsgestalt (Abb. 14) auszudehnen. Dabei wurde zugleich die Genauigkeit durch Anwenden einer strengeren Lösungsmethode gesteigert.

Da sich hinreichend genau ablesbare Schaubilder in einem Buch kaum wiedergeben lassen, ist das Ergebnis in den Tab. 5 und 6 niedergelegt, nach denen sich der Leser Schaubilder in beliebig großem Maßstab selbst anfertigen kann.

Die benutzten Formelzeichen bedeuten

l_0 Bogenlänge der Feder,

R_0 Krümmungshalbmesser der unbelasteten Feder,

p_0 Pfeilhöhe der unbelasteten Feder, d. h. der Abstand des — wie in Abb. 14 — *über* der x-Achse zu denkenden Punktes B' (Abb. 7) von dieser Achse,

p Pfeilhöhe unter der Belastung P,

$\alpha = \dfrac{P\,l_0^2}{E\,J}$ eine Rechnungsgröße.

Es empfiehlt sich, p/l_0 nach Tab. 5 und — in einem andern Schaubild — l/l_0 nach Tab. 6 für die verschiedenen Parameter α

Tabelle. 5. *Genaue Berechnung der Rechteckfeder. p/l_0 in Abhängigkeit von $\alpha = P\,l_0^2/E\,J$ und l_0/R_0*

l_0/R_0 \ α	0	0,1	0,2	0,3	0,4	0,5	0,6	0,7	0,8	0,9	1,0
	p_0/l_0					p/l_0					
0	0	−0,0333	−0,0663	−0,0990	−0,1308	−0,1618	−0,1918	−0,2207	−0,2485	−0,2754	−0,3016
0,1	0,0500	0,0168	−0,0164	−0,0495	−0,0819	−0,1140	−0,1452	−0,1756	−0,2044	−0,2326	−0,2597
0,2	0,0995	0,0663	0,0330	−0,0001	−0,0330	−0,0657	−0,0981	−0,1294	−0,1597	−0,1891	−0,2178
0,3	0,1487	0,1156	0,0824	0,0492	0,0162	−0,0165	−0,0495	−0,0821	−0,1134	−0,1444	−0,1743
0,4	0,1973	0,1644	0,1314	0,0983	0,0656	0,0328	−0,0001	−0,0330	−0,0654	−0,0979	−0,1294
0,5	0,2449	0,2130	0,1807	0,1482	0,1156	0,0827	0,0499	0,0172	−0,0159	−0,0491	−0,0820
0,6	0,2912	0,2615	0,2305	0,1987	0,1663	0,1335	0,1006	0,0677	0,0347	0,0014	−0,0321
0,7	0,3359	0,3086	0,2792	0,2485	0,2170	0,1847	0,1523	0,1196	0,0863	0,0527	0,0186
0,8	0,3790	0,3543	0,3267	0,2975	0,2673	0,2358	0,2040	0,1713	0,1382	0,1042	0,0700
0,9	0,4204	0,3982	0,3726	0,3451	0,3165	0,2862	0,2558	0,2237	0,1913	0,1573	0,1231
1,0	0,4598	0,4395	0,4159	0,3900	0,3630	0,3350	0,3056	0,2747	0,2427	0,2094	0,1746

Tabelle 6. *Genaue Berechnung der Rechtecke l/l_0 in Abhängigkeit von $\alpha = P\,l_0^2/E\,J$ und l_0/R_0*

l_0/R_0 \ α	0	0,1	0,2	0,3	0,4	0,5	0,6	0,7	0,8	0,9	1,0
						l/l_0					
0	1,0	0,9990	0,9970	0,9940	0,9900	0,9840	0,9780	0,9704	0,9620	0,9529	0,9436
0,1	0,9980	0,9994	0,9994	0,9985	0,9959	0,9919	0,9868	0,9809	0,9742	0,9672	0,9589
0,2	0,9922	0,9965	0,9980	0,9996	0,9984	0,9967	0,9940	0,9900	0,9852	0,9792	0,9720
0,3	0,9843	0,9898	0,9947	0,9975	0,9986	0,9988	0,9981	0,9957	0,9825	0,9883	0,9823
0,4	0,9733	0,9804	0,9866	0,9919	0,9958	0,9980	0,9992	0,9987	0,9970	0,9943	0,9915
0,5	0,9590	0,9670	0,9754	0,9825	0,9881	0,9930	0,9962	0,9981	0,9981	0,9919	0,9960
0,6	0,9414	0,9520	0,9617	0,9700	0,9776	0,9840	0,9892	0,9933	0,9960	0,9980	0,9983
0,7	0,9203	0,9324	0,9435	0,9542	0,9639	0,9720	0,9794	0,9855	0,9909	0,9950	0,9975
0,8	0,8966	0,9100	0,9227	0,9352	0,9466	0,9571	0,9666	0,9752	0,9824	0,9885	0,9935
0,9	0,8706	0,8849	0,8988	0,9122	0,9253	0,9378	0,9490	0,9598	0,9692	0,9777	0,9846
1,0	0,8410	0,8560	0,8707	0,8858	0,9000	0,9143	0,9280	0,9400	0,9518	0,9618	0,9700

über l_0/R_0 aufzutragen. Zweckmäßigerweise wird das Schaubild für p/l_0 in die Bereiche $l_0/R_0 = 0$ bis 0,6 und 0,6 bis 1,0 aufgeteilt, und jeder Bereich — der zweite in größerem Maßstabe — auf je einem besonderen Blatt dargestellt. — Sind die Werte des Verhältnisses p/l_0 für verschiedene Lasten P, d. h. für die entsprechenden Werte von α gefunden, so ergeben sich die entsprechenden Durchbiegungen f aus $f = (p_0/l_0 - p/l_0)\,l_0 = p_0 - p$.

Wie die Tabellen oder Schaubilder zu gebrauchen sind, wird an einem Beispiel gezeigt werden.

Der Verwendungsbereich einfacher Blattfedern ist ziemlich beschränkt. Man findet sie überwiegend in feinmechanischen Geräten, bei gewissen Ventilen und Prüfmaschinen. Federanordnungen nach Abb. 15 sind bei Schwingsieben, Schüttelrinnen und Auswuchtmaschinen im Gebrauch. Federn nach Abb. 16 dienen z. B. bei Schienenfahrzeugen zum Tragen der Mittelpufferkupplungen. Ein besonderes

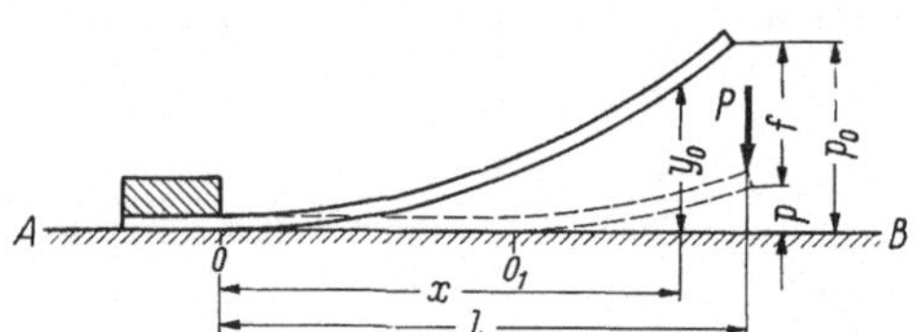

Abb. 17.
Unterstützte Rechteckfeder gleicher Dicke

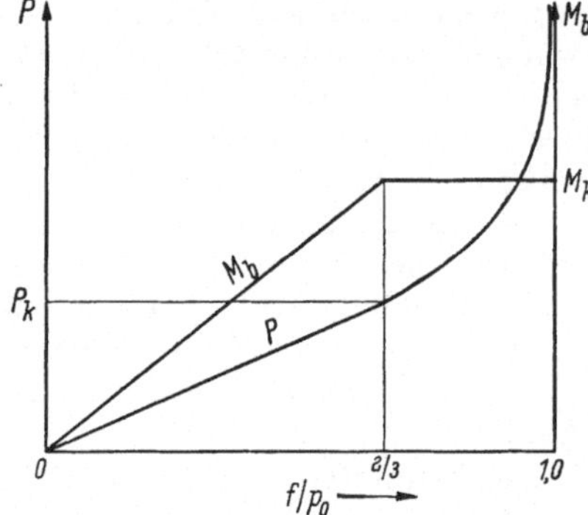

Abb. 18. Kennlinie und Biegemoment der unterstützten Rechteckfeder mit parabolischer Krümmung

Kennzeichen der einfachen Blattfedern ist ihr reibungsfreies Arbeiten, welches bewirkt, daß die der Feder beim Spannen zugeführte Arbeit beim Entspannen verlustlos zurückgegeben wird.

Es sei hier eine für untergeordnete Zwecke viel gebrauchte, aber wohl niemals näher untersuchte Feder erwähnt, die *unterstützte Blattfeder* genannt werden möge. Es handelt sich bei ihr um eine gekrümmte, an einem Ende an einer ebenen starren Platte AB befestigte Rechteckfeder (Abb. 17). Ihre Krümmung kann beliebig sein, nur muß der Krümmungshalbmesser R vom eingespannten zum freien Ende hin stetig abnehmen. Der Krümmungshalbmesser im Punkte O ($x = 0$) sei R_0.

Wenn eine solche Feder am freien Ende belastet wird, so biegt sie sich wie eine gewöhnliche Feder durch, bis die Last P die Größe $P_k = \dfrac{E\,J}{l\,R_0}$ erreicht, die R_0 auf Unendlich vergrößert. Übersteigt P diesen Grenzwert, so legt sich das Federblatt, in O beginnend und gegen das freie Ende hin fortschreitend (z. B. bis zum Punkt O_1), auf die Stützplatte AB auf, aber erst eine unendlich große Last P vermag das freie Ende mit der Platte in Berührung zu bringen.

Ganz besondere Eigenschaften (s. Abb. 18) hat die nach der gemeinsamen Parabel $y_0 = p_0 \left(\dfrac{x}{l}\right)^2$ gekrümmte Feder. Die Last P ist der Federung f verhältnisgleich bis zu $P_k = 2\,\dfrac{E\,J}{l^2}\left(\dfrac{p_0}{l}\right)$. Die entsprechende Durchbiegung ist $f_k = \dfrac{P_k\,l^3}{3\,E\,J} = \dfrac{2}{3}\,p_0$ und das Biegemoment $M_k = P_k\,l$.

Für $f > f_k$ steigt P immer steiler an und wird schließlich für $f = p_0$ unendlich groß. Dagegen ist das Biegemoment $M_b = P(l - x) = M_k =$ konst., wie groß auch P sein mag. Die Feder kann also nicht überlastet werden, wenn die Spannung $\sigma_k = \dfrac{6\,l\,P_k}{B\,h^2} = E\,\dfrac{h}{l}\,\dfrac{p_0}{l}$ zulässig ist. Das Arbeitsvermögen bis f_k ist $A_k = \dfrac{1}{3}\,p_0\,P_k$ und das ganze Arbeitsvermögen (bis $f = p_0$) $A = p_0\,P_k$. Da $M_b =$ konst. ist, liegt der Teil OO_1 der Feder in ganzer Länge auf der Stützplatte auf.

Vielleicht trägt dieser Hinweis dazu bei, der unterstützten Blattfeder neue Anwendungsgebiete zu erschließen. Da ihre Theorie noch nirgends veröffentlicht ist, soll sie im Anhang gebracht und auf ein Beispiel angewendet werden.

Anwendungen der einfachen Blattfeder im Geräte- und Instrumentenbau werden in dem empfehlenswerten Büchlein von F. WOLF [4] behandelt, das auch eine Tabelle der für diese Zwecke benutzten Werkstoffe mit erwünschten Angaben über ihre elastischen Eigenschaften, Festigkeiten und die zulässigen Beanspruchungen enthält.

Hinzuzufügen ist die Verwendung der einseitig eingespannten geraden Rechteckfeder gleicher Dicke als einfacher Frequenzmesser. Ihre Eigenfrequenz ist

$$\nu = 0{,}1615\,\frac{h}{l^2}\,\sqrt{\frac{E\,g}{\gamma}}\ \text{Hertz} \qquad \begin{array}{l}(g = \text{Schwerbeschleunigung in cm/s}^2,\ \gamma = \text{spez.}\\ \text{Gewicht in kg/cm}^3,\ E \text{ in kg/cm}^2).\end{array}$$

Die Berechnung gekrümmter, d. h. aus Geraden und Kreisbogen zusammengesetzter Rechteckfedern, wie sie z. B. als Kontaktfedern benutzt werden, ist in einer Arbeit von PALM und THOMAS [45] ausführlich behandelt.

Bei der Einspannung der einfachen Blattfedern ist darauf zu achten, daß die Kanten der Spannbacken sauber gebrochen werden, damit sie das Federblatt nicht verletzen. Wenn es sich nicht vermeiden läßt, daß die Schraubenbolzen, welche die Spannbacken zusammenpressen, durch den eingespannten Teil des Blattes hindurchgeführt werden, dürfen die Bohrungen im Blatt nicht zu nahe an der Kante der Spannbacken liegen, da die Biegespannungen selbst bei festester Einspannung an dieser Kante nicht unvermittelt aufhören, sondern ein Stück in den eingespannten Teil hineinreichen. Es empfiehlt sich, für den Abstand des Lochrandes von der Kante mindestens das Dreifache der Blattdicke h vorzusehen. Besonders bei geschliffenen und polierten schweren Federn ist es ratsam, die durch den Druck stählerner Spannbacken hervorgerufenen zusätzlichen Beanspruchungen und schädlichen Reibungen durch Beilegen von dünnen Messingblechen, Preßspan, Papier oder dgl. zu mildern.

1. Zahlenbeispiel. Eine stählerne Rechteckfeder nach Abb. 9 mit $l = 50$ cm, $B = 6$ cm und $h = 0,5$ cm ist am freien Ende mit $P = 20$ kg belastet. Wie groß ist die Biegespannung σ und die Durchbiegung f?

Die größte *Biegespannung* (an der Einspannstelle) ist nach Spalte 3 der Tab. 4

$$\sigma = \frac{6\,l\,P}{B\,h^2} = \frac{6 \cdot 50 \cdot 20}{6 \cdot 0,5^2} = 4000 \text{ kg/cm}^2.$$

Für f ergibt sich nach Spalte 5 mit $E = 2\,150\,000$ kg/cm²

$$f = 4\,\frac{l^3\,P}{B\,h^3\,E} = \frac{4 \cdot 50^3 \cdot 20}{6 \cdot 0,5^3 \cdot 2,15 \cdot 10^6} = 6,2 \text{ cm}.$$

Mithin ist die *Einheitsfederung*

$$C = \frac{f}{P} = \frac{6,2}{20} = 0,31 \text{ cm/kg und die } \textit{Einheitskraft } c = \frac{P}{f} = \frac{1}{C} = \frac{1}{0,31} = 3,23 \text{ kg/cm}.$$

Für die *Federarbeit* ergibt sich nach Spalte 6

$$A = \frac{P\,f}{2} = \frac{20 \cdot 6,2}{2} = 62 \text{ cmkg}$$

oder

$$A = \frac{1}{18}\,\frac{B\,h\,l}{E}\,\sigma^2 = \frac{6 \cdot 0,5 \cdot 50}{18 \cdot 2,15 \cdot 10^6} \cdot 4000^2 = 62 \text{ cmkg}.$$

Das Federvolumen ist nach Spalte 7 $V = B\,h\,l = 6 \cdot 0,5 \cdot 50 = 150$ cm³.

2. Zahlenbeispiel. Die im ersten Beispiel untersuchte Rechteckfeder gleicher Blattstärke soll zwecks Verringerung der Baulänge durch eine Rechteckfeder ersetzt werden, deren Blattstärke, ausgehend von $h = 0,5$ cm an der Einspannstelle, nach einer gemeinen Parabel verläuft (Abb. 11) und bei $P = 20$ kg und $\sigma = 4000$ kg/cm² wieder eine Durchbiegung $f = 6,2$ cm aufweist. Nach Spalte 5 der Tab. 4 ist

$$f = \frac{4}{3}\,\frac{l^2\,\sigma}{h\,E} \qquad \text{oder} \qquad l^2 = \frac{3}{4}\,\frac{h\,E\,f}{\sigma} = \frac{3 \cdot 0,5 \cdot 2,15 \cdot 10^6 \cdot 6,2}{4 \cdot 4000} = 1250 \text{ cm}^2,$$

also $l \approx 35,4$ cm. Nach Spalte 3 und 4 ergibt sich

$$\sigma = \frac{6\,l\,P}{B\,h^2} \qquad \text{oder} \qquad B = \frac{6\,l\,P}{\sigma\,h^2} = \frac{6 \cdot 35,4 \cdot 20}{4000 \cdot 0,5^2} = 4,25 \text{ cm},$$

und nach Spalte 7 $V = 2/3\,B\,h\,l = 2/3 \cdot 4,25 \cdot 0,5 \cdot 35,4 = 50,1$ cm³. Bei gleicher Blattdicke an der Einspannstelle und gleicher Biegespannung und Durchbiegung ist diese Feder also um 31,2% kürzer, um 29% schmäler und wiegt nur den dritten Teil der Rechteckfeder gleicher Blattstärke.

3. Zahlenbeispiel. Dieses Beispiel soll zeigen, daß sich auch mit einer Trapezfeder nennenswerte Ersparnisse an Raum, vor allem aber an Gewicht erzielen lassen. Es soll für dieselben Verhältnisse wie im ersten und zweiten Beispiel eine Trapezfeder ermittelt werden. und zwar sei wieder $h = 0,5$ cm gegeben. Unter Annahme von $B'/B = 0,3$ ist nach Abb. 13 $K = 1,25$ und nach Spalte 5

$$f = \frac{2}{3}\,K\,\frac{l^2\,\sigma}{h\,E} \qquad \text{oder} \qquad l^2 = \frac{3}{2}\,\frac{h\,E\,f}{K\,\sigma} = \frac{3 \cdot 0,5 \cdot 2,15 \cdot 10^6 \cdot 6,2}{2 \cdot 1,25 \cdot 4000} = 2000 \text{ cm}^2,$$

also $l = 44,75$ cm. Nach Spalte 3 ergibt sich

$$\sigma = \frac{6\,l\,P}{B\,h^2} \qquad \text{oder} \qquad B = \frac{6\,l\,P}{\sigma\,h^2} = \frac{6 \cdot 44,75 \cdot 20}{4000 \cdot 0,5^2} = 5,37 \text{ cm}$$

und $B' = 0,3\,B = 0,3 \cdot 5,37 = 1,6$ cm. Diese Trapezfeder ist um 5,25 cm kürzer, um 0,63 cm schmäler und um etwa 48% leichter als die Trapezfeder des ersten Beispiels. Ihre Kennzahl ist nach Spalte 7 $k = \dfrac{1}{9}\,\dfrac{K}{1 + B'/B} = \dfrac{1}{9}\,\dfrac{1,25}{1 + 0,3} = 0,107$ gegenüber $\dfrac{1}{18} = 0,0555$ bei der Rechteckfeder nach Abb. 9 und 0,1666 bei der Dreieckfeder nach Abb. 10.

4. Zahlenbeispiel. Der durch das *Exzenter* angetriebene Schwingtisch einer Prüfmaschine hat einen Ausschlag $f = \pm\,0,5$ cm. Welche Stärke h müssen die beiden stählernen Lenkerfedern von der Länge $L = 30$ cm erhalten (s. Abb. 15), wenn die Höchstspannung σ nicht mehr als $\pm$ 3000 kg/cm² betragen soll? Das Eigengewicht des Tisches im Betrage von $G = 100$ kg wird *nicht* durch die beiden Lenkerfedern aufgenommen. Nach Gl. (5) ist mit $l = L/2 = 15$ cm

$$h = \frac{4}{3} \frac{l^2 \sigma}{f E} = \frac{4 \cdot 15^2 \cdot 3000}{3 \cdot 0,5 \cdot 2,15 \cdot 10^6} = 0,84 \text{ cm}.$$

Es sei weiterhin verlangt, daß die Eigenschwingungszahl des Tisches $n = 940$/min betragen soll. Die Eigenschwingungszahl ist gegeben durch die Formel

$$n = \frac{60}{2 \pi} \sqrt{\frac{c}{m}} = 9,55 \sqrt{\frac{c}{m}},$$

in der c die Einheitskraft P/f und $m = G/g = \dfrac{G}{981}$ die Masse des Tisches bedeutet. Da hier *zwei* Lenkerfedern vorhanden sind, muß die Formel für n lauten

$$n = 9,55 \sqrt{\frac{2 c}{m}}.$$

Hiernach ist mit $m = 100/981 = 0,102$ die Einheitskraft *einer* Feder

$$c = \frac{n^2}{9,55^2} \frac{m}{2} = \frac{940^2 \cdot 0,102}{91,1 \cdot 2} = 495 \text{ kg/cm}.$$

Die Einheitskraft ist andererseits nach Gl. (5)

$$c = \frac{P}{f} = \frac{B h^3 E}{8 l^3},$$

woraus sich mit $c = 495$ kg/cm, $l = 15$ cm und $h = 0,84$ cm

$$B = \frac{8 c l^3}{h^3 E} = \frac{8 \cdot 495 \cdot 15^3}{0,84^3 \cdot 2,15 \cdot 10^6} = 10,5 \text{ cm}$$

als Breite der einzelnen Feder errechnet.

Wesentlich schwieriger wird die Aufgabe, wenn die Lenkerfedern den Schwingtisch nicht nur steuern, sondern auch tragen müssen, wenn also z. B. die einzelne Feder durch $Q = G/2 = 50$ kg zusätzlich auf Zug beansprucht wird (Abb. 15). Man geht so vor, daß man aus Gl. (7) P ausdrückt und in Gl. (8) einsetzt. Dann ergibt sich, nach σ aufgelöst,

$$\sigma = \frac{Q}{B h} + \frac{3 f Q \operatorname{\mathfrak{T}g} (\omega l)}{B h^2 \omega \left(l - \dfrac{\operatorname{\mathfrak{T}g} (\omega l)}{\omega} \right)}.$$

Hierin kann, wenigstens im vorliegenden Falle, $\dfrac{Q}{B h}$ als völlig belanglos vernachlässigt werden. Setzt man aber die oben erhaltenen Werte $h = 0,84$ cm und $B = 10,5$ cm in das übrigbleibende Glied ein, nachdem man vorher ω nach Gl. (9) ermittelt hat, so ergibt sich $\sigma = 3160$ kg/cm², also eine größere Spannung als die zugelassene. Die Rechnung muß sehr genau durchgeführt werden (mindestens mit dem 50 cm-Rechenschieber, besser noch mit siebenstelligen *Logarithmen*), da im vorliegenden Falle l und $\dfrac{\omega}{\operatorname{\mathfrak{T}g} (\omega l)}$ fast gleich groß sind, und daher eine kleine Ungenauigkeit bereits einen empfindlichen Fehler verursacht. Die Einheitskraft beträgt nach Gl. (8) 520 kg/cm, so daß die Eigenschwingungszahl auf 964 /min statt der verlangten 940/min steigt. Die Aufgabe, σ herabzudrücken, läßt sich nur durch probeweises Annehmen von h und B lösen, wobei die Rücksicht auf eine gewünschte Eigenschwingungszahl des Tisches noch erschwerend wirkt.

5. Zahlenbeispiel. Eine Rechteckfeder von der Breite $B = 1,0$ cm, der Dicke $h = 0,1$ cm und der Länge $l_0 = 20$ cm (gestreckt) bildet einen Kreisbogen mit der Pfeilhöhe $p_0 = 4,898$ cm. Wie groß sind Durchbiegung f und Länge l bei verschiedenen Lasten P? — Die Zahlen sind so gewählt, daß sich die Aufgabe — ohne Schaubilder — allein mit Hilfe der Tab. 5 und 6 lösen läßt.

Es ist $J = B h^3/12 = 1 \cdot 0,001/12 = 83,33 \cdot 10^{-6}$ cm⁴; $E J = 2,15 \cdot 10^6 \cdot 83,33 \cdot 10^{-6} = 179,2$ kgcm², $p_0/l_0 = 4,898/20 = 0,2449$ und $\alpha = l_0^2 P/E J = 400 P/179,2 = 2,23 P$ oder $P = \alpha/2,23$ kg. — In Tab. 5 ist links von $p_0/l_0 = 0,2449$ der Wert $l_0/R_0 = 0,5$ abzulesen; die in dieser Horizontalreihe erscheinenden p/l_0-Werte können in Reihe 2 der Tab. 7 unter den entsprechenden α-Werten eingetragen werden. Multiplizieren dieser p/l_0-Werte mit $l_0 = 20$ ergibt die Pfeilhöhen p in Reihe 3, und Abziehen der p von p_0 die Federung $f = p_0 - p$ in Reihe 4. Die Reihe 5 der Tab. 7 zeigt zum Vergleich die nach Gl. (1) für $l = l_0$ berechneten Durchbiegungen f_1, und Reihe 6 den durch die Benutzung dieser Näherungsgleichung entstehenden Fehler.

Um die Länge l zu finden, trägt man die l/l_0-Werte der Horizontalreihe $l_0/R_0 = 0,5$ der Tab. 6 in Reihe 7 der Tab. 7 ein. Multiplizieren mit $l_0 = 20$ liefert l in Reihe 8. Entsprechend dem Vorzeichenwechsel von p/l_0 und p zwischen $\alpha = 0,6$ und $0,8$ oder, wie ein Blick auf Tab. 5 zeigt, genauer zwischen $\alpha = 0,7$ und $0,8$ nimmt p innerhalb dieses Bereiches einmal den Wert Null und l gemäß Reihe 8 einen Höchstwert an, der aber kleiner ist als l_0. Davon kann man sich überzeugen, wenn man in großem Maßstabe l über α aufträgt. Dieser vielleicht zunächst etwas befremdende Befund erklärt sich dadurch, daß die Biegelinie einer anfänglich kreisbogenförmig gekrümmten Feder *niemals* eine Gerade ist, auch nicht für $p = 0$.

Tabelle 7. *Zur genauen Berechnung einer Biegefeder* (5. Zahlenbeispiel)

Nr.	α	0	0,2	0,4	0,6	0,8	1,0
1	$P = \alpha/2,23$ kg	0	0,0897	0,1794	0,2691	0,3588	0,4484
2	p/l_0	0,2449	0,1807	0,1156	0,0499	$-0,0159$	$-0,0820$
3	p cm	4,898	3,614	2,312	0,998	$-0,318$	$-1,640$
4	$f = p_0 - p$ cm	0	1,284	2,586	3,900	5,216	6,538
5	f_1 cm nach Gl. (1)	0	1,333	2,667	4,000	5,334	6,667
6	$\dfrac{f_1 - f}{f} \, 100\%$	—	$+3,81$	$+3,13$	$+2,56$	$+2,26$	$+1,970$
7	l/l_0	0,9590	0,9754	0,9881	0,9962	0,9981	0,9960
8	l cm	19,180	19,508	19,762	19,942	19,962	19,920

3. Die Entstehung der geschichteten Blattfeder. Der Entwurf einer Blattfeder muß fast durchweg auf einige gegebene Größen Rücksicht nehmen, nämlich auf l, B, die Tragkraft P_{max} und die höchstzulässige Werkstoffbeanspruchung σ_{max}. Damit ergibt sich aus den entwickelten Berechnungsformeln der einfachen Blattfedern zwangsläufig die Blattdicke h. Zugleich liegen auch die Einheitsfederung C und die Einheitskraft c innerhalb der durch die Rechteckfeder einerseits und die Dreieckfeder anderseits gezogenen Grenzen fest, sofern nur Federn gleicher Blattstärke in Betracht gezogen werden. Nun verlangt aber gerade der Fahrzeugbau Federn, die bei einer im Verhältnis zur Federlänge sehr geringen Breite und bei großer Tragkraft eine weit größere Einheitsfederung aufweisen, als sie sich mit der günstigsten Form der einfachen Blattfedern gleicher Blattstärke, der Dreieckfeder, erzielen läßt. Umgekehrt führt der Versuch, eine einfache Dreieck- oder Trapezfeder zu ermitteln, welche die gewünschte Einheitsfederung besitzt, auf ein dünnes, aber so breites Federblatt, daß die zugestandene Breite um ein Vielfaches überschritten würde.

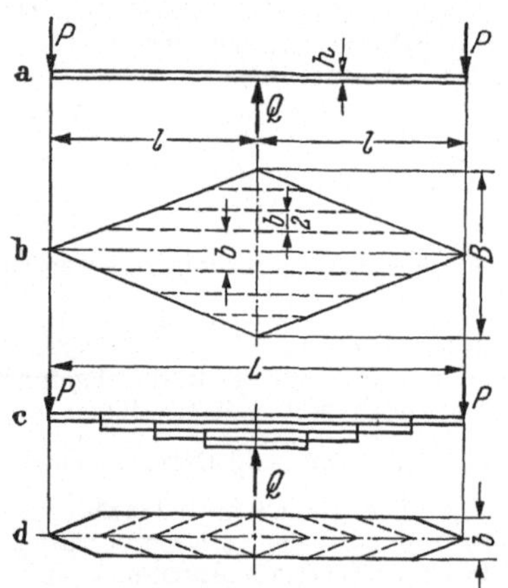
Abb. 19 a—d. Die Entstehung der geschichteten Blattfeder

Aus diesen Schwierigkeiten heraus ist die geschichtete Blattfeder entstanden.

In Abb. 19a u. b ist eine zweiarmige Dreieckfeder dargestellt. Sie besteht aus zwei einander mit den Grundlinien berührenden Dreieckfedern von der Einzellänge l, ist jedoch aus einem Stück hergestellt. Wird eine solche zweiarmige Feder von der Gesamtlänge $L = 2\,l$ in ihrer Mitte mit $Q = 2\,P$ belastet, so erfährt sie dieselbe Durchbiegung und Beanspruchung wie die einarmige Feder von der

Länge l, deren freies Ende mit $P = Q/2$ belastet wird. Die für die einarmigen Federn entwickelten Formeln gelten daher ohne weiteres auch für die zweiarmigen. Die Berechnung möge nun auf die in Abb. 19b eingezeichnete größte Blattbreite B geführt haben, während der für die Feder zur Verfügung stehende Raum nur den vierten Teil dieser Breite, nämlich $b = B/n = B/4$ habe. Zerschneidet man das Blatt nach Abb. 19b in einen Mittelstreifen von der Breite b und in $2(n-1) = 2(4-1) = 6$ seitliche Streifen von der Breite $b/2$ und legt die Seitenstreifen gleicher Länge der Länge nach geordnet paarweise unter den Mittelstreifen, so entsteht die *geschichtete* Dreieckfeder nach Abb. 19c u. d, von der sich annehmen läßt, daß sie sich zum mindesten ganz ähnlich verhält wie die einfache Feder nach Abb. 19a und b. Denn die Biegelinie der Dreieckfeder ist, wie bereits erwähnt, ein Kreisbogen, d. h. der Krümmungshalbmesser ist in allen Teilen der Feder derselbe. Zerschneidet man jetzt die Feder in der angegebenen Weise und schichtet sie, so werden sich die einzelnen Streifen spaltlos ineinanderschmiegen und, wenn man von dem kleinen Fehler absieht, der durch die endliche Blattdicke bedingt ist, sich alle nach demselben Kreisbogen krümmen. Messungen der Durchbiegungen und der Spannungen an sehr genau ausgeführten geschichteten Dreieckfedern haben ergeben, daß die Berechnungsformeln der einfachen Blattfedern mit völlig hinreichender Genauigkeit auch für die geschichteten Dreieckfedern gelten [1]. Selbstverständlich handelt es sich bei dem erwähnten Zerschneiden eines Federblattes von der Mittelbreite B nur um einen Denkvorgang. In Wirklichkeit stellt man alle geschichteten Blattfedern aus Streifen her, die von vornherein die Breite b besitzen und nur auf richtige Länge geschnitten und gespitzt zu werden brauchen.

4. Die geschichtete Trapezfeder. Der geschichteten Dreieckfeder haften dieselben Mängel an, wie der einfachen. Die spitzen Blattenden würden sich schnell in das darüberliegende Blatt eingraben. Diese Schwierigkeit ließe sich zwar dadurch umgehen, daß man die dreieckigen Spitzen durch Rechtecke ersetzte, und die Blattstärke im Bereich dieser Rechtecke gegen die Blattenden hin nach einer kubischen Parabel abnehmen ließe. Denn nach Spalte 4 der Tab. 4 hat die Rechteckfeder, deren Blattstärke nach einer kubischen Parabel verläuft, genau dieselbe kreisbogenförmige Biegelinie wie die Dreieckfeder gleicher Blattstärke. Immerhin ist es unbequemer und im allgemeinen auch kostspieliger, die Blattenden durch Fräsen, Walzen oder Schlagen parabolisch zuzuschärfen, als sie auf einer Warmschere zu spitzen. Im übrigen wären durch diese Maßnahmen noch nicht die Schwierigkeiten beseitigt, welche die Übertragung der Last P auf die Enden des längsten Blattes, des *Hauptblattes*, bereitet. Die Erfahrung hat gezeigt, daß zum mindesten das Hauptblatt ungeschwächt bis zu seinen Enden, an dem ein Nocken, Federauge oder ähnliches vorgesehen zu werden pflegt, durchgeführt werden muß. Das bedeutet, daß man nicht von einem Dreieckgrundriß, sondern von einem Trapez auszugehen hat, dessen kleinere Grundlinie die Länge b hat. Das genügt aber bei Federn, die starke Stöße aufzunehmen haben, noch nicht. In solchen Fällen ist es erforderlich, der kleineren Grundlinie des Trapezgrundrisses die Länge $2\,b$, $3\,b$ und bei besonders schweren Federn, sogar $4\,b$ zu geben, d. h. das zweite, dritte und gegebenenfalls sogar vierte Blatt ebenso lang zu machen wie das Hauptblatt, damit sie dessen Enden unterstützen. Selbstverständlich ist die Biegelinie einer solchen Feder kein Kreisbogen mehr, und man braucht daher auch nicht mehr auf eine möglichst kreisbogenförmige Biegelinie der Enden der kürzeren Blätter übertriebenen Wert zu legen. Aus diesen Gründen hat sich die leicht herstellbare trapezförmige Blattspitze eingebürgert, die mit der theoretisch richtigen Spitzenform genügend übereinstimmt und eine ausreichende Fläche für die Kraftübertragung am Blattende gewährleistet. Bei Federn, die aus verhältnismäßig vielen und dünnen

Blättern bestehen, kann sogar zumindest bei ihren längeren Blättern auf die Trapezspitze, die wegen des geringen Längenunterschiedes aufeinanderfolgender Blätter ohnehin sehr kurz werden würde, ohne Schaden verzichtet werden.

Das Blattbündel zweiarmiger Federn muß in seiner Mitte eine Vorrichtung erhalten, die das Bündel zusammenfaßt und die auf die Federmitte ausgeübte Kraft Q sicher auf die Feder überträgt. Solche Vorrichtungen stellen die bei Schienenfahrzeugen üblichen Federbunde dar oder die bei Straßenfahrzeugen benutzten, durch Spannbügel verbundenen Spannplatten. Alle diese Vorrichtungen umfassen die Federmitte auf einer gewissen Länge L', und auf dieser Länge muß daher auch das kürzeste Federblatt die volle Breite b aufweisen. Wie eine Feder aussieht, bei der die erwähnten Gesichtspunkte berücksichtigt sind, zeigt Abb. 20a—c. Es handelt sich um eine Feder mit $n = 7$ Lagen von der Breite b und der Stärke h. Das zweite Blatt ist bis unter die Federaugen durchgeführt. Die Enden der kürzeren Blätter (Blatt 3—7) sind

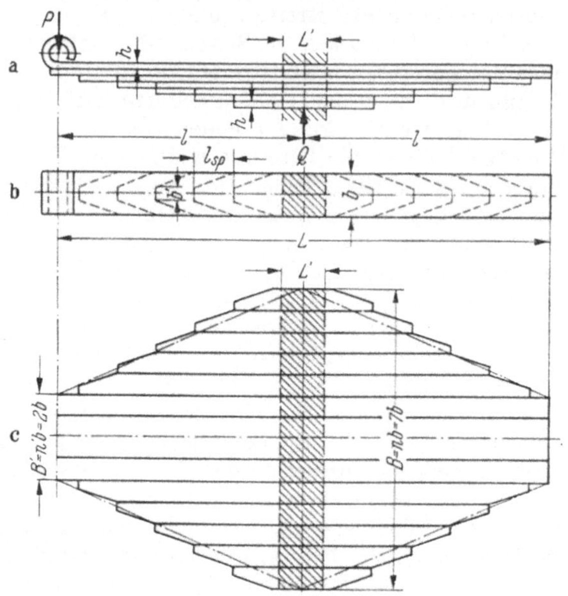

Abb. 20. a—c. Die geschichtete Trapezfeder

trapezförmig zugespitzt. Die Spitzenlänge ist l_{sp}, die Spitzenbreite b'. Halbierte man die Blätter, mit Ausnahme des Hauptblattes, der Länge nach und legte die Hälften zu beiden Seiten des Hauptblattes, so würde sich ein Federblatt mit dem

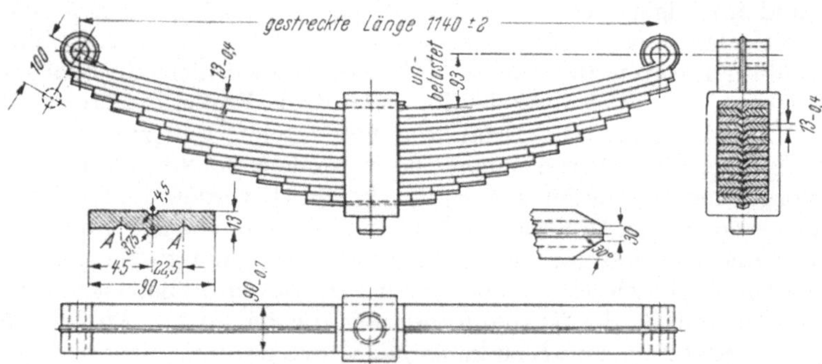

Abb. 21. Ältere Güterwagenfeder

Grundriß nach Abb. 20c ergeben. Für die Berechnung können die Treppenlinien ohne Nachteil durch die strichpunktierten Geraden ersetzt gedacht werden, so daß sich als vereinfachter Grundriß ein Doppeltrapez mit der großen Grundlinie $B = nb = 7b$ und der kleinen Grundlinie $B' = n'b = 2b$ ergibt. Versuche haben gezeigt, daß der versteifende Einfluß der Mitteleinspannung zweiarmiger Federn vernachlässigt werden kann, jedenfalls wenn die Länge L' der Mitteleinspannung etwa $^1/_{10}\,L$ nicht übersteigt. Die Rechnung kann also auf der Annahme fußen, daß die Gesamtlänge $L = 2\,l$ der Feder wirksam ist. Bei einarmigen geschichteten Federn pflegt man die wirksame Federarmlänge l nur bis zum Rande der Einspannung zu rechnen. Als Beispiel einer zweiarmigen Feder ist in Abb. 21 die Feder eines Schienenfahrzeugs dargestellt.

Für die Berechnung gelten folgende Formeln:

a) *Einarmige Feder* von der Länge l; am freien Ende greift die Last P an.

$$\sigma = \frac{6\,l\,P}{n\,b\,h^2}, \tag{13}$$

$$f = 4\,\frac{K\,l^3\,P}{n\,b\,h^3\,E} = \frac{2}{3}\,K\,\frac{l^2\,\sigma}{h\,E}, \tag{14}$$

$$A = \frac{P\,f}{2} = \frac{K}{18}\,\frac{n\,b\,h\,l}{E}\,\sigma^2 \approx \frac{K}{9}\,\frac{1}{1+\dfrac{n'}{n}}\,\frac{V}{E}\,\sigma^2, \tag{15}$$

$$k = \frac{1}{9}\,\frac{K}{1+\dfrac{n'}{n}}; \qquad V \approx \frac{n\,b\,h\,l}{2}\left(1+\frac{n'}{n}\right).$$

b) *Zweiarmige Feder* von der Länge $L = 2\,l$; in der Mitte greift die Last $Q = 2\,P$ an.

$$\sigma = \frac{3\,l\,Q}{n\,b\,h^2}, \tag{16}$$

$$f = 2\,\frac{K\,l^3\,Q}{n\,b\,h^3\,E} = \frac{2}{3}\,K\,\frac{l^2\,\sigma}{h\,E}, \tag{17}$$

$$A = \frac{Q\,f}{2} = \frac{K}{9}\,\frac{n\,b\,h\,l}{E}\,\sigma^2 \approx \frac{K}{9}\,\frac{1}{1+\dfrac{n'}{n}}\,\frac{V}{E}\,\sigma^2, \tag{18}$$

$$k = \frac{1}{9}\,\frac{K}{1+\dfrac{n'}{n}}; \qquad V \approx n\,b\,h\,l\left(1+\frac{n'}{n}\right).$$

n bedeutet die Gesamtzahl der Federblätter, n' die Zahl der Blätter an den Federenden. Der von n'/n abhängige Beiwert K ist wieder Abb. 13 zu entnehmen. Die *Einheitsfederung* ergibt sich aus Gl. (14) zu

$$C = \frac{f}{P} = \frac{4\,K\,l^3}{n\,b\,h^3\,E}, \tag{19}$$

und aus Gl. (17) zu

$$C = \frac{f}{Q} = \frac{2\,K\,l^3}{n\,b\,h^3\,E}. \tag{20}$$

Die *Einheitskraft* $c = 1/C$ ist der Kehrwert dieser Ausdrücke für C.

Die Gln. (13) bis (20) gelten für genau rechteckigen Querschnitt der Blätter von der Breite b und der Stärke h. In ihnen ist also das axiale Flächenträgheitsmoment $J = \frac{b\,h^3}{12}$ und das Widerstandsmoment $W = \frac{b\,h^2}{6}$ des Rechteckquerschnittes enthalten. Setzt man daher $b\,h^2 = 6\,W$ und $b\,h^3 = 12\,J$ in die Formeln ein, so erscheint in ihnen W und J, und sie gelten dann ganz allgemein für jede beliebige Gestalt des Blattquerschnittes. Tatsächlich finden gerade bei geschichteten Blattfedern zum sehr großen Teil Querschnittsformen Anwendung, die vom genauen Rechteck mehr oder minder abweichen.

Eine Abart der zweiarmigen Federn sind die *Doppelfedern* (Abb. 22). Eine Doppelfeder besteht aus zwei hintereinandergeschalteten gleicharmigen Blattfedern. Sie hat also die gleiche Tragkraft Q wie die einzelne Feder, aber die doppelte Federung f. Doppelfedern werden häufig zu Federsätzen vereinigt. Abb. 22 zeigt einen dreifachen Doppelfedersatz, der also die dreifache Tragkraft der einzelnen Doppelfeder besitzt. Bezeichnet Q_z die Belastung eines aus z Doppelfedern bestehenden Satzes, so ist

$$\sigma = \frac{3\,l\,Q_z}{z\,n\,b\,h^2}\,, \tag{21}$$

$$f = 4\,\frac{K\,l^3\,Q_z}{z\,n\,b\,h^3\,E} = \frac{4}{3}\,\frac{K\,l^2}{h\,E}\,\sigma\,, \tag{22}$$

$$C = \frac{f}{Q_z} = \frac{4\,K\,l^3}{z\,n\,b\,h^3\,E}\,, \tag{23}$$

$$A = \frac{2}{9}\,K\,\frac{z\,n\,b\,h\,l}{E}\,\sigma^2 \approx \frac{K}{9}\,\frac{1}{1 + \dfrac{n'}{n}}\,\frac{V}{E}\,\sigma^2\,. \tag{24}$$

Die Kennlinie aller Blattfedern ist formelmäßig genau, in Wirklichkeit ziemlich genau eine Gerade. Unter der Kennlinie ist bisher die Abhängigkeit der Belastung P oder Q von der Federung f verstanden worden, wie sie z. B. durch Gl. (14), (17) oder (22) dargestellt wird. Häufig ist es aber zweckmäßiger, P oder Q in Abhängigkeit von der *Pfeilhöhe p* aufzutragen, da sie ein wichtiges Baumaß der Feder darstellt. Die Pfeilhöhe ist die Bogenhöhe einer gekrümmten zweiarmigen Feder, wobei sich allerdings die hier gemeinte mit dem entsprechenden geometrischen Begriff, nämlich dem größten Abstand zwischen einem Kreisbogen und seiner Sehne, meistens nicht streng

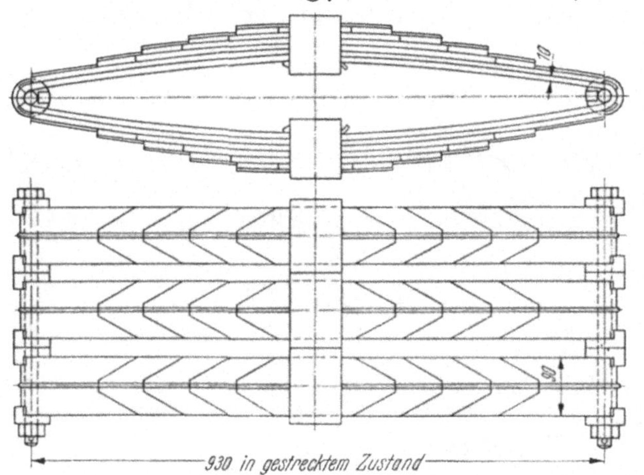

Abb. 22. Dreifacher Doppelfedersatz

deckt. Bei der in Abb. 21 dargestellten Feder z. B. ist die Pfeilhöhe p_0 der in unbelastetem Zustand der Feder 93 mm betragende Abstand zwischen Oberkante Hauptblatt (in Federmitte) und der Verbindungslinie der Federaugenmitten. Wird eine derartige Feder belastet, so verringert sich ihre Pfeilhöhe um die Durchbiegung. Biegt sich eine Feder mit der Pfeilhöhe p_0 in unbelastetem Zustand um f_1 durch, so ist die Pfeilhöhe $p_1 = p_0 - f_1$. Hieraus folgt anderseits, daß die *Pfeilhöhenänderung* $p_0 - p_1$ gleich der Durchbiegung f_1 ist. Folglich geht dann z. B. Gl. (17) über in

$$p = p_0 - f = p_0 - \frac{2\,K\,l^3\,Q}{n\,b\,h^3\,E}\,.$$

Diese neue Linie ist selbstverständlich wieder eine Gerade.

Die Bemerkung, daß die Kennlinie einer Geraden sehr nahe kommt, bedarf bei geschichteten Blattfedern einer Einschränkung. Abb. 23 zeigt das auf einer Federprüfmaschine aufgenommene Schaubild einer Eisenbahnwagenfeder. Danach ergibt sich nicht eine einzige Linie, sondern eine Schleife, die durch die *Belastungs-* und *Entlastungslinie* gebildet wird. Diese Erscheinung erklärt sich durch die Reibung zwischen den Federblättern. Wenn eine geschichtete Blattfeder sich durchbiegt, verschieben sich die einzelnen Blätter in Längsrichtung gegeneinander. Die Verschiebung ist an der Einspannstelle gleich Null und nimmt gegen das Ende eines jeden Federblattes hin zu. Außerdem ist sie um so größer, je länger und je dicker die Federblätter sind, und je größer die Pfeilhöhe ist. Da die Last P oder Q Druckkräfte zwischen den einzelnen Federblättern hervorruft, werden Reibungskräfte geweckt, welche die Verschiebung zu hindern suchen.

Wenn die Feder, an der das Schaubild Abb. 23 ermittelt ist, mit $Q = 4000$ kg belastet wird, so biegt sie sich nach dem Schaubild um $f_b \approx 110$ mm durch. Diese Last Q muß dabei nicht nur den elastischen Widerstand der Feder, sondern auch die durch die gegenseitige Verschiebung der Blätter geweckte Reibungskraft R_1 überwinden. Infolgedessen bewirkt Q eine kleinere Durchbiegung, als wenn die Feder reibungsfrei wäre, nämlich nur eine Durchbiegung f_b, die man bei einer reibungsfreien Feder schon durch die Belastung $Q' = Q - R_1$ erzielen könnte. Die Belastungslinie im Schaubild muß also *oberhalb* der Kennlinie der reibungsfrei gedachten Feder verlaufen. Wird nun die Feder entlastet, so kehrt die Reibung ihr Vorzeichen um und sucht die Feder daran zu hindern,

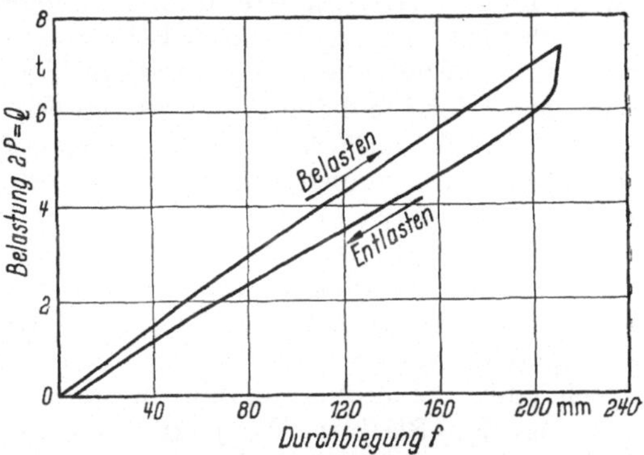

Abb. 23. Kennlinie einer langen Eisenbahn-Personenwagenfeder in verrostetem Zustand

ihre ursprüngliche Gestalt anzunehmen. Die Feder ändert ihre Form noch nicht, wenn sie um den Betrag R_1 entlastet wird. Vielmehr leitet erst eine weitere Entlastung um R_2 die Entspannung der Feder ein, die dann nach einer Linie verläuft, die *unter* der Kennlinie der reibungsfrei gedachten Feder liegen muß. Die Summe $R_1 + R_2$ der Reibungskräfte läßt sich hiernach für jede Durchbiegung oder Pfeilhöhe aus dem Federschaubild entnehmen. Man braucht lediglich bei der betreffenden Durchbiegung oder Pfeilhöhe eine Parallele zur P-Achse zu ziehen und das zwischen Belastungs- und Entlastungslinie liegende Stück zu messen und mit dem Kräftemaßstab zu multiplizieren. Auf diese Weise läßt sich aus Abb. 23 beispielsweise für $f_b = 110$ mm $R_1 + R_2 = 800$ kg bestimmen.

Die Kenntnis von $R_1 + R_2 = R$ gibt zunächst noch keinen Aufschluß über die Kennlinie der reibungsfrei gedachten Feder, da die Einzelbeträge R_1 und R_2, deren Größe selbstverständlich auch von der Oberflächenbeschaffenheit der Blätter und dem Schmierzustand der Feder stark abhängt, nicht bekannt sind. Nun haben eingehende Versuche [1] den Nachweis erbracht, daß bei jeder richtig hergestellten Feder $R_1 \approx R_2$ ist und zwar unabhängig von der Größe der Summe $R = R_1 + R_2$. Mithin verläuft die Kennlinie der reibungsfrei gedachten Feder ziemlich genau in der Mitte zwischen Belastungs- und Entlastungslinie und läßt sich daher leicht konstruieren. Diese Erkenntnis macht es überhaupt erst möglich, gemessene Durchbiegungen oder Pfeilhöhen mit den errechneten Werten zu vergleichen. Auf ihr beruhen auch die Begriffe der *mittleren Durchbiegung* und der *mittleren Pfeilhöhe* als Mittelwerte der beim Belasten und Entlasten bei einer bestimmten Last gemessenen Durchbiegungen oder Pfeilhöhen. Diese Mittelwerte lassen sich sehr leicht bestimmen. Die in einem beliebigen Betriebszustand befindliche Feder wird auf einer Federprüfmaschine belastet, bis die Last Q, für welche die Pfeilhöhe bestimmt werden soll, erreicht ist. Es möge sich dabei die Pfeilhöhe p_b ergeben. Alsdann steigert man die Belastung, ohne vorher zu entlasten, etwa auf die der höchstzulässigen ruhenden Beanspruchung (etwa 10 000 kg/cm²) entsprechende Prüflast Q_p und entlastet wieder auf Q, wobei jetzt die Pfeilhöhe p_e gemessen werden möge. Dann ist $p = 1/2 \, (p_b + p_e)$ die mittlere Pfeilhöhe für Q. Umgekehrt läßt sich auch für eine bestimmte Pfeilhöhe die *mittlere Tragkraft* bestimmen. Man biegt die Feder auf der Prüfmaschine bis zu der vorgeschriebenen Pfeilhöhe p durch und liest die Kraft Q_b ab. Dann steigert man die Belastung wie vorher auf Q_p und entlastet, bis wieder p erreicht ist. Jetzt möge die Ablesung Q_e ergeben. Dann ist $Q = 1/2 \, (Q_b + Q_e)$ die mittlere Tragkraft für die Pfeilhöhe p. Bei der Bestellung geschichteter Blatt-Tragfedern für Fahrzeuge pflegt vorgeschrieben zu werden, daß die Feder bei einer bestimmten Belastung eine bestimmte Pfeilhöhe oder bei einer bestimmten Pfeilhöhe eine bestimmte Tragkraft aufweisen soll. Im ersten Falle wird unter der Pfeilhöhe immer die *mittlere* Pfeilhöhe und im zweiten unter Tragkraft immer die *mittlere* Tragkraft verstanden. Es ist dagegen nicht ratsam, Fahrzeugfedern für eine bestimmte Pfeilhöhe p_0 in unbelastetem Zustand zu bestellen. Hiergegen sprechen folgende Gründe. Die Federblätter eines Blattbündels werden aus Zweckmäßigkeitsgründen nicht genau nach konzentrischen Kreisen gekrümmt, sondern man läßt den Krümmungshalbmesser mit wachsender Blattlänge etwas zunehmen. Infolgedessen klaffen die Blätter in Federmitte, wenn sie lose aufeinandergeschichtet werden. Dieses Klaffen verschwindet, wenn man das Blattbündel durch einen Federbund o. dgl. zusammenspannt, aber es entstehen Pressungen zwischen den Blättern, die jetzt unter Zwang konzentrische Kreise bilden. Die Feder ist also auch in unbelastetem Zustand, d. h. für $Q = 0$, nicht ganz reibungsfrei; dadurch wird die Genauigkeit der Messung von p_0 stark beeinträchtigt. Weiterhin wirken sich, wenn man von p_0 ausgeht, die Unvollkommenheiten der Durchbiegungsrechnung und die zulässigen Abmaße des Federblattquerschnittes in vollem Maße auf die Pfeilhöhe unter Last aus. Schließlich spricht das Verhalten der Federn selbst dagegen, die Pfeilhöhe p_0 als Ausgangspunkt zu wählen. Es ist eine bekannte Tatsache, daß jede aus gehärtetem Federstahl neu hergestellte Feder durch die ersten Belastungen mit der Prüflast Q_p eine gewisse bleibende Verformung erfährt, d. h. die Pfeilhöhe p_0 ist nach dem Entlasten etwas kleiner als die Pfeilhöhe p_0' im Fertigungszustand. In der Sprache der Werkstatt sagt man: Die Feder hat sich *gesetzt*. Der bleibende Pfeilhöhenverlust $p_0' - p$ verschwindet aber wieder wenigstens teilweise, wenn die Feder in unbelastetem Zustand längere Zeit liegt oder Erschütterungen erfährt. Wird die Feder jetzt erneut mit Q_p belastet, so zeigt sie nach dem Entlasten wieder die Pfeilhöhe p_0 (wie nach dem ersten Entlasten). Daraus folgt, daß es ohne Behandlung der Federn auf einer Prüfmaschine gar nicht möglich ist, einigermaßen richtige Schlüsse auf die Pfeilhöhe p_0 zu ziehen, oder daß es, anders ausgedrückt, zu nicht unbeträchtlicheren Irrtümern führen kann, wenn man die Pfeilhöhe einer unbelasteten Feder einfach nachmißt und das Meßergebnis für die wahre Pfeilhöhe p_0 hält. Der erwähnte Rückgang des Pfeilhöhenverlustes $p_0' - p_0$ bei längerem Lagern der Federn wirkt sich auch auf die Pfeilhöhe p unter Last aus, d. h. man würde eine zu große Pfeilhöhe p_b messen, wenn man eine Feder, die längere Zeit unbenutzt gelegen hat oder beim Verladen geworfen worden ist, einfach mit Q belastete. Daher ist es unbedingt notwendig, jede zu prüfende Feder erst einmal der Prüflast Q_p zu unterwerfen und wieder völlig zu entlasten und erst dann mit der beschriebenen Messung der Pfeilhöhen- oder Tragkraftmittelwerte zu beginnen.

Durch Messen der Pfeilhöhen- oder Tragkraft-Mittelwerte läßt sich die mittlere (wahre) Kennlinie der Feder punktweise ermitteln. Sie ist ziemlich genau eine Gerade oder höchstens ganz schwach gekrümmt, wenn die Pfeilhöhe p_0 im Verhältnis zur Federlänge L nicht zu groß ist. Dies gilt jedoch nur solange, als die Strecklage der Feder nicht unterschritten wird, solange also die Pfeilhöhe *positiv* ist. Belastet man nämlich die Feder so stark, daß sie die Strecklage unterschreitet und *negative* Pfeilhöhen annimmt, so wird man meistens eine Richtungsänderung der mittleren Kennlinie feststellen können und zwar in dem Sinne, daß jetzt die Einheitsfederung, also die Durchbiegung je Lasteinheit, kleiner ist als bei positiven Pfeilhöhen. Diese Erscheinung, die um so ausgesprochener ist, je dicker und zahlreicher die Federblätter im Verhältnis zur Federlänge L sind, und daher besonders stark bei Lokomotiv-Tragfedern zu beobachten ist, deutet darauf hin, daß beim Übergang zu negativen Pfeilhöhen die Blattreibung beim Belasten offenbar größer ist als beim Entlasten, daß also die errechnete Kennlinie der reibungsfrei gedachten Feder nicht mehr mit der gemessenen mittleren Kennlinie zusammenfällt, sondern näher der Entlastungslinie verläuft.

Es hat nicht an Versuchen gefehlt, die Blattreibung rechnerisch zu erfassen [5]. Diese Versuche sind bisher als gescheitert zu betrachten. Richtig ist lediglich die Feststellung, daß die Reibung von der Federlast Q abhängt und im übrigen um so größer ist, je zahlreicher und dicker die Federblätter sind, und um so kleiner, je länger die Feder ist. Außerdem hängt die Reibung selbstverständlich stark von der Beschaffenheit der Blattoberflächen und dem Schmierzustand der Feder ab; z. B. ist an einer langen Eisenbahnpersonenwagenfeder bei verschiedenen Betriebszuständen die Reibung R zu 3% bis 15% der Last Q festgestellt worden; bei einer kurzen Güterwagenfeder ($L = 2\,l = 114$ cm, $n = 13$, $b = 9$ cm, $h = 1{,}3$ cm) lag R zwischen 20% und 40% der Last Q. Da die Gleitwege zwischen den einzelnen Blättern in der Strecklage am kleinsten sind, ist es zweckmäßig, die Federn möglichst dicht über der Strecklage arbeiten zu lassen. Unterschreitungen der Strecklage sollten aber bei ziemlich kurzen und aus dickeren Blättern bestehenden Federn vermieden werden.

Soweit geschichtete Blattfedern im Fahrzeugbau als Tragfedern Verwendung finden, ist ihre Reibung teils nützlich, teils unerwünscht. Sie ist nützlich, insofern sie durch Unstetigkeiten der Fahrbahn eingeleitete Schwingungsbewegungen des Fahrzeugs rasch zum Abklingen bringt. Besondere Schwingungsdämpfer, die bei Verwendung reibungsfreier Federn unbedingt vorgesehen werden müßten, erübrigen sich daher zum mindesten bei allen mit Blattfedern ausgerüsteten Schienenfahrzeugen. Anderseits aber bewirkt die Blattreibung, daß die geschichtete Blattfeder erst ansprechen kann, wenn Kräfte oder Kraftänderungen auf sie einwirken, die im Mittel mindestens so groß sind, wie die der Federbelastung Q entsprechende Reibung $R_1 = R_2$. Allen Stoßkräften gegenüber, die diesen *Schwellwert* nicht erreichen, verhält sich die Feder wie ein starrer Körper, d. h. sie überträgt sie ungemildert auf das Fahrzeug, das dann u. U. *hart* und *rauh* läuft. Bei den luftbereiften Straßenfahrzeugen tritt dies nicht so stark in Erscheinung wie bei Schienenfahrzeugen. Bei diesen wird man daher darauf bedacht sein müssen, die Blattreibung möglichst klein zu halten, d. h. in erster Linie eine möglichst kleine Blattzahl anzustreben. Allerdings sind diesem Bestreben durch Rücksichten auf richtigen Aufbau der Federn Grenzen gesetzt. Diese Rücksichten lassen es ratsam erscheinen, kürzere Federn mit mindestens vier und längere mit mindestens fünf Blättern auszuführen.

5. Schräger Lastangriff. Unter Fahrzeugen sind die Blatt-Tragfedern häufig in Gehängen (Laschen, Schaken o. dgl.) aufgehängt, die mit der Lotrechten den

Gehängewinkel α bilden (Abb. 24). Wird die Feder in ihrer Mitte M mit $Q = 2\,P$ belastet, so entstehen an den Federenden A und B außer den lotrechten Gegenkräften P die waagerechten Kräfte $H = P\,\mathrm{tg}\,\alpha$. Die Gehänge müssen die Kräfte $S = \dfrac{P}{\cos\alpha}$ aufnehmen. Jede waagerechte Verschiebung der Feder weckt infolge der Änderungen, welche dabei die anfänglich gleichen Winkel α bei A und B erfahren, einen Kraftüberschuß in waagerechter Richtung, der die Verschiebung rückgängig zu machen sucht. Die Federaufhängung in geneigten Gehängen benutzt man daher bekanntlich bei freien Lenkachsen, um die ausgelenkte Achse in die Mittellage zurückzuführen. Aber auch bei festen Achsen (Straßenbahnwagen) ist diese Aufhängung von Vorteil, wenn das Achslagergehäuse nicht ganz spielfrei geführt wird; andernfalls würde das Achslagergehäuse dazu neigen, zwischen den Achshaltern hin- und herzuschlagen.

Wegen des zusätzlichen Biegemomentes, das die waagerechte Kraft $H = P\,\mathrm{tg}\,\alpha$ am Hebelarm p auf die Federmitte M ausübt, weicht die Berechnung der Durch-

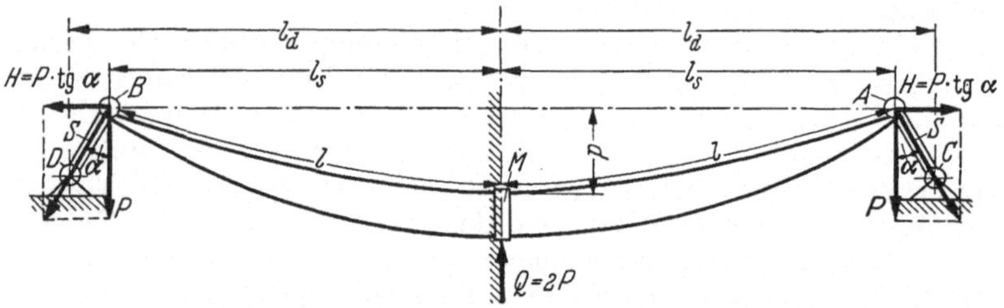

Abb. 24. Geschichtete Blattfeder mit schrägem Lastangriff

biegung bei schrägem Lastangriff nicht unbeträchtlich von der schon bekannten Berechnung für lotrechten Lastangriff ab. Im Fahrzeugbau, der das Hauptverwendungsgebiet der geschichteten Blattfedern bildet, wird fast ausnahmslos verlangt, daß die Feder bei einer gegebenen Last Q_1 und einem gegebenen Gehängewinkel α_1 eine bestimmte Pfeilhöhe p_1 aufweist. Überdies soll die Feder eine vorgeschriebene Einheitsfederung besitzen oder durch eine Laststeigerung von Q_1 auf Q_2 eine bestimmte Durchbiegung erfahren. Der Gang der Rechnung [1] ist folgender. Man errechnet zuerst mit den gegebenen Q_1, p_1 und α_1 die theoretische Pfeilhöhe p_0 in unbelastetem Zustande der Feder mittels der Gleichung

$$p_0 = p_1 + f_1 = p_1 + \frac{l^2 Q_1}{N}(l + 1{,}3\,p_1\,\mathrm{tg}\,\alpha_1). \tag{25}$$

In dieser Gleichung ist $N = \dfrac{6\,J_0\,E}{K}$ eine Hilfsgröße, $J_0 = \dfrac{n\,b\,h^3}{12}$ die Summe der Trägheitsmomente der einzelnen Federblätter in Federmitte und K der von B'/B oder n'/n abhängige Beiwert nach Abb. 13. Der aus Gl. (25) gefundene Wert für p_0 wird in die Gleichung

$$f' = p_0 - p = \frac{l + 1{,}3\,p_0\,\mathrm{tg}\,\alpha_1}{\dfrac{N}{l^2 Q} + 1{,}3\,\mathrm{tg}\,\alpha_1} \tag{26}$$

eingesetzt, die es gestattet, die Durchbiegung f' oder die Pfeilhöhe p für jede beliebige andere Last Q, beispielsweise für Q_2, zu errechnen. Dieses Rechnungsverfahren liefert erfahrungsgemäß ausreichend richtige Werte zum mindesten für den eigentlichen Arbeitsbereich der Feder, d. h. für den Lastbereich, der der Nutzbelastung des Fahrzeuges einschließlich der Stoßwege entspricht. Dagegen kann die nach Gl. (25) ermittelte Pfeilhöhe p_0 weniger Anspruch auf Genauigkeit erheben, d. h. sie wird im allgemeinen in stärkerem Maße von dem *tatsächlichen* p_0 der ausgeführten Feder abweichen. Das ist aber für den Benutzer der Feder ohne Belang, da p_0 im allgemeinen weit außerhalb ihres Arbeitsbereiches liegt. Anderseits ist es der Federhersteller ohnehin gewohnt, die für die Fertigung maßgebende Pfeilhöhe p_0 an einer Probefeder zu ermitteln. — Die Kennlinie nach Gl. (26) ist *keine* Gerade.

Bei schrägem Lastangriff ist die Biegespannung höher als bei lotrechtem; es ist nämlich

$$\sigma = 3\frac{l + p\,\mathrm{tg}\,\alpha_1}{n\,b\,h^2}\,Q. \tag{27}$$

In diese Gleichung sind zusammengehörende Werte von Q und p, wie sie Gl. (26) liefert, einzusetzen.

Mit der Berechnung von f' nach Gl. (26) ist die Aufgabe, die Federung einer Feder in geneigten Gehängen zu ermitteln, noch nicht ganz gelöst. Wie Abb. 24 zeigt, ist der Pfeilhöhe p die halbe Sehnenlänge l_s der Feder zugeordnet. Verringert sich p infolge weiterer Durchbiegung, so wächst offenbar l_s und wird schließlich für $p = 0$ gleich der Bogenlänge l. Dabei wird auch der Winkel α kleiner, der mit l_s, dem halben Abstand l_d der Gehängedrehpunkte und der Gehängelänge l_g durch die Beziehung

$$\sin \alpha = \frac{l_d - l_s}{l_g} \tag{28}$$

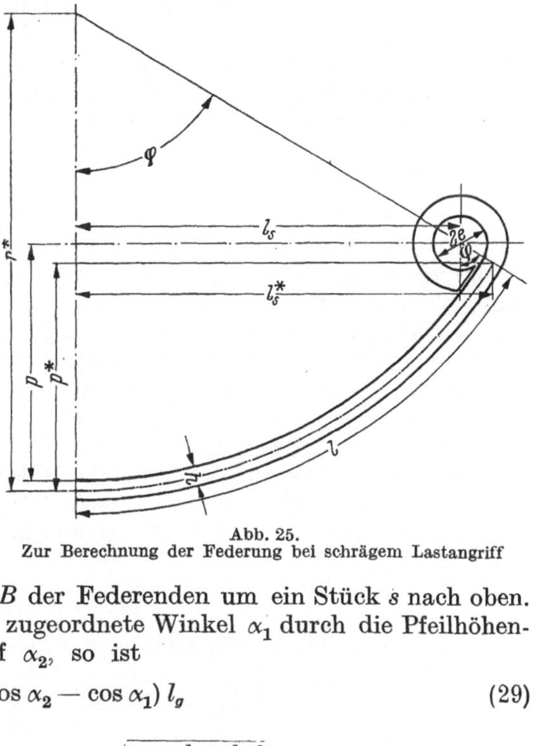

Abb. 25.
Zur Berechnung der Federung bei schrägem Lastangriff

verknüpft ist. Infolgedessen verschiebt sich die Verbindungslinie AB der Federenden um ein Stück s nach oben. Verringert sich der der Pfeilhöhe p_1 zugeordnete Winkel α_1 durch die Pfeilhöhenverminderung $p_1 - p_2 = f'_2 - f'_1$ auf α_2, so ist

$$s = (\cos \alpha_2 - \cos \alpha_1)\,l_g \tag{29}$$

oder, da

$$\cos \alpha = \sqrt{1 - \sin^2 \alpha} = \sqrt{1 - \left(\frac{l_d - l_s}{l_g}\right)^2},$$

$$s = \sqrt{l_g^2 - (l - l_{s_2})^2} - \sqrt{l_g^2 - (l_d - l_{s_1})^2}. \tag{29a}$$

Die *Gesamtfederung*, d. h. die Lagenänderung der Federmitte M gegen die im Raum feststehende Verbindungslinie $CD = 2\,l_d$ der Gehängedrehpunkte ist demnach

$$f = f' + s. \tag{30}$$

Um s nach Gl. (29a) berechnen zu können, muß man zuvor die den einzelnen p zugeordneten l_s ermitteln. Wie schon auf S. 30 erwähnt, deckt sich der technische Begriff der Pfeilhöhe nicht immer mit dem geometrischen. In Abb. 25 ist das halbe Hauptblatt einer zweiarmigen Feder dargestellt. Dieses Hauptblatt von der Stärke h und der Bogenlänge l trägt an seinen Enden Federaugen mit dem lichten

3*

Durchmesser $2\,e$. Die geometrische Pfeilhöhe ist p^* und die geometrische halbe Sehnenlänge l_s^*. Für die Technik ist aber die ein wichtiges Einbaumaß darstellende Länge l_s von Bedeutung, und unter der Pfeilhöhe versteht sie in diesem Falle das Maß p, das sich wesentlich bequemer und besser messen läßt als p^*. Die Abhängigkeit zwischen l_s und p läßt sich nun aus den Gleichungen

$$\frac{p^*}{l_s^*} = \frac{p-e}{l_s}, \tag{31}$$

$$l_s^* = l_s + \left(e + \frac{h}{2}\right)\frac{2\,l_s\,(p-e)}{l_s^2 + (p-e)^2}, \tag{32}$$

$$p = p^* - \frac{h}{2} + \left(e + \frac{h}{2}\right)\cos\varphi, \tag{33}$$

$$l_s = l_s^* - \left(e + \frac{h}{2}\right)\sin\varphi \tag{34}$$

und aus den Abb. 26 und 27 bestimmen. Das Verfahren richtet sich danach, ob die zu einer Pfeilhöhe p_1 gehörende Länge l_{s_1} oder die Bogenlänge l, d. h. die Federarmlänge in gestrecktem Zustand (Fertigungslänge), vorgeschrieben ist.

1. Gegeben p_1 und l_{s_1}.

a) Setze in Gl. (31) $p = p_1$ und $l_s = l_{s_1}$ und errechne $p_1^*/l_{s_1}^*$. Entnimm hierfür das zugehörige n_1 aus Abb. 26. Berechne für $p = p_1$ und l_{s_1} die Länge $l_{s_1}^*$ nach Gl. (32). Das Produkt $n_1 \cdot l_{s_1}^* = l$ ist die Bogenlänge des Federarmes.

b) Nimm der Reihe nach verschiedene Werte von p^* an, bilde p^*/l, entnimm Abb. 27 die zugehörigen m und multipliziere sie mit l. Die Produkte $m\,l = l_s^*$ sind die den angenommenen p^* entsprechenden l_s^*. Entnimm ferner für die p^*/l die zugehörigen $\sin\varphi$ und $\cos\varphi$ und berechne die zusammengehörenden p und l_s nach den Gln. (33) und (34). Diese werden in einem Schaubild aufgetragen.

2. Gegeben p_1 und l.

Verfahre wie unter 1 b).

Das eben beschriebene Verfahren ist leider etwas umständlich und zeitraubend. Glücklicherweise gibt es ein sehr gutes Näherungsverfahren, dessen Genauigkeit allen Anforderungen reichlich genügt und daher ohne Bedenken angewendet werden darf.

Näherungsverfahren.

1. Gegeben p_1 und l_{s_1}.

a) Berechne die Bogenlänge l des Federarmes mittels der Gleichung

$$l = \sqrt{\left[l_{s_1} + \frac{(2\,e + h)\,(p_1 - e)}{l_{s_1}}\right]^2 + \frac{4}{3}\,(p_1 - e)^2}. \tag{32a}$$

b) Errechne das zu irgendeiner anderen Pfeilhöhe p_n gesuchte l_{s_n} mittels des nach Gl. (32a) errechneten l aus

$$l_{s_n} = \frac{1}{2}\left[\sqrt{l^2 - \frac{4}{3}\,(p_n - e)^2} + \sqrt{l^2 - \frac{4}{3}\,(p_n - e)^2 - 4\,(2\,e + h)\,(p_n - e)}\right]. \tag{34a}$$

2. Gegeben p_1 und l.

Errechne l_{s_1} und l_{s_n} aus Gl. (34a).

Die Gln. (32a) und (34a) werden zweckmäßigerweise mit Hilfe eines 50 cm-Rechenschiebers oder vierstelliger Logarithmen ausgewertet, da die Genauigkeit eines 25 cm-Rechenschiebers zum Ziehen der Quadratwurzeln im allgemeinen nicht ausreicht.

Für $p/l \leqq 0{,}2$ lassen sich die Gln. (32a) und (34a) sogar noch weiter vereinfachen, ohne daß die Genauigkeit nennenswert leidet. Sie lauten dann

$$l = \frac{l_{s_1}^2 + (2\,e + h)\,(p_1 - e)}{l_{s_1}} + \frac{2}{3}\,\frac{(p_1 - e)^2}{l_{s_1}^2 + (2\,e + h)\,(p_1 - e)}\,l_{s_1}, \tag{32b}$$

$$l_{s_n} = l - \frac{2}{3}\,\frac{(p_n - e)\left(p_n + 2\,e + \dfrac{3}{2}\,h\right)}{l}. \tag{34b}$$

Die hier angegebenen Verfahren beruhen auf der Annahme, daß die Feder bei allen Belastungen und Pfeilhöhen einen Kreisbogen bildet. Diese Annahme trifft

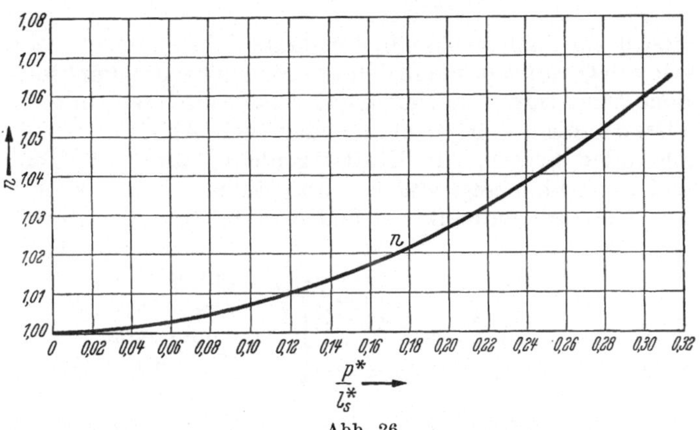

Abb. 26

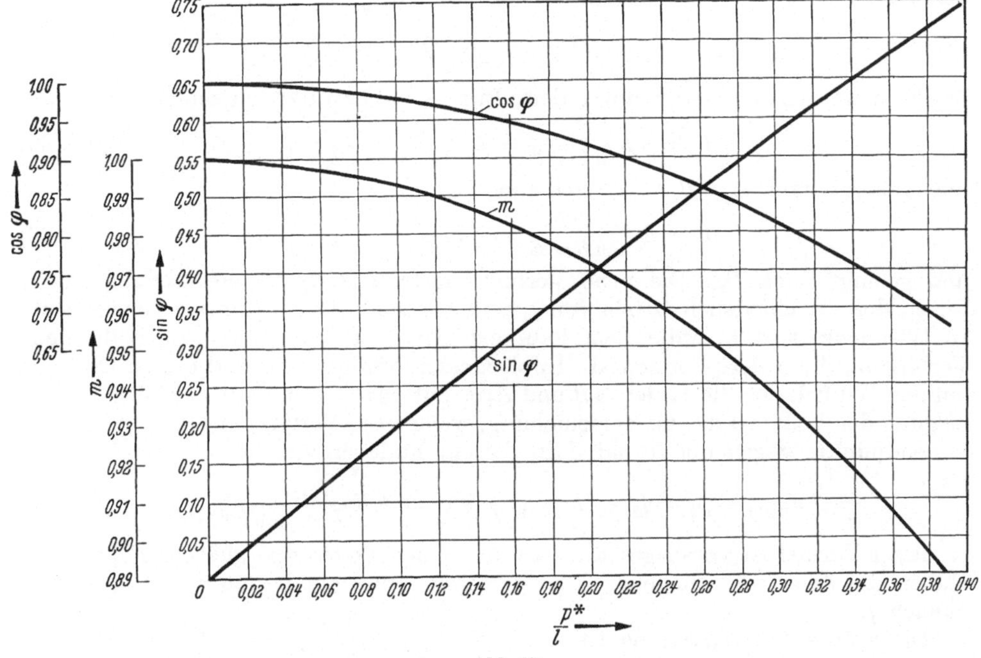

Abb. 27

Abb. 26. u. 27. Schaulinien zur Ermittlung des Zusammenhanges zwischen Sehnenlänge, Bogenlänge und Pfeilhöhe

nicht ganz zu. Es ist zweckmäßig, den Krümmungshalbmesser der unbelasteten
Feder gegen die Federenden hin abnehmen zu lassen, um zu erreichen, daß die
Federform *unter Last* einem Kreisbogen möglichst nahekommt und in der Strecklage wirklich eine Gerade ist und nicht irgendeine geschweifte Linie. Allerdings
läßt sich auch durch diese Maßnahme eine strenge Kreisbogenform gerade bei den
kleinsten Lasten nicht erreichen, und es ist daher nicht verwunderlich, daß die Rechnung bei kleinen Lasten und großen Pfeilhöhen recht ungenaue Ergebnisse liefert.
Das ist aber im allgemeinen ohne Belang, da die Fahrzeugfedern eigentlich immer
im Bereich größerer Lasten und — wenigstens heutzutage — kleiner Pfeilhöhen arbeiten, und da die Rechnung in diesem Bereich allen berechtigten Ansprüchen
genügt.

Die Einheitsfederung läßt sich am besten dadurch bestimmen, daß man $f = f' + s$
in Abhängigkeit von Q aufträgt und in den zu untersuchenden Punkten die Tangente
an die gefundene Linie legt. Die Neigung der Tangente stellt unter Berücksichtigung des Maßstabes die Einheitsfederung dar (vgl. Abb. 2).

6. Ungleicharmige Federn. Im Kraftwagenbau müssen die Vorderfedern oft
aus baulichen Rücksichten *ungleicharmig* ausgeführt werden (s. Abb. 28). Wird
die Feder, deren Federarmendpunkte A und B in unbelastetem Zustande auf einer

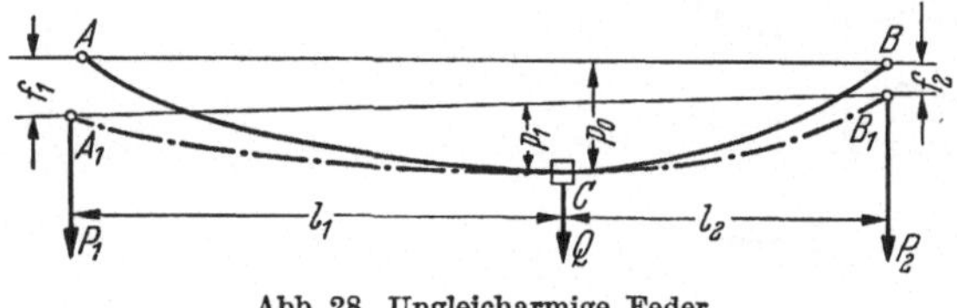

Horizontalen AB liegen mögen,
mit Q belastet, so entfällt auf
den Endpunkt A des Federarmes von der Länge l_1 die
Teilkraft

Abb. 28. Ungleicharmige Feder

$$P_1 = \frac{l_2}{l_1 + l_2}\, Q,$$

auf den Endpunkt B des Armes von der Länge l_2 die Teilkraft

$$P_2 = \frac{l_1}{l_1 + l_2}\, Q.$$

Denkt man sich die Feder unter dem Bund C abgestützt, so senkt sich A um

$$f_1 = 4\,K\,\frac{l_1^3\,P_1}{n\,b\,h^3\,E} = 4\,K\,\frac{l_1^3\,l_2}{l_1 + l_2}\,\frac{Q}{n\,b\,h^3\,E} \tag{35}$$

und gelangt nach A_1; B senkt sich um

$$f_2 = 4\,K\,\frac{l_2^3\,P_2}{n\,b\,h^3\,E} = 4\,K\,\frac{l_1\,l_2^3}{l_1 + l_2}\,\frac{Q}{n\,b\,h^3\,E} \tag{36}$$

und gelangt nach B_1. Die neue Verbindungslinie A_1B_1 der Federenden würde
wegen der verschiedenen Größe von f_1 und f_2 gegen die Horizontale geneigt sein.
In Wirklichkeit, d. h. unter dem Fahrzeug, ist aber zwangsweise auch die neue
Verbindungslinie A_1B_1 horizontal. Infolgedessen erfährt der Bund C eine Drehung
um den Winkel, den die Linien AB und A_1B_1 miteinander einschließen. Die Durchbiegung der Feder, d. h. die Verschiebung, welche die Verbindungslinie der Federarmendpunkte gegen den Bund C in diesem Falle erfährt, ist

$$f = p_0 - p_1 = f_2 + (f_1 - f_2)\frac{l_2}{l_1 + l_2} = 4\,K\,\frac{l_1^2\,l_2^2}{l_1 + l_2}\,\frac{Q}{n\,b\,h^3\,E}. \tag{37}$$

In dieser Formel ist vorausgesetzt, daß die beiden Federarme gleiches K besitzen.
Haben die Arme verschiedene K, so berechnet man am besten zuerst f_1 und f_2,
danach f.

Die größte Biegespannung ist

$$\sigma = 6\,\frac{l_1\,l_2}{l_1 + l_2}\,\frac{Q}{n\,b\,h^2}. \tag{38}$$

Bei Verwendung ungleicharmiger Federn ist auf die erwähnte Drehung des Bundes Rücksicht zu nehmen, d. h. es muß Vorsorge getroffen werden, daß der Bund sich zwanglos drehen kann. Andernfalls werden die beiden Federarme verschieden hoch beansprucht, und die vorstehenden Entwicklungen gelten nicht mehr.

Die ungleicharmige Feder sollte nur dort angewendet werden, wo es bauliche Rücksichten unbedingt notwendig machen. Denn federungstechnische Vorteile gegenüber der gleicharmigen Feder besitzt sie selbstverständlich nicht. In der Herstellung stellt sie sich eher teuerer, da die Blattenden Trapezspitzen verschiedener Länge erhalten müssen, wenn die Längen der beiden Federarme stark voneinander abweichen.

7. Die geschichteten Blattfedern verschiedener Blattstärke. Im Kraftwagenbau sind immer noch Federn üblich, bei denen die Blattdicke vom Hauptblatt nach den kürzeren Blättern hin ungefähr stetig abnimmt, so daß etwa die Stärke des Hauptblattes um 25% größer, die des kürzesten Blattes um 25% geringer ist als die Stärke des mittelsten Blattes. Diese Bauart ist offenbar aus der Erwägung entstanden, daß das Hauptblatt, das bei Kraftwagen leider häufig auch die Antriebs-, Brems- und Führungskräfte aufzunehmen hat, einer Entlastung bedarf; denn der Bruch des Hauptblattes kann verhängnisvoll werden, wenn das abgefederte Rad dadurch die Führung verliert.

Die Durchbiegung einer solchen Feder mit abgestufter Blattstärke läßt sich mittels aus den Gln. (14), (17) und (37) herleitbarer Formeln berechnen. Bezeichnet für rechteckigen Blattquerschnitt

$$J_0 = \frac{b}{12}\,(h_1^3 + h_2^3 + h_3^3 + \cdots + h_n^3)$$

die Summe der Trägheitsmomente der n Blätter mit den verschiedenen Blattstärken h_1, h_2, h_3 usw., und entsprechend J_0' die Summe der Trägheitsmomente der *am Federende* vorhandenen Blätter, so ist

$$\text{für die einarmige Feder}\quad f = K\,\frac{l^3\,P}{3\,J_0\,E}, \tag{14a}$$

$$\text{für die zweiarmige Feder}\quad f = K\,\frac{l^3\,Q}{6\,J_0\,E}, \tag{17a}$$

$$\text{für die ungleicharmige Feder}\quad f = K\,\frac{l_1^2\,l_2^2}{3\,(l_1 + l_2)}\,\frac{Q}{J_0\,E}, \tag{37a}$$

sofern nur, wie es bei einer richtig gestalteten Feder der Fall sein sollte, J_0 auf J_0' einigermaßen geradlinig abnimmt, der *Grundriß* also ungefähr ein Trapez bildet[1].

Die von J_0'/J_0 abhängigen K-Werte sind Abb. 13 zu entnehmen.

Wie schon erwähnt, soll die Abstufung der Blattstärke zugunsten einer Verstärkung des Hauptblattes zu einer Entlastung dieses Blattes dienen. Diese Maßnahme ist von sehr zweifelhaftem Wert. Es ist unbestritten, daß die Zug- oder Druckspannungen, die von Horizontalkräften herrühren, in einem dickeren Blatt kleiner sind als in einem dünneren, da der Flächeninhalt des Querschnittes von Bedeutung ist, und daß auch die Biegespannungen, die durch die Horizontalkräfte an der Wurzel des bei Kraftwagenfedern allgemein üblichen Federauges auftreten, kleiner ausfallen. Aber hinsichtlich des von der lotrechten Belastung Q herrührenden Biegemomentes ist das dickere Blatt zunächst benachteiligt, wenn dickere und

---

[1] Für Federn, deren Grundriß vom Trapez stärker abweicht, empfiehlt sich das Verfahren von STARK (s. [1]).

dünnere Blätter zu einem Blattbündel vereinigt sind und infolgedessen dieselbe
Biegung erfahren. Denn es ist z. B. nach Gl. (16) mit

$$W_1 = \frac{J_0}{\left(\dfrac{h_1}{2}\right)}; \qquad W_2 = \frac{J_0}{\left(\dfrac{h_2}{2}\right)}; \qquad \text{usw.}$$

$$\sigma_1 = \frac{l\,Q}{4\,J_0}\,h_1; \qquad \sigma_2 = \frac{l\,Q}{4\,J_0}\,h_2; \qquad \text{usw.,} \tag{16a}$$

wenn die Zeiger 1, 2, 3, ... Blattstärke und Biegespannung der einzelnen Blätter
bezeichnen. Aus dieser Erkenntnis heraus hat man versucht, durch verschiedene
Sprengung der einzelnen Blätter einen Ausgleich zu schaffen. Abb. 29 zeigt das
lose geschichtete Blattbündel einer Kraftwagenfeder. Von den drei kürzesten
Blättern abgesehen, nimmt der Krümmungshalbmesser vom 1. Blatt bis zum
9. Blatt ab, so daß zwischen dem 1. und 2. Blatt der Spalt S_{1-2}, zwischen dem
2. und 3. Blatt der Spalt S_{2-3} usw. entsteht. Wird ein solches Blattbündel in der
Mitte zusammengespannt und dadurch in betriebsfertigen Zustand gebracht, so
stellt sich eine allen Blättern gemeinsame mittlere Krümmung ein, indem sich die
längeren Blätter stärker krümmen, die kürzeren Blätter an Krümmung verlieren,

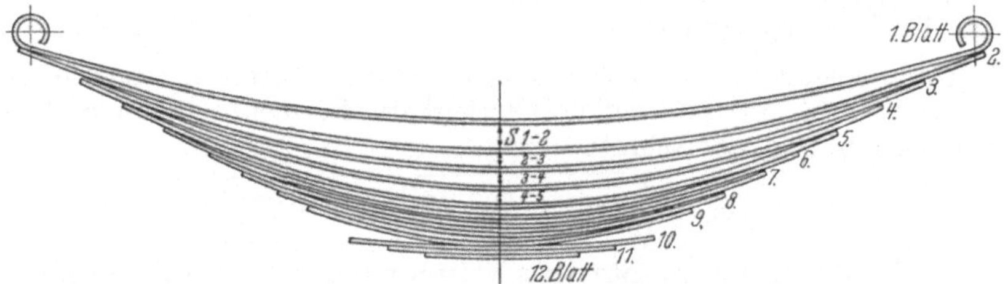

Abb. 29. Lose geschichtete Blattbündel einer Kraftwagenfeder

und die mittleren Blätter ihre Krümmung ungefähr beibehalten. Diese Krüm-
mungsänderungen rufen Vorspannungen hervor, die in den längeren Blättern den
von der äußeren Belastung Q herrührenden Spannungen entgegengerichtet, in den
kürzeren Blättern aber, deren Krümmung vermindert worden ist, gleichgerichtet
sind. Durch geeignete Wahl der Spaltgrößen S kann also die Betriebsspannung,
d. h. die algebraische Summe aus Vorspannung und von Q herrührender Spannung
in den längeren und dickeren Blättern auf Kosten der Betriebsspannung der kürzeren Blätter gesenkt werden. Zweifellos hat man bei der beschriebenen Anwendung
verschiedener Sprengung zunächst lediglich eine Entlastung des Hauptblattes
gegenüber der von der *ruhenden Last Q* herrührenden Spannung bezweckt. Damit
allein ist es aber noch nicht getan. Denn für die Haltbarkeit der Feder ist einmal
die Größe der Ausschläge der Feder beim Fahren, zum andern die Dauerfestigkeit
der Federblätter maßgebend. Nun nimmt die Dauerbiegefestigkeit gemäß Abb. 3
mit sinkender Mittelspannung σ_m, d. h. sinkender ruhender Betriebsspannung, tatsächlich zu. Anderseits vermindert sich die Größe der Spannungsschwankung, die
einem gegebenen Ausschlag der ganzen Feder entspricht, mit abnehmender Blattstärke. Es kommt also darauf an, durch geeignete Wahl der Blattstärken und der
Spaltgrößen solche Mittelspannungen und Spannungsausschläge der einzelnen
Blätter zu erzielen, daß die den verschiedenen Mittelspannungen zugeordneten
Spannungsausschläge innerhalb der Grenzen des Dauerfestigkeitsschaubildes
Abb. 3 bleiben. Damit wäre allerdings erst der verschiedenen Größe der Spannungs-
ausschläge, soweit sie durch die unterschiedliche Blattstärke und die Schwankungen

der Last Q beim Fahren bedingt sind, Rechnung getragen. Das Hauptblatt soll aber überdies *zusätzliche* Spannungssausschläge, die von Führungskräften usw. herrühren, aufzunehmen in der Lage sein. Um dies Ziel zu erreichen, wird man daher mit der Größe der von Q herrührenden Spannungsausschläge nicht bis an die durch das Dauerfestigkeitsschaubild gegebene Grenze gehen können.

Der für die richtige Berechnung derartiger Federn erforderliche Rechnungsgang [6] (auch [1]) ist so umständlich und zeitraubend, daß er keine Aussicht hat, in der Praxis je angewendet zu werden. Er kann daher hier übergangen werden. Es kommt hinzu, daß die mühsam errechneten Spaltweiten S und damit die ganze Spannungsverteilung sich ändert, wenn die neue Feder sich, wie auf S. 32 beschrieben, bei der ersten Prüfbelastung *setzt*. Denn die einzelnen Blätter setzen sich selbstverständlich entsprechend ihrer verschiedenen Mittelspannung verschieden stark, d. h. um so mehr, je größer ihre Mittelspannung ist. Die Werkstatt wird daher nach wie vor die Spaltweiten nach Gefühl und Gutdünken wählen. Dann besteht aber die Gefahr, daß sie ungünstigenfalls das Gegenteil von dem erreicht, was sie anstrebt. Alle diese Gründe sprechen dafür, die Feder mit verschiedenen Blattstärken möglichst zu vermeiden und gegebenenfalls eine bessere, wenn auch kostspieligere Gestaltung des Federauges (s. Abb. 41) in Erwägung zu ziehen. Vor allem aber ist es zu empfehlen, die Fahrzeugtragfeder von allen Nebenaufgaben wie Aufnahme der Antriebs-, Brems- und Führungskräfte zu befreien, damit sie im Hinblick auf ihren eigentlichen Zweck, die Milderung lotrechter Stöße, möglichst zweckmäßig gestaltet werden kann.

8. **Bauliche Einzelheiten und Abmaße.** Die im Blattfederbau anzutreffenden baulichen Einzelheiten sind so vielgestaltig [7], daß hier nur auf die wichtigsten und vor allem auf die in Deutschland üblichen Ausführungsformen hingewiesen werden kann.

Für die Tragfedern der Schienenfahrzeuge wird in Deutschland ausschließlich der gerippte Federstahl nach DIN 1570 verwendet (s. Abb. 30). Die stets auf die Druckseite (d. h. gemäß Abb. 21 *nach unten*) zu legende Rippe greift mit etwas Spiel in die Rille des darunterliegenden kürzeren Blattes ein und sichert auf diese Weise die einzelnen Blätter gegen Querverschiebungen. Aus dem Normblatt sind auch die für Länge und Breite des Querschnittes zulässigen Abmaße ersichtlich.

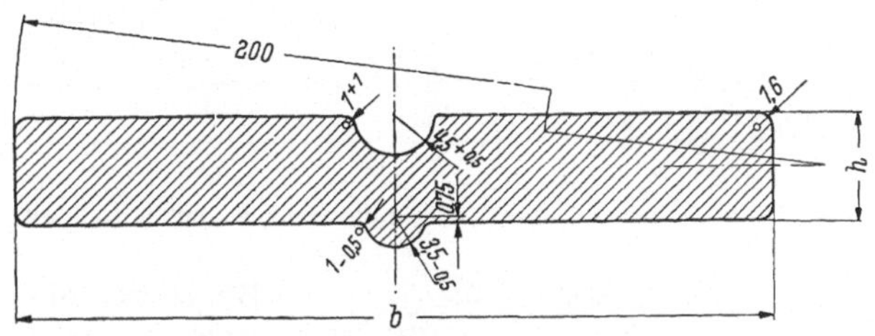

Abb. 30. Gerippter Federstahl nach DIN 1570. b 50—120 mm, h 10—20 mm. Auf dem Normblatt ist die Blattstärke mit s bezeichnet

Diese Abmaße im Verein mit der vom genauen Rechteck etwas abweichenden Gestalt des Rippenstahlquerschnittes beeinflussen selbstverständlich die Größe des Widerstandsmomentes und vor allem des Trägheitsmomentes, wie es Abb. 31 für zwei besonders wichtige Querschnitte zeigt. Dieser Einfluß ist nicht sehr groß, so daß es zulässig und auch allgemein üblich ist, für die Federberechnung den Rippenstahl als strenges Rechteck aufzufassen und mit dessen *Sollmaßen* zu rechnen. Wenn man der Erhöhung des Trägheitsmomentes durch die versteifende Wirkung der Rippe vielfach dadurch Rechnung trägt, daß man mit $E = 2{,}2 \cdot 10^6$ kg/cm² statt mit dem richtigeren Wert $E = 2{,}15 \cdot 10^6$ kg/cm² rechnet, so ist hiergegen nichts einzuwenden, sofern man nicht außer acht läßt, daß es sich dabei um einen künstlich geschaffenen E-Wert handelt.

Bei den Federn der Straßenfahrzeuge überwiegt der einfache Rechteckstahl, dessen Abmessungen und Abmaße in DIN 4620 zusammengestellt sind. Als Sicherung gegen Seitenverschiebungen der Blätter sieht man Bügel vor, wie sie Abb. 32 erkennen läßt. Diese U-förmigen Bügel (s. die einschlägigen Normen) sind in ihrer Mitte mit dem Ende eines Federblattes, das dann, wie in Abb. 32 unten, häufig nicht gespitzt wird, vernietet, und die über das Blattbündel hinausragenden Schenkelenden durch einen über dem Hauptblatt liegenden Bolzen verschraubt. Selbstverständlich muß die Weite des Bügels etwas größer sein als die Blattbreite, und zwischen dem Bolzen und dem Hauptblatt ist etwas Spiel erforderlich, damit sich die Federblätter an dem Bolzen und an den Schenkeln nicht reiben. Bei einer anderen Ausführungsform (s. Abb. 33) wird der

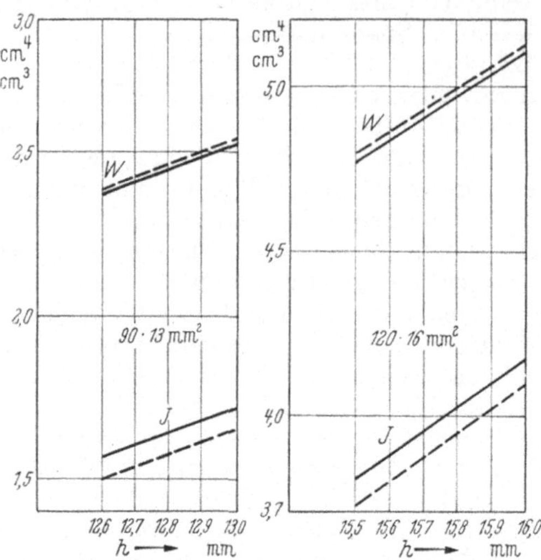

Abb. 31. Einfluß von Rippe und Rille, sowie der Abmaße auf Trägheits- und Widerstandsmoment (letzteres bezogen auf die Rillenseite) des Rippenstahles nach DIN 1570
—— Rippenstahl nach DIN 1570; — — — Rechteck

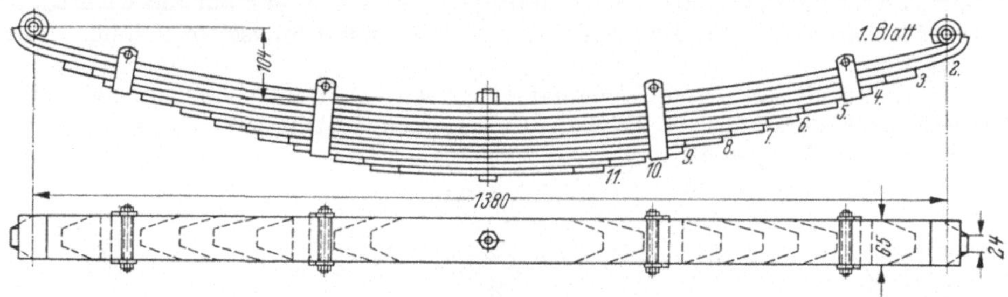

Abb. 32. Kraftwagenfeder mit Mittelbolzen und Federbügeln

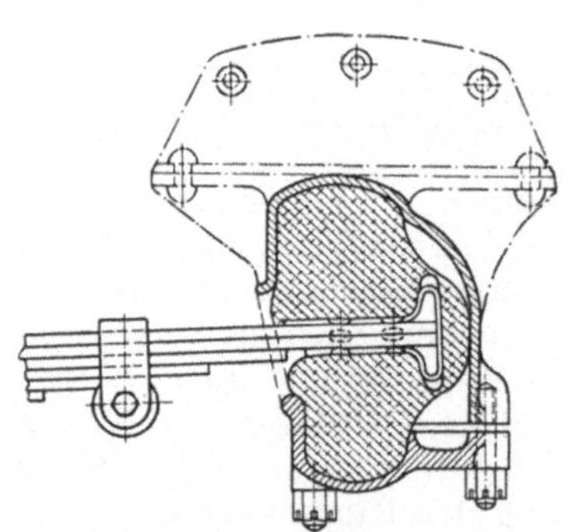

Abb. 33. In Gummi gelagertes Ende einer Kraftwagenfeder

Bügel von oben her über das Blattbündel gesteckt; das Blattende, an dem er befestigt werden soll, erhält dann ein kleines Auge, durch das der Bügelbolzen hindurchgeht.

Zieht man die Abmaße, deren tatsächliche Größe beim Entwurf einer Feder meistens noch gar nicht bekannt ist, ferner die Abweichung des Rippenstahlquerschnitts vom genauen Rechteck und die Ungenauigkeit der Rechnung selbst in Betracht, so folgt daraus, daß man dem Federhersteller nur *einen einzigen* Punkt der Kennlinie, d. h. nur *eine* bestimmte Pfeilhöhe bei *einer* bestimmten Last, als bindend vorschreiben darf, nicht aber etwa die Kennlinie in ihrem ganzen Verlauf. Und auch für diese eine Pfeilhöhe oder die ugehörige Last benötigt der Hersteller noch ein Abmaß, dessen Größe von der

Federlänge l bei einarmigen und $L = 2\,l$ bei zweiarmigen Federn abhängt und
Tab. 8 entnommen werden kann.

Diese Abmaße werden im allgemeinen als Plusmaße angewandt, doch steht
nichts im Wege, das Abmaß in Plus- und Minusbeträge nach vollen Millimetern
aufzuteilen, z. B. in $+4$ und -3 mm statt
$+7$ mm.

Die zweiarmigen Eisenbahnfedern werden
in ihrer Mitte durch einen Bund aus weichem
Stahl (s. Abb. 21 u. 22) zusammengehalten, der
unter dem allseitigen Druck einer starken
hydraulischen Presse warm aufgeschrumpft
wird. Die Wandstärke des Bundes sollte bei
Eisenbahnfedern mindestens 20 mm, bei
Straßenbahnfedern mindestens 13 mm betragen. Anderseits empfiehlt es sich, mit der
Bundlänge bei Eisenbahnfedern nicht unter
100 mm, bei Straßenbahnfedern nicht unter
80 mm zu gehen. Als Richtlinie mag allgemein der Hinweis dienen, daß die Bundlänge
nicht wesentlich kleiner sein soll als die
Blattbreite. Die Bunde der Wagenfedern
sind entweder einfach kastenförmig (Abb. 22),
oder sie sind unten mit einem Zapfen versehen (Abb. 21), der beispielsweise in ein entsprechendes Loch der Achsbüchse eingreift.

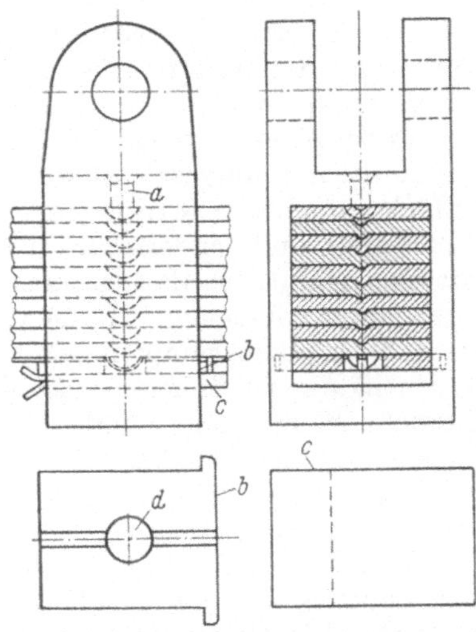

Abb. 34. Lokomotivfederbund. a Niet; b keilförmige Beilage; c Spaltkeil; d Bohrung in der
Beilage b zur Aufnahme der Mittelwarze des
kürzesten Federblattes

Tabelle 8

Federlänge mm	Pfeilhöhen- abmaß mm
unter 900	4
900—1299	5
1300—1699	6
1700—1999	7
2000 und mehr	8
Doppelfedern	6

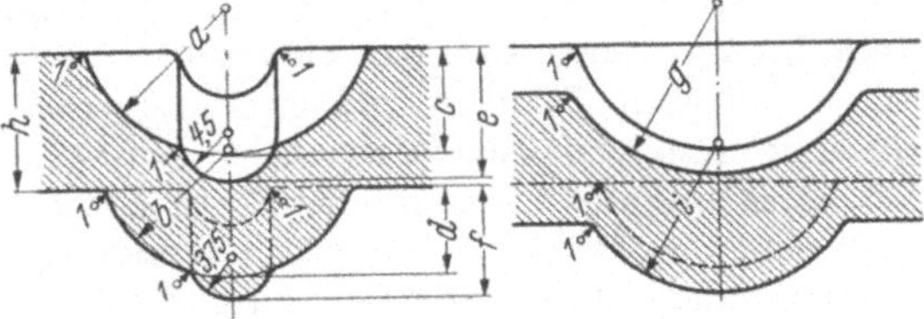

Abb. 35. Mittelwarzen nach DIN 1571

Lokomotivfedern müssen häufig drehbar aufgehängt werden. Der Bund erhält
dann zwei Lappen, durch deren Bohrungen der Hängebolzen gesteckt wird
(s. Abb. 34). In diesem Falle sind die Bundwände besonders reichlich zu bemessen,
da sie nicht nur die Schrumpfspannungen, sondern auch die Federlast Q und ihre
Schwankungen infolge der Schienenstöße aufzunehmen haben.

Der aufgeschrumpfte Bund umschließt zwar das Blattbündel mit starker Spannung; trotzdem ist es dringend zu empfehlen, besondere Maßnahmen zu treffen, die
ein Verschieben des Bundes auf dem Blattbündel und der einzelnen Blätter in ihrer
Längsrichtung unmöglich machen. Bei den Federn der Schienenfahrzeuge ist in
Deutschland die Mittelwarzenbefestigung nach DIN 1571 üblich. In das Federblatt
ist auf der Rillenseite eine Vertiefung eingedrückt (Abb. 35), die sich auf der Rippen-
seite als Warze herauswölbt. Beim Schichten des Blattbündels legt sich die Warze
des einen Blattes in die etwas größere Vertiefung des darunterliegenden, wie dies
auch bei Rippe und Rille der Fall ist. Rippe, Rille und Warze des kürzesten Blattes

finden bei der Ausführung nach Abb. 21 in entsprechenden Ausnehmungen der unteren Bundwand Platz. Um den Bund über das Blattbündel schieben zu können, muß seine lichte Höhe selbstverständlich mindestens um die Höhe einer Warze größer sein als die Summe der Blattstärken Anderseits entsteht über dem Blattbündel ein Spielraum von der Größe dieses Übermaßes, wenn der Bund an der richtigen Stelle sitzt, d. h. wenn die Warze des kürzesten Blattes in die entsprechende Vertiefung der unteren Bundwand eingreift. Dieser Spielraum wird bei aufgeschrumpften Bunden am einfachsten durch eine Beilage aus Flachstahl gefüllt, die auf der einen Seite eine Nase hat und auf der anderen entweder waagerecht gespalten ist und aufgespleißt wird (s. Abb. 21), oder sich in der Dicke verjüngt und einfach aufgebogen wird (s. Abb. 22). Bei der heute üblichen Flachstahlbeilage C (für Wagen- und Tenderfedern) nach DIN 1573 hat das sich verjüngende Ende einen Mittelausschnitt, so daß es nur noch aus zwei Lappen besteht. Bei Bunden, die wegen ihrer verwickelten Bauart aus Stahlguß hergestellt werden müssen und sich nicht warm aufschrumpfen lassen — sie sind bei den Achsfedern der Straßenbahnwagen häufig zu finden —, ist die einfache Beilage nicht verwendbar. Um das Blattbündel mit dem Bund verspannen zu können, bedarf es einer keilförmigen Beilage und eines Treibkeiles. Selbstverständlich sitzt ein in dieser Art mit Keilen befestigter Bund niemals so fest wie ein aufgeschrumpfter, der daher, wenn irgend anwendbar, den Vorzug verdient. Nicht daß die Gefahr so groß wäre, daß sich das Blattbündel verschiebt; aber die Mittelwarze bedingt eine Schwächung des Blattquerschnittes; diese schwache Stelle muß durch die feste Einspannung im Bund hinreichend entlastet und geschützt werden. Wenn daher Federblätter in der Mittelwarze brechen, ohne daß grobe Fertigungsfehler vorliegen, ist dies ein untrügliches Zeichen dafür, daß der Bund das Blattbündel nicht mit genügender Spannung umschlossen hat. Auch bei einwandfrei aufgeschrumpften Bunden kann das der Fall sein, wenn sie zu kurz sind oder zu dünne Wände haben.

Ein gewisser Mangel der *über* dem Blattbündel angeordneten Beilage oder der Keile besteht darin, daß das Hauptblatt erst über den Umweg sämtlicher Mittelwarzen mit dem Bund in zwangschlüssiger Verbindung steht. Da die Warzenverbindung immer mit Spiel ausgeführt wird (s. Abb. 35), sind bei starken Stößen in Längsrichtung der Feder nicht unbeträchtliche Verschiebungen der Blätter immer noch möglich, wenn die Stoßkräfte größer sind als die Blattreibung im Bund. Bei den besonders starken Stößen ausgesetzten Lokomotivfedern wird daher häufig die in Abb. 34 dargestellte Befestigungsart gewählt. Hier ist in der oberen Bundwand ein Niet a (oder eine Schraube) nach DIN 1573 angeordnet, dessen Kopf in die Vertiefung des Hauptblattes hineinragt und einen unmittelbaren Kraftfluß zwischen Hauptblatt und Bund ermöglicht. Die keilförmige, an ihrem dünneren Ende mit seitlichen Nasen versehene Beilage b und der Spaltkeil c sind unter dem Blattbündel angeordnet. Die Warze des kürzesten Blattes wird durch die Bohrung d der Beilage b aufgenommen. Auf diese Weise ist auch noch das kürzeste Blatt mit dem Bund zwangschlüssig verbunden. Zu der Befestigungsart nach Abb. 34 muß man auch oft bei gegossenen, unterhalb des Achslagergehäuses angeordneten Bunden von Straßenbahnfedern greifen, wenn sich Beilage und Keil infolge Unzugänglichkeit nicht über dem Blattbündel anordnen lassen.

Besonders im Ausland ist bei aufgeschrumpften Bunden der Seitenniet oder Seitenkeil (Abb. 36) als Bundsicherung beliebt. Gegen diese Bauart, durch die sich jede Beilage ersparen läßt, ist nichts einzuwenden, wenn besonders die den Keil tragende Bundwand ausreichend stark ist, und wenn der Keil länglichen Querschnitt (s. Abb. 36) erhält. Keile oder Niete mit Kreisquerschnitt haben sich dagegen weniger bewährt (Bruchgefahr für die Federblätter!). Auch der Mittelniet,

d. h. der Rundniet, der mitten durch die Deckwände des Bundes und das Blattbündel geht, ist nicht zu empfehlen. Eine Abart des Seitennietes stellt die bei
Lokomotivfedern immer noch verwendete Winkelplatte (Abb. 37) dar; der eine
Schenkel ragt durch ein Fenster in die Ausfräsung der Federblätter hinein, der
andere ist außen mit der kräftig gehaltenen Bundwand verschraubt.

Die Federn der Straßenfahrzeuge erhalten im allgemeinen keinen besonderen
Bund, sondern werden mittels zweier Bügel mit der Achse o. dgl. verschraubt
(Abb. 38). Als Sicherung der Blätter gegen Längsverschiebungen dient meistens
ein Mittelbolzen (s. Abb. 32) mit rundem oder mit flachem
Schaft, der durch ein entsprechendes Rund- oder Langloch der
Federblätter gesteckt wird. Der zylindrische Kopf des Bolzens
ragt in eine Ausnehmung des Teiles, mit dem die Feder ver-
schraubt ist (Achse o. dgl.), hinein und erfüllt die Aufgabe des
Bundzapfens (s. Abb. 21). Einzelheiten sind aus DIN-Blättern
zu ersehen.

Die theoretisch richtige Länge l_{sp} der trapezförmig zuge-
spitzten Blattenden ist nach Abb. 20 gleich dem halben Unterschied der Längen zweier aufeinanderfolgender gespitzter Blätter.
Die Spitzen dürfen sogar eher noch ein wenig länger sein. Die
Bemessung der Spitzenlänge gemäß Abb. 20 ist bei gleichbleibender Spitzenbreite $b' = 3$ cm durch DIN 5542 für Eisen-
bahnpersonenwagenfedern großer Länge und verhältnismäßig
kleiner Blattzahl genormt. Dasselbe Normblatt sieht dagegen
für Lokomotiv- und Güterwagenfedern einen einheitlichen Öff-
nungswinkel der Spitze von $2 \times 30°$ bei gleichbleibender Spitzenbreite $b' = 3,0$ cm vor (s. Abb. 21). In diesem Falle ergibt sich mithin die Spitzenlänge zwangläufig aus der Blattbreite. Es wird also zugunsten einer einfacheren
Herstellung bewußt auf die theoretisch richtige Bemessung der Spitzenlänge verzichtet. Hiergegen ist nichts einzuwenden, wenn es sich, wie bei Lokomotiv- und
Güterwagenfedern sehr häufig, um verhältnismäßig kurze und viellagige Federn

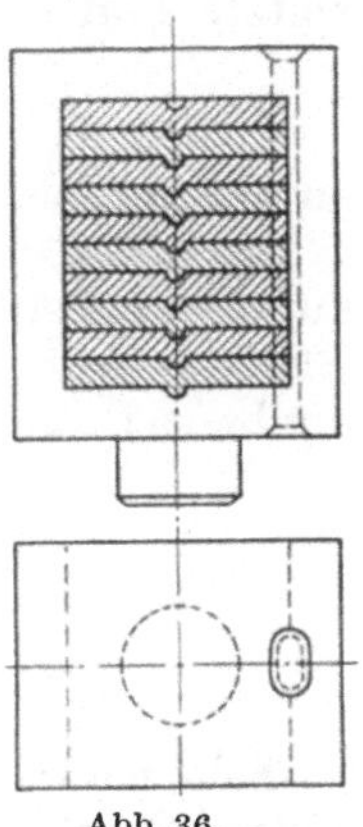

Abb. 36.
Seitennietbefestigung

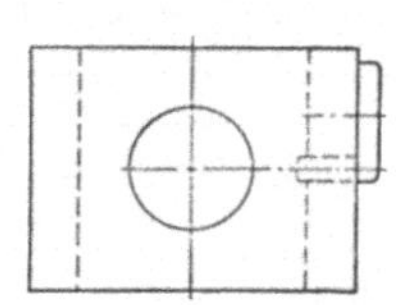

Abb. 37.
Winkelplattenbefestigung

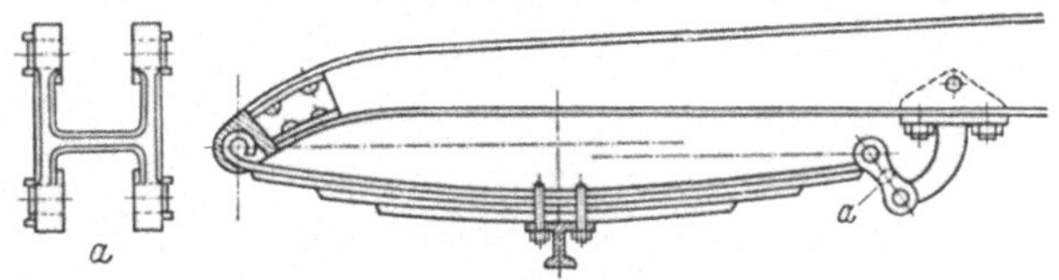

Abb. 38.
Kraftwagenvorderfeder, auf der Achse mit Bügeln befestigt

handelt. Ist dies nicht der Fall, so ist es zweckmäßiger, sich an die für Personen-
wagenfedern angegebene Richtlinie zu halten und die Spitzenlängen nach Abb. 20
zu bemessen. Es ist aber selbstverständlich nicht notwendig, diese Richtlinie buch-
stäblich zu befolgen. Man darf nämlich nicht übersehen, daß jede Spitzenlänge
ein besonderes Schneidwerkzeug erfordert. Es ist daher üblich, der Spitzenlänge
ein rundes Maß zu geben, und man wird, besonders wenn es sich um die Fertigung
kleinerer Stückzahlen handelt, dem Hersteller zugestehen, daß er mit Rücksicht
auf vorhandene Werkzeuge eine Spitzenlänge wählt, die der theoretisch richtigen
möglichst nahekommt. Sie sollte dann aber eher etwas länger sein als die theoretische. Auch von diesem Grundsatz wird man abgehen müssen, wenn bei Federn,
die im Verhältnis zu ihrer Länge *sehr* wenige Blätter haben, eine ganz außer-
gewöhnlich große Spitzenlänge erforderlich werden würde.

Zwischen der Länge l_{sp} der Spitze und den Längen der gespitzten Blätter besteht eine durch den trapezförmigen Grundriß der Feder gegebene Abhängigkeit. Es ist zweckmäßig, die Spitze des kürzesten Blattes nicht unmittelbar am Bundrand, sondern erst in einem Abstand a beginnen zu lassen, der mindestens etwa 1 cm betragen sollte, bei verhältnismäßig langen Federn mit wenigen Blättern aber auch ein Mehrfaches dieses Mindestmaßes sein darf. Anderseits macht man die halbe Länge des längsten gespitzten Blattes um etwas weniger als die halbe Spitzenlänge kleiner als die Federarmlänge l, also etwa $l - 0{,}4\,l_{sp}$. Dann ist, wenn n_s gespitzte Blätter vorhanden sind,

$$l_{sp} = \frac{L - L' - 2\,a}{2\,n_s + 0{,}8}\,.\tag{39}$$

In dieser Gleichung bedeutet gemäß Abb. 20 L die gesamte Länge der Feder und L' die Länge des Bundes. Liefert Gl. (39) für l_{sp} ein unrundes Maß, so wird man es auf das nächste runde Maß l_w, d. h. auf volle cm abrunden und allen zu spitzenden Blättern Spitzen dieser Länge l_w geben. Für die Längen der gespitzten Blätter ergibt sich das Berechnungsschema:

$$\left.\begin{array}{lll}\text{Kürzestes Blatt:} & L_{n_s} = L' + 2\,(a + l_w), \\[4pt]\text{Nächst längeres Blatt:} & L_{n_s - 1} = L_{n_s} + 2\,l_{sp}, \\[4pt]\text{Nächst längeres Blatt:} & L_{n_s - 2} = L_{n_s - 1} + 2\,l_{sp}. \\[4pt]\hspace{4em}\text{usw.}\end{array}\right\}\tag{40}$$

Sehr mannigfaltig ist die Gestaltung der Lastangriffspunkte an den Federarmenden. Wohl am meisten verbreitet ist das angerollte Federauge (s. Abb. 21 und 38). Es wird zweckmäßigerweise nicht ganz geschlossen (s. DIN 5542), da das Hauptblatt beim Dichtrollen des Auges leicht verletzt wird; zum mindesten besteht aber die Gefahr, daß sich in der Schließfuge Scheuerstellen bilden und zu einem Dauerbruch führen. Besonders die Augen der Kraftfahrzeugfedern werden häufig mit einer

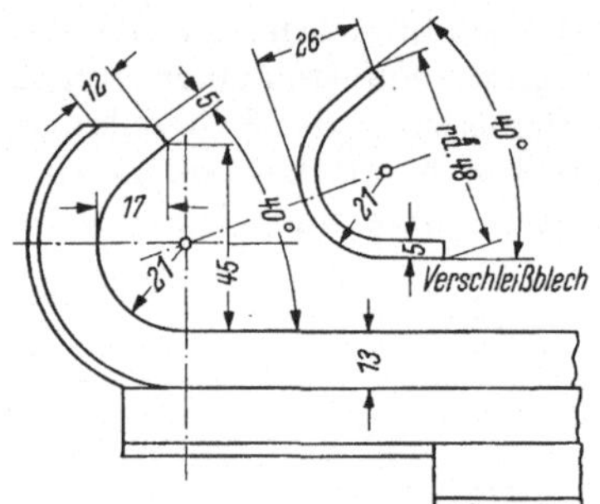

Abb. 39.
Hakenförmiges Federende und Verschleißblech

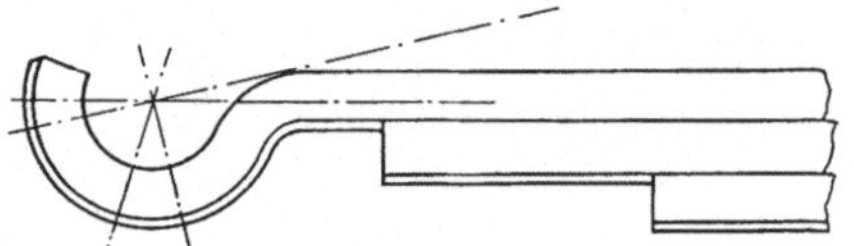

Abb. 40.
Gekröpftes hakenförmiges Federende

Büchse (heute vielfach aus Preßstoff) gefüttert. Großer Beliebtheit erfreuen sich die sog. *Silent-Blocks* zum Füttern der Feder- und Gehängeaugen von Kraftwagenfedern. Sie bestehen aus zwei konzentrischen Metallbüchsen von der Länge des Federauges; der Innendurchmesser der äußeren Büchse ist beträchtlich größer als der Außendurchmesser der inneren; der Ringspalt zwischen beiden ist mit Gummi gefüllt, der auf die Büchsen aufvulkanisiert ist. Dieses Büchsensystem wird in das Auge gepreßt, und der Bolzen in die innere Büchse, so daß die äußere Büchse mit dem Auge und die innere Büchse mit dem Bolzen fest verbunden ist. Die beim Arbeiten der Feder zwischen Auge und Bolzen auftretenden kleinen Drehbewegungen werden nun ohne Gleiten allein durch die Elastizität des Gummis aufgenommen. Bei den Federn der Straßenbahnfahrzeuge werden statt der Augen offene Haken nach Abb. 39 bevorzugt (s. DIN 5701 und 5702), da sie die Verwendung einteiliger Federgehänge gestatten. Diese hakenförmigen Federenden lassen sich durch Verschleißbleche nach Abb. 39 füttern. Das gekröpfte hakenförmige Federende nach Abb. 40 ist insofern wenig zweckmäßig, als es durch das nächste Blatt nicht unterstützt werden kann; auch bedeutet die scharfe Kröpfung eine Bruchgefahr.

Die Federblätter, die bis unter das Auge oder das hakenförmige Ende vorgezogen werden, zum mindesten aber das auf das Hauptblatt folgende Blatt läßt man um 1,5 cm bis 2,0 cm über den Lastangriffspunkt (also z. B. über Mitte Federauge) nach außen ragen, damit Auge oder Haken mit Sicherheit unterstützt werden (s. Abb. 39). Die Unterstützung läßt sich nicht dadurch verbessern, daß man, wie es Abb. 32 zeigt, die Enden des zweiten Blattes an das Auge leicht anbiegt. Selbst wenn das angebogene Ende des zweiten Blattes das Federauge in unbelastetem Zustand der Feder umfaßt, so verliert es doch infolge der Längsschiebung der Federenden die Fühlung mit dem Auge, wenn die Feder durch die Belastung durch-

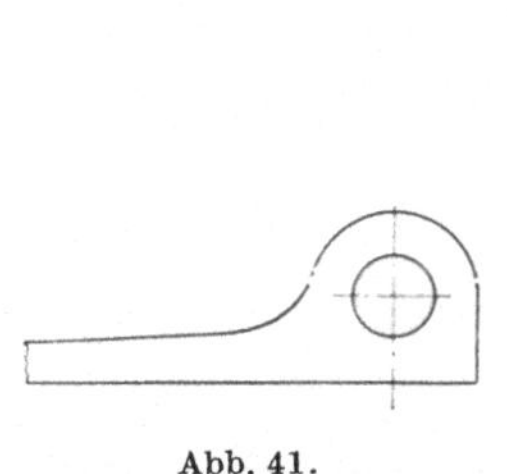

Abb. 41.
Geschmiedetes Federauge

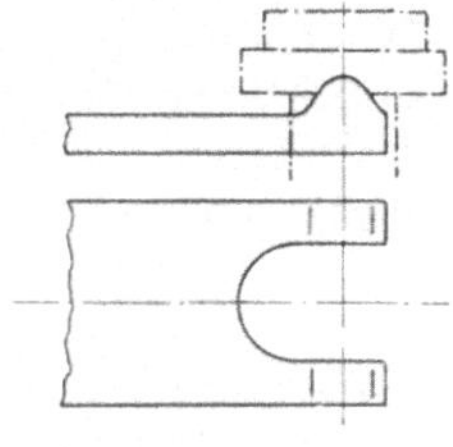

Abb. 42.
Nockenförmiges Federende

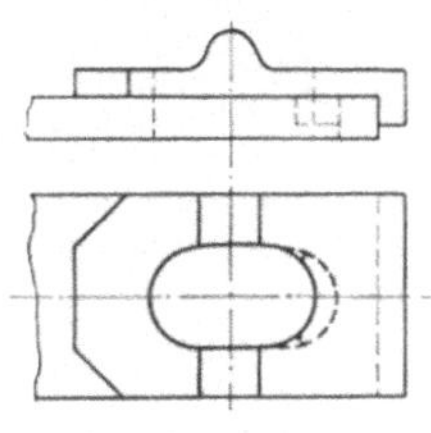

Abb. 43.
Sattelstück

gebogen wird. Die angebogenen Enden des zweiten Blattes können höchstens dem Zweck dienen, daß sie im Falle eines Bruches des eigentlichen Auges als Fangvorrichtung für den Augenbolzen dienen und die Weiterfahrt, wenn auch mit verminderter Geschwindigkeit, gestatten. Dann muß aber die Anbiegung mindestens einen Viertelkreis bilden; die in Abb. 32 dargestellte Anbiegung ist zu klein, um ihren Zweck zu erfüllen.

Bei kleineren Blattstärken h ist das angerollte Federauge etwas schwach und daher bruchanfällig. In diesem Falle ist das geschmiedete Auge nach Abb. 41 besser, leider aber auch kostspieliger, da das ganze Hauptblatt aus dem Vollen geschmiedet werden muß. Bei lotrechtem oder nahezu lotrechtem Lastangriff findet häufig das nockenförmige Federende nach Abb. 42 Verwendung. Gewöhnlich wird dann der Gehängebolzen, der mittels einer gekerbten Scheibe auf der Nockenschneide reitet, durch eine Ausnehmung des Hauptblattes und gegebenenfalls auch der darunterliegenden Blätter hindurchgeführt. Der Nocken sollte so niedrig wie möglich gehalten werden, damit er sich noch durch Anstauchen herstellen läßt, d. h. die Nockenhöhe über Blattoberkante darf dann höchstens doppelt so groß sein wie die Blattstärke. Dieser Beschränkung sind aufsetzbare Sattelstücke nach Abb. 43 nicht unterworfen. Sie werden aus weichem Stahl im Gesenk geschlagen und im Einsatz gehärtet. Bei der Bemessung der Länge des Langloches in den Federblättern ist zu beachten, daß sich die lichte Weite w gemäß Abb. 44 auf w' verringert, wenn die Blätter gekrümmt sind.

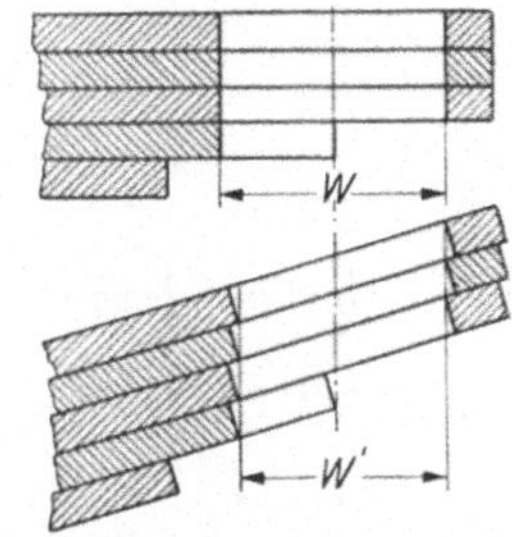

Abb. 44. Verringerung des lichten Durchganges w des Langloches auf w' infolge der Verschiebung der Blattenden

Eine sehr einfache, aber wenig günstige Gestaltung der Blattenden, wie sie mitunter bei Straßenbahnwagen und, wenigstens an einem Federende, häufig bei

Lastkraftwagen und ihren Anhängern zu finden ist, zeigt Abb. 45. Die abgebogenen Enden gleiten auf Flächen, die am Langträger des Fahrzeugs vorgesehen sind. Dieses Gleiten ist mit erheblicher Reibung verknüpft, welche die Eigenreibung der Feder in höchst unerwünschter Weise noch erhöht. Die Reibung wiederum bedingt lästige Geräusche und starken Verschleiß, dem man mitunter dadurch zu begegnen sucht, daß man auf die Enden des Hauptblattes dünne Verschleißbleche aufnietet. Wegen der Doppelkrümmung der Blattenden kann das zweite Blatt nicht zur Entlastung des Hauptblattes herangezogen werden. Damit sich die Enden der längeren Blätter unbehindert gegeneinander verschieben können, müssen nämlich ihre Blattenden nach unten zu mit wachsender Krümmung hergestellt werden, so daß die aus Abb. 45 ersichtlichen Spalte entstehen. Das Ende des zweiten Blattes wird also erst wirksam, wenn das Hauptblatt gebrochen ist.

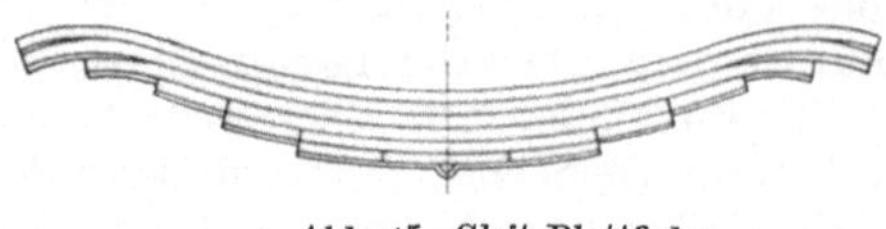

Abb. 45. Gleit-Blattfeder

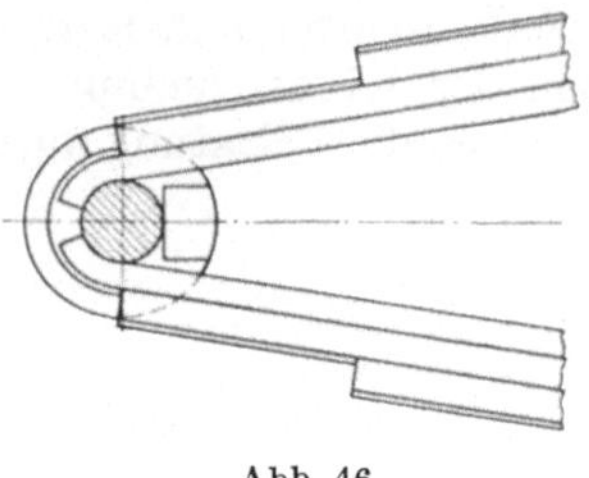

Abb. 46

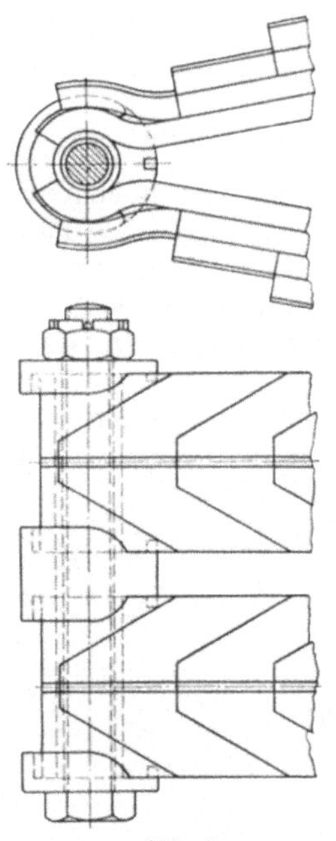

Abb. 47

Abb. 46. u. 47. Endverbindungen für Doppelfedersätze

Die Abb. 46 und 47 stellen zwei Arten der bei Doppelfedersätzen üblichen Endverbindungen dar (vgl. a. Abb. 22).

Die meisten der hier beschriebenen Blattfederenden für Schienenfahrzeuge sind genormt (DIN 5542).

Die Federenden der Kraftwagenfedern werden bisweilen in Gummi gelagert, wie es Abb. 33 an einem Beispiel zeigt.

9. Das Entwerfen der Federn für Schienenfahrzeuge. Gegeben ist stets der auf eine Feder entfallende Anteil Q_1 des Eigengewichtes G_0 des Fahrzeuges. Bei der Ermittlung von Q_1 ist von G_0 das Gewicht G_u der ungefederten Massen, z. B. der Radsätze, Achslagerkästen, Tatzenlagermotoren, Treib- und Kuppelstangen usw., abzuziehen.

Gegeben ist ferner der auf eine Feder entfallende Anteil Q_n der aus Fahrgästen oder Gütern bestehenden *Nutzlast*. Die Belastung der Feder bei beladenem Fahrzeug ist also $Q_2 = Q_1 + Q_n$.

Bei allen Schienenfahrzeugen unterliegt das *Federspiel*, d. h. die mögliche Vertikalverschiebung zwischen den gefederten und ungefederten Teilen des Fahrzeuges Beschränkungen, die beim Entwurf der Federn zu beachten sind. Bei Eisenbahnfahrzeugen entspringen diese Beschränkungen den Vorschriften über höchsten und niedrigsten Pufferstand, bei Straßenbahnwagen ergeben sie sich aus Rücksicht auf die Bodenfreiheit, begrenztes Spiel der Achslagergehäuse in ihren Führungen, größte Trittbretthöhe usw.

Über die günstigsten Werte der *Einheitsfederung* liegen für die verschiedenen Fahrzeugarten Erfahrungen vor. Der Entwurf wird daher versuchen müssen, ihnen möglichst gerecht zu werden.

Für die *Federlänge* und ebenso für die *Blattbreite* ist vielfach ein gewisser Spielraum gegeben, sofern bestimmte Größtmaße nicht überschritten werden. Mitunter liegt aber auch die Federlänge unabänderlich fest, z. B. fast immer dann, wenn für ein vorhandenes Fahrzeug neue Federn entworfen werden müssen. Bei der Wahl des Blattquerschnittes muß man selbstverständlich auf gängige und genormte Größen Rücksicht nehmen. Die in dem DIN-Blatt 1570 niedergelegte Auswahl gerippter Federstähle ist gar nicht groß. Daß die durch *Blattdicke* und *Blattzahl* bedingte Höhe des Blattbündels und des Federbundes nach oben begrenzt ist, versteht sich mit Rücksicht auf die zur Verfügung stehende Bauhöhe, von der außer der Bundhöhe auch noch das Federspiel bestritten werden muß, von selbst.

Schließlich ist der *Biegespannung* besondere Beachtung zu schenken. Für Flach- und Rippenstahl können bei voller Ausnutzung des Fassungsvermögens oder der Tragkraft der Fahrzeuge σ-Werte zwischen 6000 kg/cm² und 7500 kg/cm² als zulässig gelten. Bei Federn geringer Einheitsfederung wird man sich an der unteren Grenze halten, während man bei Federn großer Einheitsfederung an die obere Grenze gehen darf. Selbstverständlich bieten diese Zahlenangaben lediglich einen Anhalt. Es gibt Fälle, z. B. bei den meisten sehr kurzen Federn der Schmalspurlokomotiven, in denen man weit unterhalb der niedrigsten genannten Beanspruchung wird bleiben müssen, um Mißerfolge zu vermeiden.

Wenn, wie es sehr häufig der Fall ist, bei gegebenem Federspiel oder vorgeschriebener Einheitsfederung die Federlänge ermittelt werden soll, empfiehlt sich folgender Rechnungsgang.

Es sei im Hinblick auf das zulässige Federspiel eine dem Nutzlastanteil Q_n je Feder entsprechende Absenkung des Fahrzeuges um $f_2 - f_1$ angängig. Bei der Federlast $Q_2 = Q_1 + Q_n$ soll die Spannung σ den Wert σ_2 nicht übersteigen. Dann ist nach Gl. (17) für Rechteckquerschnitt oder gewöhnlichen Rippenstahl nach DIN 1570

$$f_2 - f_1 = 2\,K\,\frac{l^3\,Q_n}{n\,b\,h^3\,E}. \tag{41}$$

Die Biegespannung σ_2 für Q_2 ist nach Gl. (16)

$$\sigma_2 = \frac{3\,l\,Q_2}{n\,b\,h^2}. \tag{42}$$

Aus den Gln. (41) und (42) folgt durch eine einfache Rechnung

$$l^2 = 1{,}5\,\frac{E}{K}\,\frac{Q_2}{\sigma_2}\,\frac{f_2 - f_1}{Q_n}\,h$$

oder

$$l = \sqrt{1{,}5\,\frac{E}{K}}\,\sqrt{\frac{Q_2}{\sigma_2}\,\frac{f_2 - f_1}{Q_n}\,h}. \tag{43}$$

Der Wert von K schwankt nicht wesentlich. Mit dem guten Mittelwert $K_m = 1{,}25$ und mit $E = 2{,}15 \cdot 10^6$ kg/cm² geht Gl. (43) über in

$$l = 1606\,\sqrt{\frac{Q_2}{\sigma_2}\,\frac{f_2 - f_1}{Q_n}\,h}. \tag{44}$$

Aus dieser Gleichung, in der auch die Einheitsfederung $\dfrac{f_2 - f_1}{Q_n}$ enthalten ist, läßt sich l errechnen, wenn h angenommen wird. Es bleibt dann nur noch die Blattzahl n zu bestimmen, und zwar mittels der aus Gl. (42) hergeleiteten Beziehung

$$n = \frac{3\,l\,Q_2}{b\,h^2\,\sigma_2}. \tag{45}$$

Zahlenbeispiel. Es ist die Tragfeder eines zweiachsigen Personenwagens von $G_0 = 17\,000$ kg Eigengewicht und $G_n = 8000$ kg Nutzlast zu entwerfen. Das Gewicht G_u der ungefederten

Teile (Radsätze, Achslagergehäuse, auch die Federn selbst werden dazu gerechnet) beträgt 2700 kg. Ferner sei gegeben die

$$\text{Blattbreite } b \leqq 12 \text{ cm,}$$

$$\text{Biegespannung } \sigma_2 \leqq 7000 \text{ kg/cm}^2,$$

$$\text{Absenkung } f_2 - f_1 \leqq 5{,}4 \text{ cm.}$$

Der gefederte Teil G_1 des Eigengewichtes G_0 ist

$$G_1 = G_0 - G_u = 17000 - 2700 = 14300 \text{ kg.}$$

Dazu kommt die Nutzlast G_n, also

$$G_2 = G_1 + G_n = 14300 + 8000 = 22300 \text{ kg.}$$

Auf jede der 4 Federn entfällt

$$\text{bei leerem Wagen} \qquad Q_1 = \frac{G_1}{4} = \frac{14300}{4} = 3575 \text{ kg,}$$

$$\text{bei besetztem Wagen} \qquad Q_2 = \frac{G_2}{4} = \frac{22300}{4} = 5575 \text{ kg.}$$

Demnach ist der Nutzlastanteil $Q_n = Q_2 - Q_1 = 2000$ kg.

Um die Blattzahl möglichst klein zu halten, wird man die größte zulässige Blattbreite von 12 cm voll ausnutzen, zumal genormte Stähle von dieser Breite vorhanden sind. Es sollen nun die Lösungen für $h = 1{,}3$ cm (gerippter Federstahl 120×13 DIN 1570) und für $h = 1{,}6$ cm (120×16 DIN 1570) gesucht werden.

1. $h = 1{,}3$ cm.

Mit den gegebenen Größen liefert Gl. (44)

$$l = 1606 \sqrt{\frac{5575}{7000} \frac{5{,}4}{2000} 1{,}3} = 1606 \sqrt{0{,}0028} = 80{,}8 \text{ cm}$$

und Gl. (45)

$$n = \frac{3 \cdot 80{,}8 \cdot 5575}{12 \cdot 1{,}3^2 \cdot 7000} = 9{,}5.$$

Da die Blattzahl eine ganze Zahl sein muß, wählt man $n = 10$ und ersieht aus Gl. (45), daß man dann l von 80,8 cm auf 85 cm erhöhen kann, ohne gegen die Vorschrift $\sigma_2 \leqq 7000$ kg/cm² zu verstoßen.

Jetzt muß die Absenkung $f_2 - f_1$ für $l = 85$ cm mit dem *wahren* Wert von K nachgeprüft werden. Bei einer aus $n = 10$ Blättern bestehenden Feder wird man zwei Blätter zur Unterstützung der Federaugen bis zum Federende durchführen, so daß die Federenden in $n' = 3$ Blättern (einschließlich des Hauptblattes) auslaufen. Es ist daher

$$\frac{n'}{n} = \frac{3}{10} = 0{,}3$$

und nach Abb. 13 $K = 1{,}25$, wie angenommen.

Damit liefert Gl. (41)

$$f_2 - f_1 = 2 \cdot 1{,}25 \frac{85^3 \cdot 2000}{10 \cdot 12 \cdot 1{,}3^3 \cdot 2{,}15 \cdot 10^6} = 5{,}41 \text{ cm.}$$

Das zulässige Maß der Absenkung wird also voll ausgenutzt.

2. $h = 1{,}6$ cm.

Es ist nach Gl. (44)

$$l = 1606 \sqrt{\frac{5575}{7000} \frac{5{,}4}{2000} 1{,}6} = 1606 \sqrt{0{,}00345} = 94 \text{ cm}$$

und nach Gl. (45)

$$n = \frac{3 \cdot 94 \cdot 5575}{12 \cdot 1{,}6^2 \cdot 7000} = 7{,}3.$$

Man wird sich für $n = 7$ entscheiden und mit Rücksicht auf σ_2 die halbe Federlänge auf $l = 90$ cm herabsetzen.

Bei einer aus $n = 7$ Blättern von 1,6 cm Dicke bestehenden Feder wird das Federauge hinreichend unterstützt, wenn man (außer dem Hauptblatt) ein weiteres Blatt bis zum Federende durchführt. Nach Gl. (41) ist dann mit

$$l = 90 \text{ cm}; \quad n = 7; \quad n' = 2; \quad \frac{n'}{n} = \frac{2}{7} = 0,286$$

und mit $K = 1,261$ nach Abb. 13

$$f_2 - f_1 = 2 \cdot 1,261 \frac{90^3 \cdot 2000}{7 \cdot 12 \cdot 1,6^3 \cdot 2,15 \cdot 10^6} = 4,96 \text{ cm}.$$

Das zulässige Federspiel von 5,4 cm wird also nicht voll ausgenutzt. Trotzdem wird der Wagenbauer dieser Feder vor der aus 10 Blättern von 1,3 cm Dicke bestehenden den Vorzug geben, da ihre infolge der kleineren Blattzahl beträchtlich geringere Blattreibung die etwas kleinere Einheitsfederung in bezug auf die Güte des Wagenlaufes mindestens aufwiegt.

Mit dem gewählten Wert $a = 2$ cm und der für derartige Federn üblichen Bundlänge $L' = 10$ cm ist bei $n_s = n - n' = 7 - 2 = 5$ gespitzten Blättern die theoretische Spitzenlänge nach Gl. (39)

$$l_{sp} = \frac{180 - 10 - 4}{(10 + 0,8)} = 15,4 \text{ cm}.$$

Gewählt wird die *wirkliche* Spitzenlänge $l_w = 16$ cm. Dann ergeben sich nach den Gln. (40) die Blattlängen in gestrecktem Zustand:

$$\text{7. Blatt: } L_7 = 10 + 2\,(2 + 16) = \quad 46,0 \text{ cm}$$
$$\text{6. Blatt: } L_6 = 46,0 + 2 \cdot 15,4 = \quad 76,8 \text{ cm}$$
$$\text{5. Blatt: } L_5 = 76,8 + 30,8 \quad\;\; = 107,6 \text{ cm}$$
$$\text{4. Blatt: } L_4 = 107,6 + 30,8 \quad = 138,4 \text{ cm}$$
$$\text{3. Blatt: } L_3 = 138,4 + 30,8 \quad = 169,2 \text{ cm}$$

Dem 2. Blatt (nicht gespitzt) gibt man die Länge $L_2 = L + 2 \cdot 1,5 = 180 + 3 = 183$ cm, so daß es in gestrecktem Zustand der Feder auf jeder Seite um 1,5 cm über die Augenmitten hinausragt.

Die Feder ist bisher für vertikalen Lastangriff berechnet worden. Zweiachsige Personenwagen mit großem Achsstand sind aber mit Lenkachsen ausgerüstet, welche die Aufhängung der Federn in schrägen Gehängen bedingen. Auch in diesem Falle wird man zweckmäßigerweise zunächst mit vertikalem Lastangriff rechnen, da diese Rechnung in vielen Fällen zum mindesten einen guten Anhalt für die zu erwartende Absenkung gibt. Das zeigt sich, wenn man die unter 2. ermittelte Feder für schrägen Lastangriff durchrechnet.

Für diese Feder sei bei $Q_1 = 2 P_1 = 3575$ kg die Pfeilhöhe $p_1 = 11$ cm und der Gehängewinkel $\alpha_1 \approx 35°$ vorgeschrieben. Die Federlaschen sollen eine Länge $l_g = 10$ cm, und die Federaugen einen lichten Durchmesser $2\,e = 3,2$ cm erhalten.

Zunächst muß die halbe Sehnenlänge l_{s_1} der Feder für $p_1 = 11$ cm ermittelt und dann der halbe Abstand l_d der Gehängedrehpunkte festgelegt werden.

Nach dem auf S. 36 unter 2. beschriebenen Verfahren bestimmt man unter Benutzung der Abb. 27 und der Gln. (33) und (34) die in Tab. 9 wiedergegebene Abhängigkeit zwischen

Tabelle 9

p^* cm	p^*/l —	m —	l_s^* cm	$\sin \varphi$ —	$\cos \varphi$ —	p cm	l_s cm	α —	$\cos \alpha$ —
0	0	1	90	0	1	1,6	90	26° 45′	0,893
5,0	0,0556	0,9975	89,8	0,11	0,993	6,58	89,54	29° 45′	0,868
7,5	0,0835	0,995	89,55	0,167	0,987	9,07	89,15	32° 20′	0,845
10,0	0,1112	0,991	89,2	0,225	0,975	11,54	88,66	35° 45′	0,812
12,5	0,139	0,987	88,8	0,2775	0,96	14,0	88,13	39° 35′	0,771
15,0	0,167	0,981	88,3	0,3325	0,942	16,46	87,5	44° 30′	0,713
20,0	0,2224	0,966	86,95	0,4375	0,898	21,35	85,9	59° 20′	0,510
25,0	0,278	0,956	85,15	0,5425	0,84	26,22	88,85	—	—

p und l_s. Trägt man l_s in Abhängigkeit von p als Kurve auf, so kann man aus ihr ablesen, daß $p_1 = 11$ cm ein $l_{s_1} = 88,8$ cm entspricht.

Mit $l_{s_1} = 88{,}8$ cm, $l_g = 10$ cm und $\alpha_1 = 35°$ ergibt sich aus Gl. (28)

$$l_d = l_{s_1} + l_g \sin \alpha_1 = 88{,}8 + 10 \cdot 0{,}5736 = 94{,}5 \text{ cm}$$

als der gesuchte halbe Drehpunktabstand.

Mit $Q_1 = 3575$ kg, $Q_2 = 5575$ kg, $p_1 = 11$ cm, $\text{tg}\, \alpha_1 = 0{,}7$ und

$$N = \frac{6\, J_0\, E}{K} = \frac{6\, E}{K} \frac{n\, b\, h^3}{12} = \frac{6 \cdot 2{,}15 \cdot 10^6}{1{,}261} \frac{7 \cdot 12 \cdot 1{,}6^3}{12} = 294 \cdot 10^6 \text{ kgcm}^2$$

ist nach Gl. (25)

$$p_0 = p_1 + f_1' = 11 + \frac{90^2 \cdot 3575}{294 \cdot 10^6}\,(90 + 1{,}3 \cdot 11 \cdot 0{,}7) = 11 + 9{,}85 = 20{,}85 \text{ cm}.$$

Hiermit ist zugleich $f_1' = 9{,}85$ cm gefunden. Mit $Q = Q_2 = 5575$ kg und $p_0 = 20{,}85$ cm ergibt sich aus Gl. (26) $f_2' = 14{,}70$ cm. Folglich ist $f_2' - f_1' = 14{,}70 - 9{,}85 = 4{,}85$ cm.

Dieser Wert unterscheidet sich nicht wesentlich von dem für vertikalen Lastangriff errechneten.

Jetzt muß man noch mittels Gl. (29) die Verschiebung s bestimmen, welche die Verbindungslinie der Federaugenmitten gegen die Verbindungslinie der Gehängedrehpunkte erfährt. Diese Aufgabe setzt voraus, daß die Abhängigkeit zwischen α und l_s oder p bekannt ist. Diese Abhängigkeit liefert Gl. (28), welche die einzelnen α zu errechnen gestattet, wenn man verschiedene Werte von l_s einsetzt. Die gefundenen Werte von α und von $\cos \alpha$ sind in der letzten Spalte der Tab. 9 enthalten. Trägt man jetzt $\cos \alpha$ in Abhängigkeit von p in einem Schaubild auf, so liest man für $p_1 = 11$ cm den schon bekannten Wert $\cos \alpha_1 = 0{,}82$ und für $p_2 = p_1 - (f_2' - f_1') = 11 - 4{,}85 = 6{,}15$ cm den zugehörigen Wert $\cos \alpha_2 = 0{,}872$ ab.

Demnach ist nach Gl. (29)

$$s = (\cos \alpha_2 - \cos \alpha_1)\, l_g = (0{,}872 - 0{,}82)\, 10 = 0{,}52 \text{ cm},$$

und die *gesamte Absenkung* nach Gl. (30)

$$f_2 - f_1 = f_2' - f_1' + s = 4{,}85 + 0{,}52 = 5{,}37 \text{ cm}.$$

Sie liegt noch etwas unterhalb des zugelassenen Höchstwertes von 5,4 cm. Das Beispiel zeigt aber, daß Vorsicht geboten ist, wenn man sich auf die Berechnung für vertikalen Lastangriff beschränken will. Vorsicht ist besonders am Platz bei den verhältnismäßig kurzen Federn der Güterwagen mit ihrem sehr großen Nutzlastanteil.

Da das Verhältnis $\dfrac{p_1}{l} = \dfrac{11}{90} = 0{,}1222$ klein ist, läßt sich ohne Bedenken Gl. (34b) des Näherungsverfahrens benutzen. Um seine Einfachheit zu zeigen, soll die Rechnung wiederholt werden.

Mit $l = 90$ cm; $h = 1{,}6$ cm; $e = 1{,}6$ cm; $l_g = 10$ cm; $p_1 = 11$ cm und $p_2 = 6{,}15$ cm ist

$$l_{s_1} = 90 - \frac{2}{3} \frac{(11 - 1{,}6)\left(11 + 2 \cdot 1{,}6 + \dfrac{3}{2} \cdot 1{,}6\right)}{90} = 90 = \frac{2}{3} \frac{9{,}4 \cdot 16{,}6}{90} = 88{,}85 \text{ cm}.$$

Daß sich vorher nur 88,8 cm ergeben hatten, besagt nicht, daß das Ergebnis des Näherungsverfahrens ungenauer ist, da die 88,8 cm nicht errechnet, sondern einer Kurve entnommen sind und daher keinen Anspruch auf unbedingte Richtigkeit erheben können. Ferner

$$l_{s_2} = 90 - \frac{2}{3} \frac{(6{,}15 - 1{,}6)\left(6{,}15 + 2 \cdot 1{,}6 + \dfrac{3}{2} \cdot 1{,}6\right)}{90} = 90 - \frac{2}{3} \frac{4{,}55 \cdot 11{,}75}{90} = 89{,}6 \text{ cm}.$$

Daher nach Gl. (29a)

$$s = \sqrt{100 - (94{,}5 - 89{,}6)^2} - \sqrt{100 - (94{,}5 - 88{,}85)^2} = 8{,}72 - 8{,}22 = 0{,}5 \text{ cm}.$$

10. Das Entwerfen der Federn für Straßenfahrzeuge. Viele der für den Entwurf der Federn für Schienenfahrzeuge maßgebenden Größen und Gesichtspunkte gelten auch für Kraftwagenfedern. Während aber dort überwiegend die dem Leerlastanteil Q_1 entsprechende Pfeilhöhe p_1 den wichtigsten Arbeitspunkt der Feder darstellt, kommt hier im allgemeinen der Pfeilhöhe p_2, welche die Federn bei voll ausgenutzter Tragkraft des Fahrzeugs annehmen, größere Bedeutung zu. Häufig besteht die Vorschrift, daß die Federn in diesem Zustand gestreckt oder nahezu gestreckt sein sollen.

Abgesehen von den Lokomotiven und einigen Sonderbauarten sind beim Schienenfahrzeug alle Federn einander gleich. Bei den Straßenfahrzeugen dagegen, jedenfalls soweit sie eigenen Antrieb besitzen, hat man zwischen Vorderachs- und Hinterachsfedern zu unterscheiden, deren Abmessungen schon wegen des ungleichen Lastanteiles Q_1 stark voneinander abzuweichen pflegen. Es kommt hinzu, daß beim eigentlichen Kraftwagen die Nutzlast überwiegend oder sogar allein von den Federn der Hinterachse (oder den Hinterachsen) aufgenommen werden muß.

Wie bei den Schienenfahrzeugen liegen auch für die Federn der Kraftfahrzeuge Erfahrungen für die günstigsten Werte der Einheitsfederung vor. Mit fortschreitender Erforschung des Wagenlaufes nach schwingungstechnischen Gesichtspunkten gewinnt aber die günstigste *Eigenschwingungszahl* des Fahrzeugs und mit ihr die *Einheitskraft* der Federn als Richtlinie für den Entwurf immer mehr an Bedeutung. Die früher abgeleiteten Gleichungen lassen sich aber ohne weiteres benutzen, da sie die Einheitsfederung enthalten, und da die Einheitskraft der Kehrwert der Einheitsfederung ist. Auch die für Schienenfahrzeuge angegebenen Beanspruchungsrichtwerte können sinngemäß auf Straßenfahrzeuge übertragen werden, wenn man sich auch zweckmäßigerweise an ihrer unteren Grenze und sogar darunter halten wird. Soweit es sich um Stahl mit einfachem Rechteckquerschnitt handelt, steht nach DIN 4620 eine reiche Auswahl genormter Querschnitte zur Verfügung.

Besonders bei der Bemessung der Federn der Personenkraftwagen, an die höchste Ansprüche gestellt werden, berücksichtigt man heute mehr und mehr schwingungstechnische Erkenntnisse und die Ergebnisse der Dauerfestigkeitsforschung.

Auf die Ermittlung der günstigsten Eigenschwingungszahl kann hier nicht eingegangen werden [8], [9], [10]. Als Anhalt mag dienen, daß je nach der Größe des Personenwagens die Vorderachsfedern bei Vollast zweckmäßigerweise für eine Eigenschwingungszahl n_e von 100—130 in der Minute und die Hinterachsfedern für $n_e = 70$—100 in der Minute bemessen werden. Diesen Zahlen liegt die eine grobe Näherung darstellende Annahme zugrunde, daß jede einzelne Feder und die ihrem Lastanteil Q entsprechende Masse $m = Q/g$ je ein unabhängiges Schwingungssystem bildet. Zwischen Eigenschwingungszahl n_e, Masse m und Einheitskraft c besteht die bekannte Beziehung

$$n_e = \frac{60}{2\,\pi}\,\sqrt{\frac{c}{m}}\,.$$

Also ist

$$c = \frac{4\,\pi^2}{3600}\,n_e^2\,m = 0{,}011\,n_e^2\,\frac{Q}{g}$$

oder mit $g = 981$ cm/s²

$$c = 11{,}2 \cdot 10^{-6}\,n_e^2\,Q. \tag{46}$$

Die Haltbarkeit einer Feder hängt von den Spannungen, welche die Last des *ruhenden* Fahrzeugs in ihr hervorruft, erst in zweiter Linie ab. Von unmittelbarer Bedeutung ist vielmehr das Maß der *Spannungsschwankungen*, denen sie ausgesetzt ist, wenn das Fahrzeug auf einer unebenen Fahrbahn rollt, und die zum Dauerbruch führen, wenn sie die *Dauerfestigkeit* des Werkstoffes dauernd übersteigen. Die Spannungsschwankungen sind den Ausschlägen der Achse gegen das Fahrgestell verhältnisgleich. Bei der Fahrt auf schlechten Straßen wird mit Ausschlägen bis zu $\pm\,4$ cm gegen die Mittellage zu rechnen sein. Anderseits ist durch Versuche festgestellt worden, daß an geschichteten Blattfedern üblicher Bauart schon Dauerbrüche aufzutreten beginnen, wenn sie Schwankungen der Biegespannung von $\pm\,1000$ bis $\pm\,1200$ kg/cm² unterworfen werden. Hieraus folgt, daß die als zulässig zu erachtenden Schwankungen $\sigma^* = \sigma/f$ der Spannung $\pm$ 250 bis etwa $\pm$ 300 kg/cm² je cm Federung nicht wesentlich übersteigen dürfen.

Aus Gl. (17) folgt

$$\sigma = \frac{3}{2}\,\frac{h\,E\,f}{K\,l^2} \tag{47}$$

und mit $\sigma^* = \sigma/f$ und $E = 2{,}15 \cdot 10^6 \cdot$ kg/cm²

$$h = 0{,}31 \cdot 10^{-6}\,K\,\sigma^*\,l^2 \tag{48}$$

oder

$$l = 1800 \sqrt{\frac{h}{K\,\sigma^*}}. \tag{49}$$

Die Gln. (47) und (48) gestatten es, für ein gewähltes σ^* zusammengehörende Werte von l und h zu berechnen. Führt man schließlich noch den für Kraftwagenfedern geltenden guten Mittelwert $K = 1{,}4$ ein, so ergibt sich

$$h = 0{,}434 \cdot 10^{-6}\,\sigma^*\,l^2 \tag{50}$$

und

$$l = 1520 \sqrt{\frac{h}{\sigma^*}}. \tag{51}$$

Mit $\sigma^* = 300$ kg/cm³ liefert Gl. (50) z. B.

$$\text{für } l = 50 \text{ cm} \qquad h = 0{,}326 \text{ cm}$$
$$\text{für } l = 60 \text{ cm} \qquad h = 0{,}469 \text{ cm usw.}$$

Da unter besonders ungünstigen Umständen gelegentlich mit einer Überschreitung der der Berechnung auf Dauerfestigkeit zugrunde gelegten Schwingungsausschläge von $\pm$ 4 cm zu rechnen ist, muß die Feder auch diesen Überlastungen gewachsen sein. Im Kraftwagenbau ist es üblich, als Höchstlast $2\,Q_2$ anzunehmen, obwohl es richtiger wäre, mit einer größten Durchbiegung zu rechnen. Die $2\,Q_2$ entsprechende Biegespannung $2\,\sigma_2$ muß unter der Prüfspannung der Feder, also unter etwa 12 000 kg/cm² liegen. Um wieviel man sich zweckmäßigerweise unter diesem Richtwert hält, hängt von der Art des Fahrzeuges ab. Man wird bei Personenwagen ziemlich hoch hinauf gehen können, bei Lastwagen oder gar landwirtschaftlichen Fahrzeugen dagegen wesentlich vorsichtiger sein müssen. Selbstverständlich verliert die $2\,Q_2$-Grenze ihren Sinn, wenn das zur Verfügung stehende Federspiel schon bei einer kleineren Last erschöpft ist.

Zahlenbeispiel. Es soll eine Kraftwagenfeder für folgende Verhältnisse berechnet werden:

Last je Feder bei Vollast . . . . $Q_2 = 500$ kg
Federarmlänge . . . . $l = 60$ cm
Eigenschwingungszahl bei Vollast . . . . $n_{e_2} = 80$/min
Zulässige Schwankung der Nennspannung für 1 cm Federung . . $\sigma^* \approx 300$ kg/cm³
Blattbreite . . . . $b = 5$ cm.

Die Feder muß nach Gl. (46) die Einheitskraft

$$c = 11{,}2 \cdot 10^{-6} \cdot n_{e_2}^2 \cdot Q_2 = 11{,}2 \cdot 10^{-6} \cdot 6400 \cdot 500 = 35{,}9 \text{ kg/cm}$$

erhalten. Die Blattdicke h ist nach Gl. (50)

$$h = 0{,}434 \cdot 10^{-6}\,\sigma^*\,l^2 = 0{,}434 \cdot 10^{-6} \cdot 300 \cdot 3600 = 0{,}469 \text{ cm}.$$

Entsprechend der nächsten genormten Blattstärke wird man $h = 0{,}5$ cm wählen.

Nach Gl. (17) ist $c = \dfrac{Q}{f} = \dfrac{n\,b\,E}{2\,K}\left(\dfrac{h}{l}\right)^3$

und

$$n = \frac{2\,K\,c}{b\,E}\left(\frac{l}{h}\right)^3,$$

oder mit $K = 1,4$ und den gegebenen oder bereits ermittelten Größen

$$n = \frac{2 \cdot 1,4 \cdot 35,9}{5 \cdot 2,15 \cdot 10^6} \left(\frac{60}{0,5}\right)^3 = 16,13 \approx 16.$$

Man wird das zweite Blatt zur Unterstützung des die Federaugen tragenden ersten Blattes bis zu den Federenden durchführen müssen, so daß also die Federenden in $n' = 2$ Blätter auslaufen. Für

$$\frac{n'}{n} = \frac{2}{16} = 0,125$$

ist nach Abb. 13 $K = 1,37$. Mithin ergibt sich

$$\text{nach Gl. (17)} \quad c = \frac{n\,b\,E}{2\,K}\left(\frac{h}{l}\right)^3 = \frac{16 \cdot 5 \cdot 2,15 \cdot 10^6}{2 \cdot 1,37}\left(\frac{0,5}{60}\right)^3 = 36,4\ \text{kg/cm},$$

$$\text{nach Gl. (46)} \quad n_{e_2} = 10^3 \sqrt{\frac{c}{11,2\,Q_2}} = 10^3 \sqrt{\frac{36,4}{11,2 \cdot 500}} = 10^3 \sqrt{\frac{0,65}{100}} = 80,6/\text{min},$$

$$\text{nach Gl. (48)} \quad \sigma^* = \frac{h \cdot 10^6}{0,31\,K\,l^2} = \frac{0,5 \cdot 10^6}{0,31 \cdot 1,37 \cdot 3600} = 327\ \text{kg/cm}^3,$$

$$\text{nach Gl. (17)} \quad f_2 = 2\,K\,\frac{l^3\,Q_2}{n\,b\,h^3\,E} = 2 \cdot 1,37\,\frac{0,216 \cdot 10^6 \cdot 500}{16 \cdot 5 \cdot 0,125 \cdot 2,15 \cdot 10^6} = 13,8\ \text{cm},$$

$$\text{nach Gl. (16)}\ 2\,\sigma_2 = \frac{3\,l\,(2\,Q_2)}{n\,b\,h^2} = \frac{3 \cdot 60 \cdot (2 \cdot 500)}{16 \cdot 5 \cdot 0,25} = 9000\ \text{kg/cm}^2.$$

11. Gestufte Blattfedern. Nach Abschn. 9 und 10 spielen bei der Bemessung der Fahrzeugfedern das zulässige Federspiel und Erfahrungswerte der Einheitsfederung oder der Eigenschwingungszahl des Fahrzeugs eine ausschlaggebende Rolle. Infolge der praktisch geraden Kennlinie der häufig verwendeten geschichteten Trapezfedern liegen Einheitsfederung und Eigenschwingungszahl durch das zulässige Federspiel eindeutig fest. Da die Eigenschwingungszahl auch von der Belastung der Feder abhängt, zeigt sie zwischen beladenem und leerem Fahrzeug höchst unerwünschterweise um so größere Unterschiede, je größer die Nutzlast im Verhältnis zum Eigengewicht des Fahrzeuges ist. Hat die Eigenschwingungszahl bei beladenem Fahrzeug die richtige Größe, so wird sie unter Umständen bei leerem Fahrzeug viel zu groß sein und zu einem harten und stoßenden Lauf führen. Der Verlauf der Kennlinie, die bei jeder Belastung dieselbe Eigenschwingungszahl gewährleistet, ist bekannt [11] und in Abb. 48 dargestellt. Nach den Gl. (46) vorausgehenden Entwicklungen ist sie dadurch gekennzeichnet, daß das Verhältnis aus Einheitskraft und Belastung für alle Belastungen unveränderlich ist. In ihrer Gleichung [12]

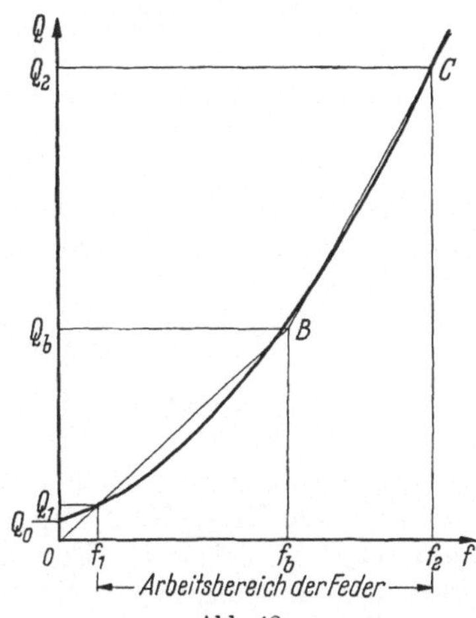

Abb. 48.
Federkennlinie gleicher Schwingungszahl

$$f = \frac{g}{4\,\pi^2\,n^2}\ln\frac{Q}{Q_0} \tag{52}$$

bezeichnet g die Schwerbeschleunigung, n die unveränderliche Eigenschwingungszahl, Q_0 eine Belastung nach Abb. 48, die dem willkürlich angenommenen Nullpunkt der Federung ($f = 0$) entspricht, und Q eine beliebige andere Last, für die f berechnet werden soll.

Um die Kennlinie nach Gl. (52) zu verwirklichen, oder um ihr wenigstens nahe zu kommen, hat man verschiedene Wege beschritten. Bei Verwendung geschichteter Blattfedern werden überwiegend entweder Abwälzvorrichtungen benutzt, welche die wirksame Federlänge mit zunehmender Belastung stetig oder in engen Stufen verkürzen, oder es wird über oder unter der eigentlichen Feder eine kürzere Zusatzfeder angeordnet, die erst bei einer bestimmten Belastung in Tätigkeit tritt. Im zweiten Falle läßt sich selbstverständlich nicht eine stetig gekrümmte Linie, sondern nur ein aus zwei Ästen bestehender Linienzug erzielen, wie er ebenfalls in Abb. 48 dargestellt ist.

Die Berechnung gestaltet sich sehr einfach, wenn die Zusatzfeder *über* der eigentlichen Feder angeordnet ist. Abb. 49 möge das Federsystem bei der Belastung Q_1 darstellen. Zwischen dem freien Ende der Zusatzfeder und ihrem Arbeitsnocken ist der Spielraum $f_b - f_1$ vorhanden. Die Hauptfeder arbeitet also zunächst allein, und zwar gemäß dem Ast OB des gebrochenen Linienzuges der Abb. 48. Wächst die Last über P_1 hinaus, so wird dieser Spielraum infolge der Durchbiegung der Hauptfeder immer kleiner und verschwindet schließlich, wenn die Last die Größe Q_b erreicht (Punkt B der Abb. 48). Jetzt schaltet sich die Zusatzfeder der Hauptfeder parallel, und das System arbeitet gemäß dem Ast BC. Bezeichnen c_h und c_z die Einheitskräfte der Haupt- und Zusatzfeder [vgl. den Kehrwert der Gl. (20)], so gelten die Gleichungen

$$\text{für den Ast } OB: \qquad f = \frac{Q}{c_h}, \tag{53}$$

$$\text{für den Ast } BC: \quad f - f_b = \frac{Q - Q_b}{c_h + c_z}. \tag{54}$$

Die Federung ist also für

$$Q \leqq Q_b: \quad f = \frac{Q}{c_h},$$

$$Q > Q_b: \quad f = \frac{Q_b}{c_h} + \frac{Q - Q_b}{c_h + c_z}. \tag{55}$$

Zur Berechnung der *Biegespannungen* nach Gl. (16) ist die Kenntnis der auf die Haupt- und Zusatzfeder entfallenden Anteile Q_h und Q_z der Gesamtlast Q erforderlich. Es ist für

$$Q \leqq Q_b: \quad Q_h = Q; \quad Q_z = 0. \tag{56}$$

$$Q > Q_b: \quad Q_h = \frac{c_h Q + c_z Q_b}{c_h + c_z}; \qquad Q_z = \frac{c_z}{c_h + c_z}(Q - Q_b) = Q - Q_h. \tag{57}$$

Wesentlich umständlicher gestaltet sich die Berechnung, wenn die Zusatzfeder *unterhalb* der Hauptfeder angeordnet ist (Abb. 50). Denn während bei der Anordnung nach Abb. 49 beide Federn gänzlich unabhängig voneinander arbeiten, beeinflußt hier die Zusatzfeder (Unterfeder) das Verhalten der Hauptfeder (Oberfeder), wenn für $Q > Q_b$ der Spalt s verschwindet; beide Federn verschmelzen gewissermaßen zu einer neuen. Für $Q \leqq Q_b$ arbeitet die Oberfeder allein; für $Q > Q_b$ wird sie in dem der Federarmlänge der Unterfeder entsprechenden Abstand l_u von der Unterfeder mit der Kraft $Q_{u/2}$ unterstützt.

Die *Oberfeder* von der Armlänge l bestehe aus n_0 Blättern von der Breite b und der Stärke h_0; am freien Ende seien n_0' Blätter vorhanden. Dann ist ihr Gesamtträgheitsmoment in Federmitte $J_o = \frac{n_o b h_o^3}{12}$, am freien Ende $J_o' = \frac{n_o' b h_o^3}{12}$. Für die Unterfeder mit der Armlänge l_u gilt entsprechend mit dem Zeiger u $J_u = \frac{n_u b h_u^3}{12}$ und $J_u' = \frac{n_u' b h_u^3}{12}$. Für $\frac{J_o'}{J_o}$ und $\frac{J_u'}{J_u}$ lassen sich Abb. 13 die Beiwerte K_o und K_u entnehmen. Die *Oberfeder* kann man sich zerlegt denken in die *Oberblätter*, d. h. die die

Unterfeder überragenden Blätter (in Abb. 50 sind dies die oberen 4 Blätter), und in die *Unterblätter*, d. h. den Rest der Blätter der Oberfeder (in Abb. 50 sind dies die unteren 3 Blätter der Oberfeder). Es läßt sich weiterhin annehmen, daß sich für $Q > Q_b$ die Unterblätter der Oberfeder mit der eigentlichen Unterfeder zu einer neuen Unterfeder von der Armlänge l_u vereinigen, welche die Oberblätter der Oberfeder mit der Kraft $Q_{u/2}$ unterstützt. Mit der Abkürzung

$$1 - \frac{J_o'}{J_o} = a \tag{58}$$

ist das *Trägheitsmoment der Oberblätter*, d. h. das Trägheitsmoment der Oberfeder im Abstand l_u von Federmitte,

$$J_o'' = \left(1 - a\,\frac{l_u}{l}\right) J_o. \tag{59}$$

Für J_o'/J_o'' ergibt sich nach Abb. 13 der Beiwert K_o''.

Die *Unterblätter* der Oberfeder haben das Trägheitsmoment $J_o''' = J_o - J_o''$ in Federmitte; an ihrem freien Ende l_u dagegen ist ihr Trägheitsmoment gleich Null. Mithin hat die *gedachte* neue *Unterfeder* in Federmitte das Trägheitsmoment

$$J_v = J_u + J_o''' = J_u + J_o - J_o''; \tag{60}$$

ihr Trägheitsmoment am freien Ende ist J_u', da die Unterblätter der Oberfeder bei l_u das Trägheitsmoment Null haben. Für J_u'/J_v läßt sich Abb. 13 der Beiwert K_v entnehmen.

1. $Q \leqq Q_b$. Die Oberfeder arbeitet allein.

Die Federung ist nach Gl. (17)

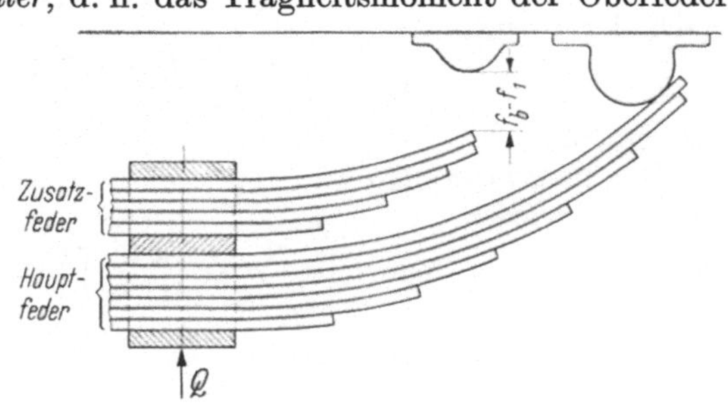

Abb. 49. Gestufte Blattfeder

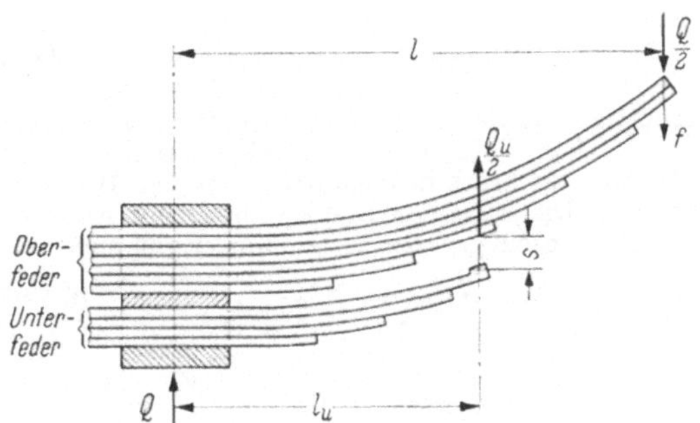

Abb. 50. Gestufte Blattfeder

$$f = \frac{K_o}{6}\,\frac{l^3 Q}{J_0 E}. \tag{61}$$

Die größte Biegespannung (in Federmitte) ergibt sich nach Gl. (16) zu

$$\sigma = \frac{3\,l\,Q}{n_o\,b\,h_o^2}. \tag{62}$$

2. $Q > Q_b$. Ober- und Unterfeder arbeiten gemeinsam.

Die Gesamtfederung von $Q = 0$ bis $Q > Q_b$ ist mit der Hilfsgröße

$$D_v = \frac{3 - \dfrac{l_u}{l}}{2\,\dfrac{l_u}{l}\left(1 + K_v\,\dfrac{J_o''}{J_v}\right)} \tag{63}$$

und mit K_o'' für J_o'/J_o'' (nach Abb. 13)

$$f = \frac{l^3}{6\,J_o'\,E}\left\{ K_o\,\frac{J_o''}{J_o}\,Q_b + \left[\frac{l_u}{l}\left[3 - \frac{l_u}{l}\left(3 - \frac{l_u}{l}\right)(1 + 0{,}5\,D_v)\right] + K_o'\left(1 - \frac{l_u}{l}\right)^3\right](Q - Q_b)\right\}. \tag{64}$$

Die Stützkraft der *wirklichen* Unterfeder ist

$$Q_u = \frac{K_v}{K_u} \frac{J_u}{J_v} D_v (Q - Q_b). \tag{65}$$

Die Spaltweite s_1, die bei einer Federbelastung $Q_1 < Q_b$ vorhanden sein muß, damit sich die Unterfeder bei $Q = Q_b$ zuschaltet, läßt sich mit der Hilfsgröße

$$A = \left(1 - a \frac{l_u}{l}\right) \ln \left(1 - a \frac{l_u}{l}\right) + a \frac{l_u}{l} \tag{66}$$

nach der Formel

$$s_1 = \frac{l^3}{4 a J_o E} \left[\left(\frac{l_u}{l}\right)^2 - \frac{2 A}{a^2} (1 - a)\right] (Q_b - Q_1) \tag{67}$$

errechnen.

Die *Biegespannung* ist
in der Oberfeder

$$\text{in Federmitte} \quad \sigma = \frac{3 l}{n_o b h_o^2} \left[Q - \frac{K_v}{K_u} \frac{l_u}{l} \frac{J_u}{J_v} D_v (Q - Q_b)\right], \tag{68}$$

$$\text{im Abstand } l_u \quad \sigma = \frac{(l - l_u) h_o}{4 J_o''} Q; \tag{69}$$

in der Unterfeder

$$\text{in Federmitte} \quad \sigma = \frac{3 l_u Q_u}{n_u b h_u^2} = \frac{3 l_u}{n_u b h_u^2} \frac{K_v}{K_u} \frac{J_u}{J_v} D_v (Q - Q_b). \tag{70}$$

1. Zahlenbeispiel. Es ist eine gestufte Blattfeder nach Abb. 50 zu untersuchen.

Die *Oberfeder* von der Armlänge $l = 70$ cm bestehe aus $n_o = 7$ Blättern gleichen Rechteckquerschnittes von der Breite $b = 12$ cm und der Stärke $h_o = 1$ cm; die Zahl der Blätter am freien Ende sei $n_o' = 2$. Die Unterfeder von der Armlänge $l_u = 45$ cm möge aus $n_u = 4$ Blättern gleichen Rechteckquerschnittes von der Breite $b = 12$ cm und der Stärke $h_u = 1,2$ cm bestehen. Die Zahl der Blätter am freien Ende sei $n_u' = 1$.

Mit diesen gegebenen Größen ergibt sich:

$$J_o = \frac{n_o b h_o^3}{12} = \frac{7 \cdot 12 \cdot 1}{12} = 7 \text{ cm}^4; \quad J_o' = \frac{n_o' b h_o^3}{12} = \frac{2 \cdot 12 \cdot 1}{12} = 2 \text{ cm}^4; \quad \frac{J_o'}{J_o} = \frac{2}{7} = 0,286;$$

$$K_o = 1,26 \text{ nach Abb. 13}; \quad a = 1 - \frac{J_o'}{J_o} = 0,714 \text{ nach Gl. (58)}; \quad J_u = \frac{n_u b h_u^3}{12} = \frac{4 \cdot 12 \cdot 1,2^3}{12} =$$

$$= 6,91 \text{ cm}^4; \quad J_u' = \frac{1 \cdot 12 \cdot 1,2^3}{12} = 1,728 \text{ cm}^4; \quad \frac{J_u'}{J_u} = \frac{[n_u'}{n_u} = \frac{1}{4} = 0,25;$$

$$K_u = 1,28 \text{ nach Abb. 13}; \quad \frac{l_u}{l} = \frac{45}{70} = 0,643; \quad J_o'' = (1 - 0,714 \cdot 0,643) \, 7 = 3,79 \text{ cm}^4 \text{ nach}$$
Gl. (59);

$$\frac{J_o'}{J_o''} = \frac{2}{3,79} = 0,528; \quad K_o'' = 1,145 \text{ nach Abb. 13}; \quad J_v = J_u + J_o - J_o'' = 6,91 + 7 - 3,79 =$$

$$= 10,12 \text{ cm}^4 \text{ nach Gl. (60)}; \quad \frac{J_u'}{J_v} = \frac{1,728}{10,12} = 0,171; \quad K_v = 1,335 \text{ nach Abb. 13}.$$

1. $Q \leqq Q_b$

Nach Gl. (61): $\quad f = \frac{1,26}{6} \frac{70^3 Q}{7 \cdot 2,15 \cdot 10^6} = \frac{4,79}{1000} Q \text{ cm};$

nach Gl. (62): $\quad \sigma = \frac{3 \cdot 70 \cdot Q}{7 \cdot 12 \cdot 1} = 2,5 Q \text{ kg/cm}^2.$

2. $Q > Q_b$

Nach Gl. (63): $\quad D_v = \dfrac{3 - 0,643}{2 \cdot 0,643 \left(1 + 1,335 \dfrac{3,79}{10,12}\right)} = 1,226;$

nach Gl. (64): $f = \dfrac{70^3}{6 \cdot 3{,}79 \cdot 2{,}15 \cdot 10^6} \left\{ 1{,}26 \dfrac{3{,}79}{7} Q_b + \left[0{,}643 \left[3 - 0{,}643 \left(3 - 0{,}643 \right) \right. \right. \right.$

$$\left. \times \left(1 - 0{,}5 \cdot 1{,}226 \right) \right] + 1{,}145 \left(1 - 0{,}643 \right)^3 \Big] \left(Q - Q_b \right) \Big\}$$

$$= \dfrac{7{,}02}{1000} \left\{ 0{,}682\, Q_b + 0{,}411 \left(Q - Q_b \right) \right\} = \dfrac{7{,}02}{1000} \left\{ 0{,}271\, Q_b + 0{,}411\, Q \right\} \text{ cm.}$$

Wenn $Q_b = 2000$ kg ist, errechnet sich hiermit für

$$Q = 0 \qquad 1000 \qquad 2000 \qquad 3000 \text{ kg}$$
$$f = 0 \qquad 4{,}79 \qquad 9{,}58 \qquad 12{,}45 \text{ cm.}$$

Die *Einheitskraft* beträgt für

$$Q \leqq Q_b = 2000 \text{ kg:} \quad \dfrac{1000}{4{,}79} = \dfrac{2000}{9{,}58} = 209 \text{ kg/cm,}$$

$$Q > Q_b = 2000 \text{ kg:} \quad \dfrac{3000 - 2000}{12{,}45 - 9{,}58} = 349 \text{ kg/cm.}$$

Die Biegespannungen sind
in der *Oberfeder*

in Federmitte nach Gl. (68): $\sigma = \dfrac{3 \cdot 70}{7 \cdot 12 \cdot 1} \left[Q - \dfrac{1{,}335}{1{,}28}\, 0{,}643\, \dfrac{6{,}91}{10{,}12}\, 1{,}226 \left(Q - Q_b \right) \right]$

$$= 2{,}5 \left[Q - 0{,}559 \left(Q - Q_b \right) \right] = 1{,}395\, Q_b + 1{,}1\, Q \text{ kg/cm}^2;$$

im Abstand l_u nach Gl. (69): $\sigma = \dfrac{70 - 45}{4 \cdot 3{,}79}\, Q = 1{,}65\, Q \text{ kg/cm}^2;$

in der *Unterfeder*

in Federmitte nach Gl. (70): $\sigma = \dfrac{3 \cdot 45}{4 \cdot 12 \cdot 1{,}2^2}\, \dfrac{1{,}335}{1{,}28}\, \dfrac{6{,}91}{10{,}12}\, 1{,}226 \left(Q - Q_b \right)$

$$= 1{,}7 \left(Q - Q_b \right) \text{ kg/cm}^2.$$

Schließlich sei noch die Frage beantwortet, wie groß der Spalt $s = s_1$ (s. Abb. 50) für $Q_1 = 1000$ kg sein muß, damit die Unterfeder für $Q_b = 2000$ kg in Tätigkeit tritt.

Mit

$$\ln \left(1 - a\, \dfrac{l_u}{l} \right) = \ln \left(1 - 0{,}714 \cdot 0{,}643 \right)$$

$$= \ln 0{,}541 = \ln \dfrac{541}{1000} = \ln 541 - \ln 1000$$

$$= 6{,}29342 - 6{,}90776 \approx -0{,}614$$

ist nach Gl. (66) die Hilfsgröße
$$A = -0{,}541 \cdot 0{,}614 + 0{,}714 \cdot 0{,}643 = 0{,}127$$
und der Spalt s_1 nach Gl. (67)

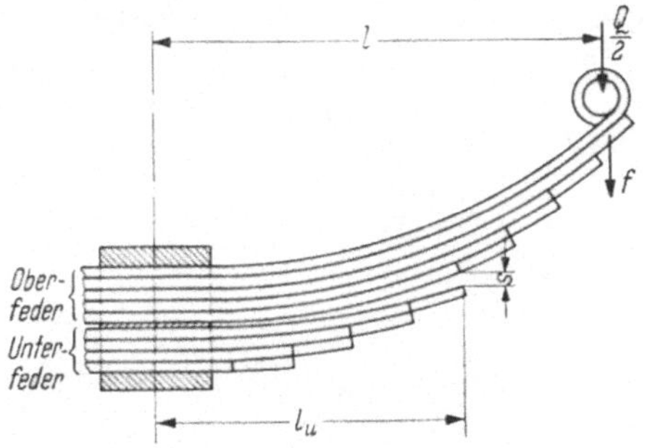

Abb. 51. Gestufte Blattfeder

$$s_1 = \dfrac{70^3}{4 \cdot 0{,}714 \cdot 7 \cdot 2{,}15 \cdot 10^6} \left[0{,}643^2 - \dfrac{2 \cdot 0{,}127}{0{,}714^2} \left(1 - 0{,}774 \right) \right] \left(2000 - 1000 \right)$$

$$= \dfrac{7{,}74}{1000} \cdot 0{,}271 \cdot 1000 = 2{,}1 \text{ cm.}$$

Eine Abart der gestuften Blattfeder nach Abb. 50 stellt die Feder nach Abb. 51 dar. Hier ist die Oberfeder keine vollständige Trapezfeder, sondern wird erst durch die Unterfeder zu einer solchen ergänzt. Von praktischer Bedeutung ist nur der Fall, daß Ober- und Unterfeder aus Blättern gleicher Breite b *und* Stärke h bestehen.

Die ganze Feder, d. h. Ober- und Unterfeder zusammen, möge aus n Blättern von der Breite b und der Stärke h bestehen. Die Zahl der Blätter an den Federenden sei n' und die Federarmlänge l. Die Feder ist aufgeteilt in die *Oberfeder* mit

n_o Blättern und in die *Unterfeder* mit $n - n_o = n_u$ Blättern und der Armlänge l_u. Der Abb. 13 ist für $\dfrac{J'}{J_o} = \dfrac{n'}{n_o}$ der Beiwert K_o und für $\dfrac{J'}{J} = \dfrac{n'}{n}$ der Beiwert K zu entnehmen. Dann ist für

1. $Q \leqq Q_b$

$$f = \frac{l^3}{6\,J_o\,E} \left\{ \frac{l_u}{l} \left[3 - \frac{l_u}{l}\left(3 - \frac{l_u}{l}\right) \right] + \left(1 - \frac{l_u}{l}\right)^3 K_o \right\} Q \tag{71}$$

und die *Biegespannung* in Federmitte

$$\sigma = \frac{3\,l\,Q}{n_0\,b\,h^2}. \tag{72}$$

2. $Q > Q_b$

$$f = \frac{l^3}{6\,E}\left\{ \frac{1}{J_o}\left(\frac{l_u}{l}\left[3 - \frac{l_u}{l}\left(3 - \frac{l_u}{l}\right)\right] + \left(1 - \frac{l_u}{l}\right)^3 K_o \right) Q_b + \frac{K}{J}\left(Q - Q_b\right) \right\} \tag{73}$$

und die *Biegespannung*
in der *Oberfeder*

$$\text{in Federmitte} \quad \sigma = \frac{3\,l}{b\,h^2}\left(\frac{Q_b}{n_o} + \frac{Q - Q_b}{n} \right), \tag{74}$$

$$\text{im Abstand } l_u \quad \sigma = \frac{3\,(l - l_u)\,Q}{n_o\,b\,h^2}; \tag{75}$$

in der *Unterfeder* in Federmitte

$$\sigma = \frac{3\,l}{n\,b\,h^2}\left(Q - Q_b\right). \tag{76}$$

Der Spalt s_1 bei einer Last $Q_1 < Q_b$ ist

$$s_1 = \frac{l^3}{12\,J_o\,E}\left(\frac{l_u}{l}\right)^2 \left(3 - \frac{l_u}{l}\right)\left(Q - Q_b\right). \tag{77}$$

2. Zahlenbeispiel. Eine Feder nach Abb. 51 habe folgende Abmessungen: $l = 75$ cm; $l_u = 53$ cm; $b = 12$ cm; $h = 1{,}0$ cm; $n = 9$; $n' = 2$; $n_o = 4$; $n_u = 5$.

Es ist $J = \dfrac{n\,b\,h^3}{12} = \dfrac{9 \cdot 12 \cdot 1}{12} = 9\,\text{cm}^4$ und für $n' = 2$ und $n_v = 4$ entsprechend $J' = 2\,\text{cm}^4$

und $J_o = 4\,\text{cm}^4$; für $\dfrac{J'}{J_o} = \dfrac{2}{4} = 0{,}5$ und $\dfrac{J'}{J} = \dfrac{2}{9} = 0{,}222$ ergeben sich nach Abb. 13 die Werte

$K_o = 1{,}16$ und $K = 1{,}3$. Dann ist mit $\dfrac{l_u}{l} = \dfrac{53}{75} = 0{,}707$ für

1. $Q \leqq Q_b$
Nach Gl. (71):

$$f = \frac{75^3}{6 \cdot 4 \cdot 2{,}15 \cdot 10^6}\left\{ 0{,}707\,[3 - 0{,}707\,(3 - 0{,}707)] + (1 - 0{,}707)^3 \cdot 1{,}16 \right\} Q = \frac{8{,}25}{1000}\,Q\,\text{cm},$$

nach Gl. (72): $\sigma = \dfrac{3 \cdot 75}{4 \cdot 12 \cdot 1}\,Q = 4{,}69\,Q\,\text{kg/cm}^2$.

2. $Q > Q_b$
Nach Gl. (73):

$$f = \frac{75^3}{6 \cdot 2{,}15 \cdot 10^6}\left\{ \frac{1}{4}\left(0{,}707\,[3 - 0{,}707\,(3 - 0{,}707)] + (1 - 0{,}707)^3 \cdot 1{,}16\right) Q_b + \frac{1{,}3}{9}\left(Q - Q_b\right) \right\}$$

$$= \frac{32{,}7}{1000}\left\{ 0{,}251\,Q_b + 0{,}145\,(Q - Q_b) \right\} = \frac{32{,}7}{1000}\left\{ 0{,}106\,Q_b + 0{,}145\,Q \right\}\,\text{cm}.$$

Die *Einheitskraft* ist für

$$Q < Q_b\text{:} \quad \frac{1000}{8{,}25} = 121\,\text{kg/cm}.$$

$$Q > Q_b\text{:} \quad \frac{1000}{32{,}7 \cdot 0{,}145} = 211\,\text{kg/cm},$$

Als *Biegespannungen* ergeben sich
in der *Oberfeder*
in Federmitte nach Gl. (74):

$$\sigma = \frac{3 \cdot 75}{12 \cdot 1}\left[\frac{Q_b}{4} + \frac{Q - Q_b}{9}\right] = 18,75\,[0,25\,Q_b + 0,111\,(Q - Q_b)] = 2,6\,Q_b + 2,08\,Q\ \text{kg/cm}^2,$$

im Abstand l_u nach Gl. (75):

$$\sigma = \frac{3\,(75 - 53)\,Q}{4 \cdot 12 \cdot 1} = 1,375\,Q\ \text{kg/cm}^2,$$

in der *Unterfeder* in Federmitte
nach Gl. (76):

$$\sigma = \frac{3 \cdot 75}{9 \cdot 12 \cdot 1}\,(Q - Q_b) = 2,08\,(Q - Q_b)\ \text{kg/cm}^2.$$

Der Spalt s_1 ist nach Gl. (77)

$$s_1 = \frac{75^3}{12 \cdot 4 \cdot 2,15 \cdot 10^6}\,0,707^2\,(3 - 0,707)\,(Q_b - Q_1) = 4,69\,(Q_b - Q_1)\cdot \text{cm}.$$

II. Scheibenförmige Biegefedern

12. Die Tellerfeder. Tellerfedern — nach ihrem Erfinder auch *Belleville-Federn*
genannt — sind Kegelschalen mit rechteckigem (Abb. 52) oder trapezförmigem
(Abb. 64) Querschnitt. Eine über
den Umfang des inneren und des
äußeren Randes gleichmäßig ver-
teilte Last Q drückt sie flacher,
d. h. vermindert ihre freie lichte
Höhe h_0 auf h. Der Unterschied
$h_0 - h = f$ ist also ihre Federung.
Durch diese Verformung werden
im Teller Biege-, Ring- und Radial-
spannungen hervorgerufen; die

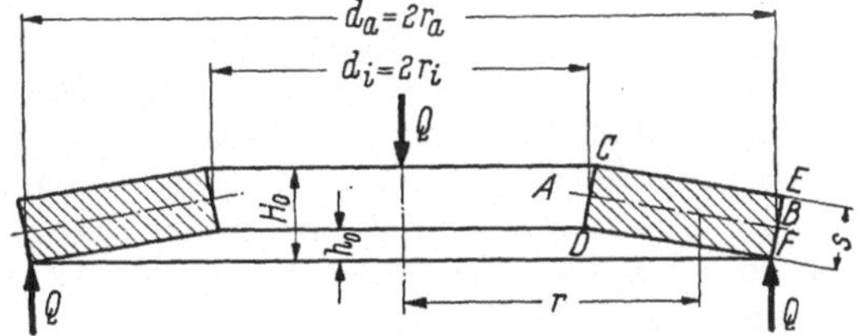

Abb. 52. Federteller mit Rechteckquerschnitt

Radialspannung ist jedoch verhältnismäßig klein, so daß sie ohne wesentlichen
Nachteil vernachlässigt werden kann.

Der Federteller mit Rechteckquerschnitt. Tellerfedern wurden jahrzehntelang nur
mit verhältnismäßig großer Wandstärke s und geringer Höhe h_0 ($h_0/s < 0,75$)
ausgeführt und vorwiegend als schwere, aber selten betätigte Pufferfedern oder als
Ausgleichfedern benutzt, z. B. um Ofenanker nachgiebiger zu machen und dadurch
Überlasten zu vermeiden. Sie wurden nach der Theorie der ebenen Platte [13]
berechnet, die eine gerade Kennlinie liefert und für die früher üblichen kleinen
Werte von h_0/s auch ausreicht. Die von MEISSNER und DUBOIS im Jahre 1917 entwickelte [14] und auf die Tellerfeder angewandte [1] genaue Theorie der Kegelschale gilt für beliebige Werte von h_0/s, ist aber im Gebrauch so zeitraubend, daß
sie in die Praxis keinen Eingang fand. Den großen Aufschwung, den der Gebrauch
der Tellerfeder seit dem letzten Kriege genommen hat, ist der Arbeit von ALMEN
und LÁSZLÓ [15] zu verdanken, die ein gutes und bequemes Näherungsverfahren
zur Berechnung entwickelten und überraschende Eigenschaften mit Verhältnissen
$h_0/s > 1$ ausgeführter Federteller entdeckten. Die Tellerfeder ist nämlich die einzige Feder, mit der sich nicht nur die konkave Kennlinie II in Abb. 2, also eine bei
zunehmender Last abnehmende Einheitskraft erziehen läßt, sondern auch Kennlinien verwirklicht werden können, deren Einheitskraft null und sogar negativ
wird. — Die Theorie von ALMEN und LÁSZLÓ ist den folgenden Ausführungen und
auch dem DIN-Blatt 2092 für die Berechnung der Tellerfeder zugrunde gelegt.

Die Federteller lassen sich einzeln oder zu Säulen zusammengesetzt verwenden. Die Säule nach Abb. 53 besteht aus einer Anzahl N *wechselsinnig* geschichteter und dadurch in Reihe geschalteter Teller von je Q kg Tragkraft und f mm Federung. Die Tragkraft der Säule ist gleich derjenigen des einzelnen Tellers; dagegen ist ihre Federung $f_s = N f$, ihre freie Länge $L_0 = N H_0 = N(h_0 + s)$ und ihre theoretische Blocklänge $L_B = N s$. — Anderseits kann man eine Anzahl i gleicher Teller *gleichsinnig* schichten und so einen Pack parallel geschalteter Teller (Abb. 54) mit der Tragkraft $Q_p = i Q$ und der Federung $f_p = f$ erhalten. Eine Säule aus N wechselsinnig geschichteten Packen hat die Tragkraft $Q_s = Q_p = i Q$, die Federung $f_s = N \cdot f_p = N f$, die freie Länge $L_0 = N(h_0 + i s)$ und die Blocklänge $L_B = N i s$.

Abb. 53. Säule aus wechselsinnig geschichteten Tellern

Schließlich kann man eine Säule nach Abb. 53 aus Tellern gleichen Durchmessers, aber paarweise verschiedener Wandstärke s und Höhe h_0 zusammensetzen (s. DIN 2092, Abb. 14 und 15). Da Tellerpaare geringerer Wandstärke durch eine kleinere Last flachgedrückt und dadurch kurzgeschlossen werden als Tellerpaare größerer Wandstärke, ist die Kennlinie der Säule ein gebrochener Linienzug vom Charakter der Kennlinie I in Abb. 2. Dieselbe Wirkung wird erzielt, wenn man aus Tellern gleicher Abmessungen Packe verschiedener Tellerzahl bildet und Paare von Packen gleicher Tellerzahl nach Abb. 53 zur Säule schichtet.

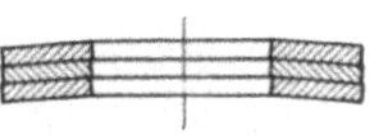

Abb. 54. Gleichsinnig gerichtete Teller (Tellerpack)

Säulen der bisher besprochenen Art, deren Teller höchstens bis zur Flachlage zusammengedrückt werden können, müssen geführt werden, in einem Rohr oder vorzugsweise auf einem Bolzen. Die dadurch hervorgerufene Reibung ist ziemlich belanglos. Beträchtliche Reibung tritt in Tellerpacken auf; ihre Größe hängt von der Tellerzahl i des Packes ab. Eine in der aufschlußreichen Arbeit von W. Wernitz [16] veröffentlichte Formel für die Reibungskraft lautet

$$Q_r = \pm \, \varepsilon \, i^2 \, Q_t. \tag{78}$$

Hierin ist Q_t die auf einen Teller entfallende Last, i die Tellerzahl des Packes und ε ein Beiwert, der zwischen 0,02 und 0,03 liegt und von der Oberflächenbeschaffenheit der Teller und vom Schmierzustand abhängt. Für $i = 1$ ist der untere und für $i = 3$ der obere Wert von ε zu benutzen (es empfiehlt sich nicht, Packe aus mehr als drei Tellern zu bilden, wenn man nicht stärkere Abweichungen von der errechneten Federkraft in Kauf nehmen will). Die Reibungskraft Q_r, die der theoretisch errechneten Kraft Q_p des Packes beim Belasten positiv und beim Entlasten negativ hinzuzufügen ist, tritt in voller Stärke nur bei langsamem Be- und Entlasten auf; Erschütterungen setzen sie beträchtlich herab.

Der Berechnung der Tellerfeder mit Rechteckquerschnitt dienen die folgenden Formeln:

$$\textit{Belastung } Q = \frac{E}{1-\mu^2} \left(\frac{h_0}{r_a}\right)^2 \frac{s^2}{(h_0/s)} \frac{z}{m} \left[1 + (1-z)\left(1 - \frac{z}{2}\right)(h_0/s)^2\right], \tag{79}$$

$$\textit{Größte Beanspruchung } \sigma = \frac{E}{1-\mu^2} \left(\frac{h_0}{r_a}\right)^2 z \, \frac{1 + (p/o)\left(1 - \dfrac{z}{2}\right)(h_0/s)}{p\,(h_0/s)}, \tag{80}$$

$$\textit{Einheitskraft } c = \frac{dQ}{df} = \frac{E}{1-\mu^2} \frac{s^3}{r_a^2} \frac{1}{m} \left\{1 + \left[1 - 3\,z\left(1 - \frac{z}{2}\right)\right](h_0/s)^2\right\}, \tag{81}$$

$$\textit{Federarbeit } A = \frac{1}{2} \frac{E}{1-\mu^2} \left(\frac{h_0}{r_a^2}\right) \frac{s^3}{m} z^2 \left[1 + \left(1 - \frac{z}{2}\right)^2 (h_0/s)^2\right], \tag{82}$$

$$\textit{Werkstoffvolumen } V = \pi \, \frac{\delta^2 - 1}{\delta^2} \, s \, r_a^2. \tag{83}$$

Es bedeutet

μ die Querzahl oder Poissonsche Zahl
($\mu = 0{,}3$ für Stahl)

$z = f/h_0$ das Verhältnis der Federung
zur freien lichten Höhe

$\delta = d_a/d_i$ das Durchmesserverhältnis

$$m = \frac{(\delta - 1)^2}{\pi\,\delta^2\left(\dfrac{\delta + 1}{\delta - 1} - \dfrac{2}{\ln \delta}\right)}$$

$$o = \frac{(\delta - 1)^2}{\delta^2\left(\dfrac{\delta - 1}{\ln \delta} - 1\right)}$$

$$p = 2\,\frac{\delta - 1}{\delta^2}$$

Von δ abhängige Beiwerte s. Tab. 10 und Abb. 55.

Tabelle 10. Beiwerte für Rechteckquerschnitt

δ	1,25	1,5	2,0	2,5	3,0	3,5	4,0	4,5	5,0
m	0,344	0,525	0,694	0,761	0,788	0,798	0,799	0,796	0,791
o	0,333	0,477	0,565	0,565	0,542	0,513	0,483	0,456	0,431
o'	−0,385	−0,625	−0,897	−1,043	−1,130	−1,187	−1,226	−1,253	−1,273
p	0,320	0,444	0,5	0,480	0,444	0,408	0,375	0,346	0,320
p'	0,4	0,667	1,0	1,2	1,333	1,429	1,5	1,556	1,6

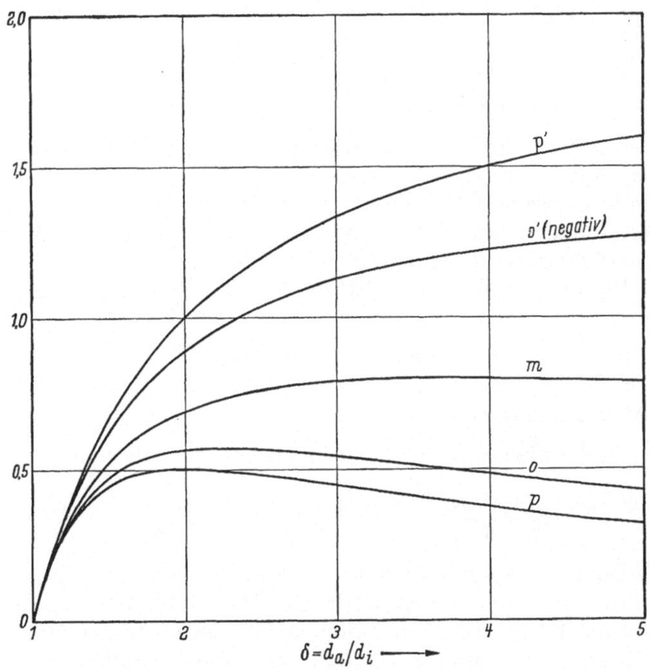

Abb. 55. Tellerfeder mit Rechteckquerschnitt. Beiwerte m, p, o, o' und p'

Die größte Beanspruchung σ tritt in der Ecke C des Querschnittes auf (Abb. 52) und ist eine Druckspannung; sie allein braucht in fast allen praktischen Fällen beim Entwerfen berücksichtigt zu werden. Da die größte Spannung eine Druckspannung ist, ist es auch die Mittelspannung bei Spannungsänderungen. Diese Tatsache ist für dauerbeanspruchte Tellerfedern von großer Bedeutung. Während nämlich die Amplitude der Dauerfestigkeit mit wachsender *Zug*-Mittelspannung abnimmt (vgl. Abb. 3), nimmt sie mit wachsender *Druck*-Mittelspannung zu und ist immer größer als die Wechselspannung.

Für $z = f/h_0 = 1$ geht Gl. (80) über in

$$\sigma_{1,0} = \frac{E}{1-\mu^2}\left(\frac{h_0}{r_a}\right)^2 \frac{1 + 0{,}5\,(p/o)\,(h_0/s)}{p\,(h_0/s)}. \tag{80a}$$

Ist $\sigma_{1,0}$ bestimmt, so läßt sich die einem anderen Wert von z entsprechende Beanspruchung σ berechnen aus

$$\frac{\sigma}{\sigma_{1,0}} = z\,\frac{1 + \left(1 - \dfrac{z}{2}\right)(p/o)\,(h_0/s)}{1 + 0{,}5\,(p/o)\,(h_0/s)}. \tag{84}$$

Die Spannung in irgendeinem Punkt der oberen oder unteren Mantellinie im Abstand r von der Tellerachse ist gegeben durch die Gleichung

$$\sigma_{\substack{o\\u}} = \frac{E}{1-\mu^2}\left(\frac{h_0}{r_a}\right)^2 z\left[\left(\frac{\delta}{\delta-1}\right)^2\left(\frac{\delta-1}{\delta\ln\delta}\frac{r_a}{r} - 1\right)\left(1 - \frac{z}{2}\right) \pm \frac{1}{2}\,\frac{\delta}{\delta-1}\frac{r_a/r}{h_0/s}\right]. \tag{85}$$

Das Pluszeichen vor dem zweiten Glied in der eckigen Klammer, das dem Anteil der Biegespannung an der Gesamtspannung entspricht, gilt für die obere, das Minuszeichen für die untere Mantellinie. Streicht man dieses Glied, so liefert Gl. (85) die Spannung σ_{mi} in den Punkten der Mittellinie AB des Querschnittes, die also der Mittelwert von σ_o und σ_u ist. Aus Gl. (85) läßt sich auch die Spannung in den Punkten der Geraden im Abstand $\pm y$ von der Mittellinie ermitteln, wenn man das zweite Glied in der eckigen Klammer durch $\pm \dfrac{\delta}{\delta-1}\dfrac{r_a}{r}\dfrac{y}{h_0}$ ersetzt. Die Spannung ändert sich also mit wachsendem Abstand y *linear* und erreicht für $y = \pm s/2$ die Spannungen σ_o und σ_u in den Mantellinien.

Im Gegensatz zur reinen Biegefeder gibt es im Querschnitt der Tellerfeder keine neutrale Faser, sondern nur einen neutralen Punkt, für dessen Koordinaten also beide Glieder in der eckigen Klammer der Gl. (85) verschwinden müssen. Das zweite Glied ist null für alle Punkte der Mittellinie, und das erste Glied verschwindet, wenn

$$r = r_0 = \frac{\delta-1}{\delta\ln\delta}\,r_a. \tag{86}$$

Das ist der Abstand des neutralen Punktes von der Tellerachse.

Für $r = r_i$ und daher $r_a/r = \dfrac{r_a}{r_i} = \delta$ geht Gl. (85) über in

$$\sigma_{\substack{C\\D}} = \frac{E}{1-\mu^2}\left(\frac{h_0}{r_a}\right)^2 z\left[\frac{1}{o}\left(1 - \frac{z}{2}\right) \pm \frac{1}{p\,(h_0/s)}\right] \tag{85a}$$

und liefert die Spannungen in den Ecken C und D. Für die Ecke C, also mit dem Pluszeichen, läßt sich diese Gleichung in Gl. (80) überführen, in der, wie auch in den Gln. (80a) und (84), σ_C der Einfachheit halber mit σ bezeichnet ist. Anderseits nimmt Gl. (85) für $r = r_a$ und $r_a/r = r_a/r_a = 1$ die Gestalt

$$\sigma_{\substack{E\\F}} = \frac{E}{1-\mu^2}\left(\frac{h_0}{r_a}\right)^2 z\left[\frac{1}{o'}\left(1 - \frac{z}{2}\right) \pm \frac{1}{p'\,(h_0/s)}\right] \tag{85b}$$

an und ergibt die Spannung in den Ecken E und F. Die Beiwerte

$$o' = -\frac{(\delta-1)^2}{\delta^2\left(1 - \dfrac{\delta-1}{\delta\ln\delta}\right)} \quad\text{und}\quad p' = 2\,\frac{\delta-1}{\delta}$$

können Tab. 10 und Abb. 55 entnommen werden. Will man die Spannung in beliebigen Punkten der Mantellinie und der Mittellinien berechnen, so benutzt man

Gl. (85) zweckmäßigerweise in der Form

$$\sigma_{0\atop u} = \frac{E}{1-\mu^2}\left(\frac{h_0}{r_a}\right)^2 z\left[\frac{\delta}{\delta-1}\left(\frac{1-\dfrac{z}{2}}{\ln\delta}\pm\frac{1}{2(h_0/s)}\right)\frac{r_a}{r}-\left(\frac{\delta}{\delta-1}\right)^2\left(1-\frac{z}{2}\right)\right]. \qquad (85\,\text{c})$$

Positive Ergebnisse aller Spannungsgleichungen bedeuten Druckspannungen, negative Zugspannungen.

Nach Gl. (79) ist die Federkraft für $z = f/h_0 = 1$

$$Q_{1,0} = \frac{E}{1-\mu^2}\cdot\left(\frac{h_0}{r_a}\right)^2\frac{s^2}{(h_0/s)}\frac{1}{m}. \qquad (79\,\text{a})$$

Demnach ist das Verhältnis der irgendeinem andern Wert von z entsprechenden Kraft Q zu $Q_{1,0}$

$$\frac{Q}{Q_{1,0}} = z\left[1+(1-z)\left(1-\frac{z}{2}\right)(h_0/s)^2\right]. \qquad (87)$$

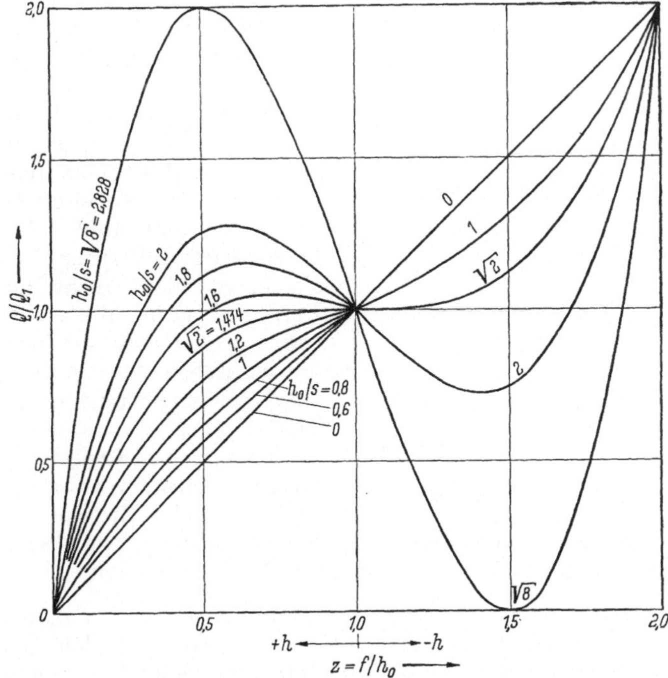

Abb. 56. Kennlinienschar der Tellerfeder mit Rechteckquerschnitt (nach WERNITZ [16])

Das ist die Gleichung der *Kennlinie*; jedem Wert von h_0/s entspricht bei sonst gleichen Tellerabmessungen eine andere Kennlinie. Abb. 56 zeigt eine Kennlinienschar; immer ist $\dfrac{Q}{Q_{1,0}} = 1$ für $z = 1$ und $\dfrac{Q}{Q_{1,0}} = 2$ für $z = 2$. Für $h_0/s = 0$ ist die Kennlinie eine Gerade.

Setzt man in Gl. (81) $c = 0$, so geht sie über in

$$z = 1\mp\sqrt{\frac{1}{3}\left(1-\frac{2}{(h_0/s)^2}\right)}. \qquad (88)$$

5 Gross, Metallfedern, 3. Aufl.

Für $h_0/s > \sqrt{2}$ haben also die Kennlinien ein Maximum und ein Minimum oder — im Falle $h_0/s = \sqrt{2}$ — eine horizontale Wendetangente (Flachpunkt). Technisch besonders wichtig sind die Kennlinien für $h_0/s = \sqrt{2}$ und etwas mehr, weil die Federkraft Q in einem beträchtlichen Bereich von f/h_0 und daher von f fast dieselbe ist. Mit Hilfe solcher Teller kann man z. B. Bauteile, die veränderlichen Temperaturen unterliegen und entsprechende Wärmedehnungen erfahren, unter fast gleichbleibender Spannung halten.

Mit zunehmenden Werten von h_0/s werden die Maxima und Minima immer ausgeprägter, und für $h_0/s = \sqrt{8} = 2{,}828$ tritt bei $z = 0{,}5$ das Maximum $Q/Q_{1,0} = 2$ und bei $z = 1{,}5$ das Minimum $Q/Q_{1,0} = 0$ auf. Für noch größere Werte von h_0/s wird das Minimum negativ. Das bedeutet, daß der Teller *durchschnappt*, wenn er nur am Außenrand gelagert ist, und daß man eine der ursprünglichen Belastung entgegengesetzte Kraft anwenden muß, um ihn in seine Anfangsgestalt zurückzubringen.

Ein einzelner zwischen zwei ebenen Platten belasteter Teller oder eine Säule nach Abb. 53 läßt sich *theoretisch* bis $f/h_0 = 1$ zusammendrücken. Die gemessene Kennlinie fällt aber mit der berechneten nur bis $z = 0{,}75$ oder höchstens $z = 0{,}9$ zusammen. Darüber hinaus steigt der Widerstand des Tellers steil an (Abb. 66), weil sich die Kegelschale unter Last etwas verwölbt, und sich infolgedessen benachbarte Tellerpaare in der Nähe der Flachlage nicht mehr im Kreise der Punkte C (Abb. 52), sondern in einem etwas größeren Kreise berühren. Wenn die den Ecken C und F des Querschnittes entsprechenden kreisförmigen Kanten des Tellers nach der Formgebung durch Schleifen in den Kreisebenen in schmale Kreisringflächen verwandelt werden, wie es für manche Zwecke geschieht, ver-

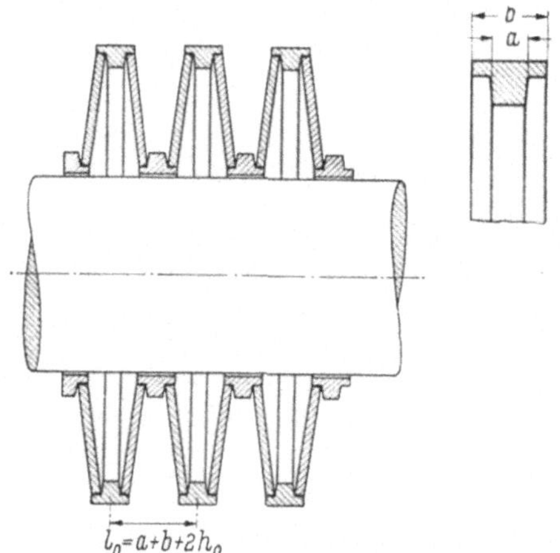

Abb. 57. Tellersäule mit Zwischenringen

schieben sich die Berührungspunkte schon bei sehr kleinen Belastungen, und die Kennlinie verläuft von Anfang an über der berechneten.

Um bei Säulen Übereinstimmung der Kennlinien über $z = 0{,}75$ hinaus zu erzielen, muß man Zwischenringe nach Abb. 57 vorsehen. Außen- und Innenringe haben gleiche Höhen a und b, deren Größe von der gewünschten Federung und von der Rücksicht auf die Festigkeit der Ringes abhängt. Man kann sich das Maß a aus den Teilmaßen a_1 und a_2 bestehend denken, von denen das erste der Federung und das zweite der Festigkeit Rechnung trägt. Wenn die Teller über die Flachlage hinaus verformt werden sollen, so daß sie eine *negative* lichte Höhe h annehmen, muß a_1 mindestens gleich der doppelten Höhe h sein. Ist nun $a_1 = 2\,h$ so groß, daß man ein allmähliches Abquetschen des Ringwulstes durch den Druck der Tellerkanten nicht zu befürchten braucht, so kann der Ring mit der Wulsthöhe $a = a_1 = 2\,h$ ausgeführt werden, wie es Abb. 57 zeigt. Wenn die Ringe zugleich den Hub begrenzen sollen, ist ihnen in diesem Falle die Höhe $b = a + 2\,s = 2\,(h + s)$ zu geben. Erscheint aber die Wulsthöhe $a = 2\,h$ als festigkeitsmäßig unzureichend, so muß man sie um ein Maß a_2 auf $a_1 + a_2 = 2\,h + a_2$ und die Ringhöhe auf $b = a_1 +$

$2 (a_2 + s)$ vergrößern; die den Teller aufnehmende Aussparung der Ringes ist dann axial um $a_2/2$ größer als die Tellerstärke s.

Ist nur eine Verformung bis zur Flachlage ($z = 1$), jedoch ohne den erwähnten Steilanstieg der Kennlinie gefordert, so würde federungstechnisch eine sehr kleine Wulsthöhe genügen; den an die Festigkeit des Ringes zu stellenden Forderungen würde sie aber nie entsprechen. Daher sind in diesem Falle Festigkeitsrücksichten allein maßgebend, und man muß $a = a_2$ und $b = 2 (a_2 + s)$ machen.

In allen Fällen ist die freie Höhe eines Tellerpaares $l_0 = a + b + 2 h_0$ und die Höhe unter Höchstlast $l_B = b$.

Man kann auch die Säule bei einer entsprechenden Änderung des Teller-Innendurchmessers oder des Dorn-Außendurchmessers unmittelbar auf dem Forn füh-

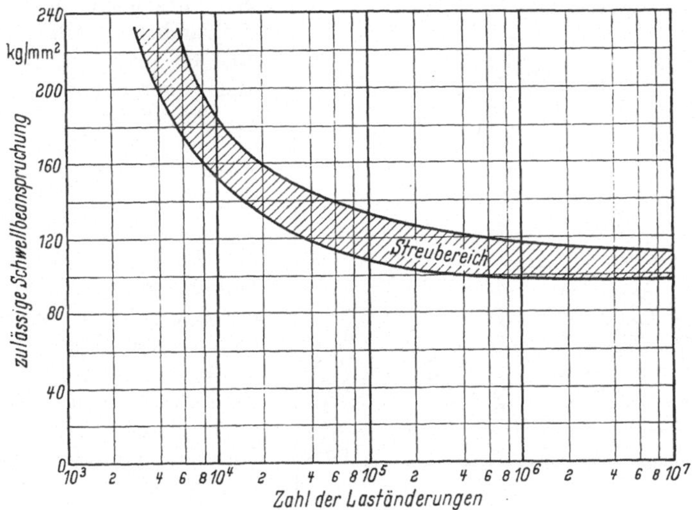

Abb. 58. Schwellfestigkeit von Tellerfedern [17]

ren. Der Innenring wird dann zu einem einfachen Abstandsring von der Höhe a.

Teller, die über die Flachlage hinaus verformbar sein sollen, lassen sich mit Rücksicht auf die zulässige Beanspruchung nur mit großen Werten des Verhältnisses d_a/s ausführen.

Die für Tellerfedern zulässige Beanspruchung hängt von den Arbeitsbedingungen ab. Das starke Setzen, dem die Teller während der Fertigung unterworfen werden, erzeugt beträchtliche Nachspannungen (s. Abschn. 19), so daß die rechnerische Druckspannung, welche die Teller bei ruhender Belastung aushalten, viel höher ist als die Quetschgrenze. Abb. 58 [17] zeigt die Schwellfestigkeit von Tellerfedern in Abhängigkeit von der Zahl der ertragenen Laständerungen. Man wird von der vollen Schwellfestigkeit kaum Gebrauch machen, da es nicht ratsam ist, Tellerfedersäulen auf weniger als etwa 15% ihrer Tragkraft zu entlasten. Werden die Teller oben und unten angeschliffen, so können sie auch mehr entlastet werden. Sehr oft wird die Laständerung im Betrieb kleiner sein als 85%. Dann ist selbstverständlich die obere Grenze der zulässigen Beanspruchung höher als die Schwellfestigkeit. Beim Gebrauch der Abb. 58 ist zu beachten, daß entsprechend den Gln. (79) und (80) keine linearen Beziehungen zwischen Q, σ und f bestehen.

5*

Im allgemeinen wird die Aufgabe beim Entwerfen darin bestehen, für eine gegebene Last und eine als zulässig erachtete Beanspruchung eine Feder zu berechnen, die eine gewünschte durch h_0/s bestimmte Kennlinie besitzt.

Die Gln. (79) und (80) lassen sich vereinigen zu

$$s^2 = \frac{Q}{\sigma}\,\frac{m}{p}\,\frac{1 + (p/o)\left(1 - \dfrac{z}{2}\right)(h_0/s)}{1 + (1-z)\left(1 - \dfrac{z}{2}\right)(h_0/s)^2} \tag{89}$$

und

$$r_a^2 = \frac{E}{1-\mu^2}\,\frac{h_0^2\,s^2}{Q}\,\frac{z}{m\,(h_0/s)}\left[1 + (1-z)\left(1 - \frac{z}{2}\right)(h_0/s)^2\right]. \tag{90}$$

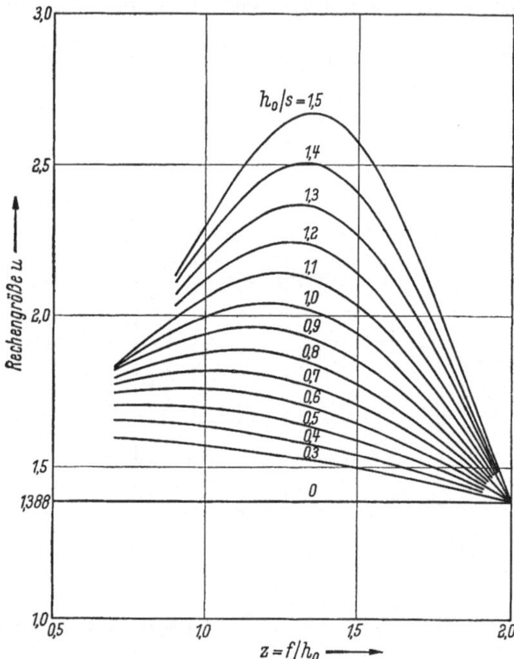

Abb. 59. Tellerfeder mit Rechteckquerschnitt. Rechengröße u für $\delta = 2$

Sind Q, σ, h_0/s und $z = f/h_0$ gegeben, und wählt man $\delta = d_a/d_i$, so läßt sich mit Hilfe der Abb. 55 s aus Gl. (89), h_0 aus h_0/s und f aus z berechnen. Gl. (90) liefert r_a; damit sind auch d_a und — aus δ — d_i bekannt. Die geforderte Tragkraft Q_s und Federung f_s der Säule bestimmt die Zahl i der Teller je Pack und die Zahl N der Packe. Dieses Verfahren ist einfach, wenn d_a, d_i und die Länge der Säule keinen Beschränkungen unterliegen. Leider ist das höchst selten der Fall; gewöhnlich muß man auf Größe und Gestalt des für die Säule zur Verfügung stehenden Raumes Rücksicht nehmen, und das kann zu langwierigem Versuchen führen. Es ist daher ratsam, sich auf einige wenige Werte des Verhältnisses δ zu beschränken, unter denen $\delta = 2$ insofern eine Vorzugsstellung einnimmt, als dieser Wert ungefähr ein Optimum hinsichtlich Q, f und σ gewährleistet. Er hat den weiteren Vorteil, daß sich o und p zwischen $\delta = 1{,}9$ und $2{,}2$ so wenig ändern, daß man mit ihren $\delta = 2$ entsprechenden Werten rechnen kann; es ist dann nur m zu berichtigen, wenn maßliche Gründe dazu zwingen, von $\delta = 2$ etwas abzuweichen.

Schreibt man die Gln. (89) und (90) in den Formen

$$u = \frac{\sigma\,s^2}{Q} = \frac{m}{p}\,\frac{1 + (p/o)\left(1 - \dfrac{z}{2}\right)(h_0/s)}{1 + (1-z)\left(1 - \dfrac{z}{2}\right)(h_0/s)^2}, \tag{89a}$$

$$v = \frac{1-\mu^2}{E}\left(\frac{r_a}{h_0}\right)^2\frac{Q}{s^2} = \frac{z}{m\,(h_0/s)}\left[1 + (1-z)\left(1 - \frac{z}{2}\right)(h_0/s)^2\right] \tag{90a}$$

und faßt h_0/s als Parameter auf, so lassen sich die Rechengrößen u und v in Abhängigkeit von z berechnen (Tab. 11 und 12) und in Schaubildern (Abb. 59

Tabelle 11. *Rechengröße u*

h_0/s \ z	0,7	0,75	0,8	0,9	1,0	1,1	1,2	1,3	1,4	1,5	1,6	1,7	1,8	1,9	2 0
0,3	1,600	1,597	1,591	1,584	1,573	1,560	1,547	1,530	1,515	1,497	1,478	1,457	1,435	1,413	1,388
0,4	1,654	1,654	1,652	1,644	1,635	1,620	1,606	1,586	1,566	1,542	1,516	1,487	1,457	1,424	1,388
0,5	1,706	1,706	1,705	1,703	1,696	1,683	1,666	1,645	1,621	1,591	1,557	1,520	1,479	1,435	1,388
0,6	1,745	1,749	1,756	1,760	1,756	1,748	1,734	1,711	1,680	1,645	1,605	1,557	1,505	1,450	1,388
0,7	1,776	1,787	1,799	1,811	1,817	1,813	1,802	1,781	1,750	1,712	1,655	1,599	1,535	1,464	1,388
0,8	1,796	1,820	1,834	1,861	1,879	1,884	1,883	1,858	1,823	1,777	1,716	1,646	1,568	1,474	1,388
0,9	1,820	1,845	1,870	1,910	1,940	1,959	1,957	1,939	1,905	1,851	1,781	1,698	1,603	1,498	1,388
1,0	1,830	1,862	1,895	1,956	2,002	2,032	2,042	2,030	1,996	1,940	1,856	1,756	1,643	1,517	1,388
1,1	1,833	1,879	1,919	1,997	2,064	2,111	2,135	2,131	2,098	2,031	1,940	1,823	1,687	1,547	1,388
1,2	1,832	1,885	1,937	2,038	2,125	2,193	2,235	2,241	2,212	2,141	2,032	1,894	1,735	1,563	1,388
1,3	1,825	1,887	1,950	2,073	2,187	2,280	2,342	2,367	2,341	2,266	2,141	1,979	1,790	1,589	1,388
1,4	1,813	1,884	1,958	2,108	2,249	2,370	2,461	2,502	2,489	2,409	2,263	2,071	1,849	1,617	1,388
$\sqrt{2}$	1,810	1,885	1,960	2,110	2,255	2,376	2,480	2,529	2,511	2,453	2,283	2,088	1,859	1,621	1,388
1,5	1,797	1,878	1,964	2,138	2,310	2,467	2,591	2,661	2,660	2,571	2,408	2,179	1,918	1,648	1,388

Berechnet für $\delta = 2$ mit $m = 0,694$, $o = 0,565$, $p = 0,5$ und $p/o = 0,885$.

und 60) als Kurvenscharen auftragen, welche die Entwurfsarbeit wesentlich erleichtern. Die Schaubilder können hier wegen des notgedrungen kleinen Maßstabes nur eine Übersicht geben. Für den praktischen Gebrauch müssen sie wesentlich größer gezeichnet und gegebenenfalls in mehrere Bereiche unterteilt werden; denn die Berechnung der Tellerfeder erfordert beträchtliche Genauigkeit.

Ist man gezwungen, von $\delta = 2$ abzuweichen und z. B. $\delta = 1,95$ zu wählen, so ist u mit der Abb. 61 zu entnehmenden Berichtigungszahl

$$b = \frac{m_{1,95}}{m_{2,0}} = \frac{0,683}{0,694} = 0,985$$

zu multiplizieren und v zu dividieren.

Man wird harte Federteller, die bis zu $h_0/s = 0,75$ nach DIN 2093 genormt sind, im allgemeinen für die $z = 0,75$ oder $z = 1,0$ entsprechenden Belastungen $Q_{0,75}$ und $Q_{1,0}$ berechnen. An Tellern, deren Kraft sich in einem größeren Federungsbereich möglichst wenig ändern soll ($h_0/s = 1,4$ bis 1,5), interessiert vor allem ihr Verhalten in der Nähe von $z = 1,0$; daher wird man auch sie am besten für $Q_{1,0}$ berechnen. Diesen Zwecken dienen die Schaubilder der Abb. 62 und 63, in denen u und v nach Tab. 11 und 12 für die Parameter $z = 0,75$ und 1,0 in Abhängigkeit von h_0/s aufgetragen sind. Wenn dagegen

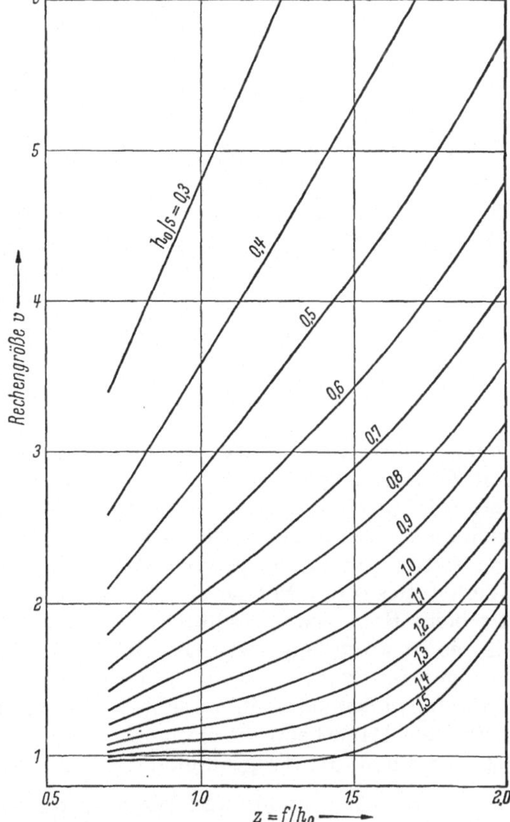

Abb. 60. Tellerfeder mit Rechteckquerschnitt. Rechengröße v für $\delta = 2$

                                Scheinenförmige Biegefedern

Tabelle 12. Rechengröße v

h_0/s \ z	0,7	0,75	0,8	0,9	1,0	1,1	1,2	1,3	1,4	1,5	1,6	1,7	1,8	1,9	2,0
0,3	3,420	3,650	3,885	4,342	4,800	5,260	5,715	6,180	6,645	7,120	7,590	8,085	9,580	9,085	9,600
0,4	2,600	2,777	2,935	3,269	3,600	3,931	4,266	4,603	4,945	5,290	5,650	6,020	6,400	6,790	7,200
0,5	2,112	2,243	2,371	2,627	2,880	3,135	3,388	3,645	3,910	4,190	4,470	4,762	5,085	5,415	5,760
0,6	1,799	1,903	2,003	2,201	2,400	2,597	2,798	3,004	3,217	3,438	3,675	3,927	4,198	4,488	4,800
0,7	1,578	1,662	1,741	1,902	2,057	2,216	2,371	2,540	2,712	2,899	3,099	3,320	3,560	3,829	4,114
0,8	1,422	1,489	1,551	1,678	1,800	1,924	2,050	2,182	2,327	2,485	2,659	2,856	3,074	3,335	3,600
0,9	1,296	1,353	1,405	1,505	1,600	1,696	1,795	1,902	2,024	2,160	2,310	2,489	2,693	2,928	3,200
1,0	1,205	1,250	1,290	1,368	1,440	1,513	1,590	1,676	1,774	1,890	2,028	2,190	2,386	2,614	2,880
1,1	1,133	1,170	1,200	1,256	1,309	1,361	1,418	1,485	1,566	1,666	1,790	1,942	2,127	2,351	2,618
1,2	1,076	1,103	1,126	1,165	1,200	1,235	1,275	1,324	1,390	1,476	1,588	1,732	1,913	2,131	2,400
1,3	1,030	1,050	1,065	1,090	1,108	1,125	1,150	1,184	1,235	1,310	1,413	1,549	1,725	1,944	2,215
1,4	0,995	1,008	1,014	1,026	1,029	1,031	1,040	1,062	1,101	1,165	1,258	1,390	1,560	1,781	2,057
$\sqrt{2}$	0,990	1,002	1,010	1,016	1,019	1,019	1,025	1,045	1,082	1,145	1,237	1,365	1,539	1,760	2,037
1,5	0,967	0,974	0,975	0,971	0,960	0,950	0,945	0,953	0,982	1,035	1,121	1,245	1,417	1,640	1,920

Berechnet für $\delta = 2$ mit $m = 0,694$, $o = 0,565$, $p = 0,5$ und $p/o = 0,885$.

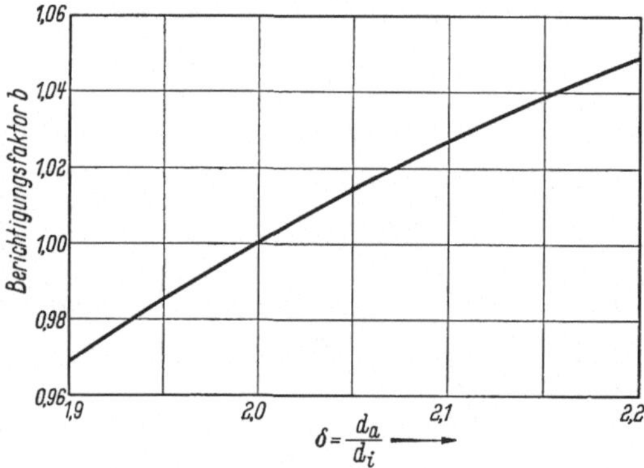

Abb. 61. Berichtigungszahl b für u und v

auch gewisse Änderungen von z zulässig sind, um die Tellerdurchmesser gegebenen Bedingungen anzupassen, sind die Abb. 59 und 60 besonders brauchbar.

Der Federteller mit Trapezquerschnitt. Diese Tellerart ist schon im Jahre 1930 in einer Arbeit von BRECHT und WAHL [18] behandelt worden. Ihr praktischer Wert scheint immer noch umstritten zu sein, obwohl sie gegenüber dem Teller mit Rechteckquerschnitt zum mindesten theoretisch beträchtliche Vorteile bietet. Selbstverständlich ist der Teller mit Trapezquerschnitt teurer und läßt sich nur mit Zwischenringen zu einer Säule schichten; selbst parallel geschaltete Teller erfordern Zwischenringe. Der Haupteinwand scheint aber zu sein, es sei mit einer kleineren Tragfähigkeit zu rechnen, weil infolge der gleichmäßigeren Spannungsverteilung im Trapezquerschnitt ein kleineres Volumen schlecht ausgenutzten Werkstoffes durch Setzen zum Tragen herangezogen werden könne (s. Abschn. 19) als beim Rechteckquerschnitt. Dieser Einwand ist grundsätzlich zweifellos richtig; es ist aber dem Verfasser nicht bekannt, ob jemals durch Vergleichsversuche nachgeprüft worden ist, in welchem Maße die Tragfähigkeit beeinträchtigt ist. Jedenfalls erschien es ihm als geboten, auch auf diese Tellerart näher einzugehen, zumal bei Dauerbeanspruchung die Dauerfestigkeit von entscheidender Bedeutung ist und nicht die Tragfähigkeit.

Bei der von BRECHT und WAHL angegebenen Querschnittsform Abb. 64 schneiden sich die Mantellinien auf der Tellerachse, so daß $s_i = s_a (r_i/r_a) = s_a \delta$ ist. Das ist aber keineswegs die einzig mögliche Form. Der Verfasser hat sich davon überzeugt, daß der Teller theoretisch noch günstiger ist, wenn sich die Mantellinien *vor* der Achse schneiden. Allerdings wächst dann die Spannung in der Ecke F, und es kann dazu kommen, daß sie zur größten Spannung wird. Da es sich dabei um eine Zugspannung handelt, würde die Dauerfestigkeit des Tellers sicherlich zurückgehen. Es sollen daher nur Teller nach Abb. 64 behandelt werden.

Die Berechnungsformeln sind

$$\text{Belastung}\quad Q = \frac{\pi}{6}\,\frac{E}{1-\mu^2}\left(\frac{h_0}{r_a}\right)^2\frac{s_a^2}{h_0/s_a}\,\frac{z}{n}\left[1+\frac{n}{m}\,(1-z)\left(1-\frac{z}{2}\right)(h_0/s_a)^2\right],\quad (91)$$

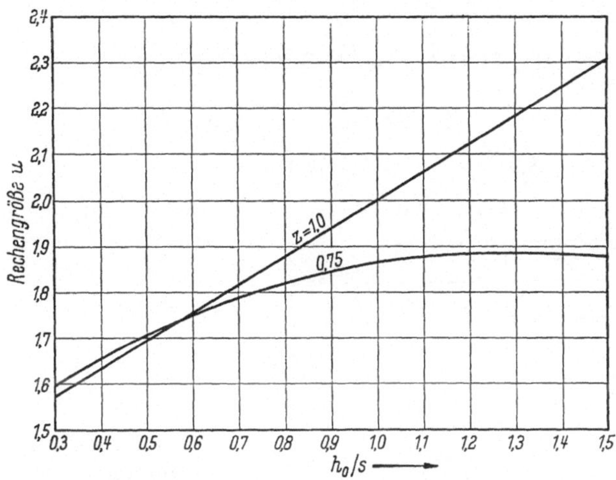

Abb. 62. Tellerfeder mit Rechteckquerschnitt ($\delta = 2$). Rechengröße u für $z = 0{,}75$ und $z = 1{,}0$

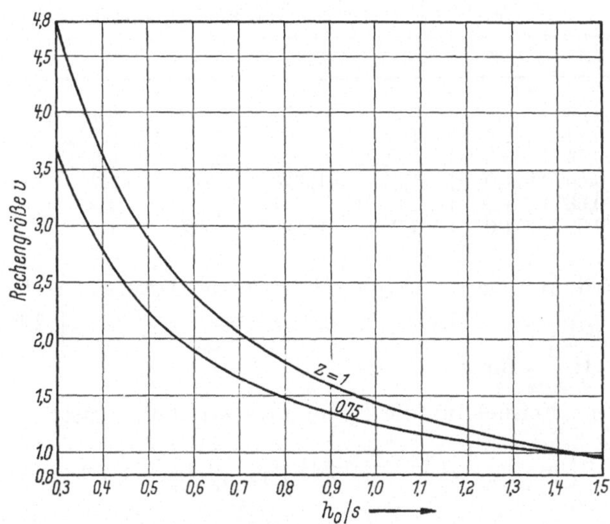

·Abb. 63. Tellerfeder mit Rechteckquerschnitt ($\delta = 2$). Rechengröße v für $z = 0{,}75$ und $z = 1{,}0$

$$\text{Größte Beanspruchung}\quad \sigma = \frac{E}{1-\mu^2}\left(\frac{h_0}{r_a}\right)^2 z\,\frac{1+(p/o)\left(1-\dfrac{z}{2}\right)(h_0/s_a)}{p\,(h_0/s_a)},\quad (92)$$

$$s_a^2 = \frac{6\,Q}{\pi\,\sigma}\,\frac{n}{p}\,\frac{1+p/o\left(1-\dfrac{z}{2}\right)(h_0/s_a)}{1+\dfrac{n}{m}\,(1-z)\left(1-\dfrac{z}{2}\right)(h_0/s_a^2)},\quad (93)$$

$$\textit{Federarbeit}\quad A = \frac{\pi}{12}\,\frac{E}{1-\mu^2}\left(\frac{h_0}{r_a}\right)^2 s_a^3\,\frac{z^2}{n}\left[1 + \frac{n}{m}\left(1 - \frac{z}{2}\right)^2 (h_0/s_a)^2\right], \tag{94}$$

$$\textit{Einheitskraft}\quad c = \frac{\pi}{6}\,\frac{E}{1-\mu^2}\,\frac{s_a^3}{r_a^2}\,\frac{1}{n}\left[1 + \frac{n}{m}\left(1 - 3\,z\left(1 - \frac{z}{2}\right)(h_0/s_a)^2\right], \tag{95}$$

$$\textit{Werkstoffvolumen}\quad V = \frac{2}{3}\,\pi\,\frac{\delta^3-1}{\delta^3}\,s_a\,r_a^2, \tag{96}$$

$$\frac{Q}{Q_{1,0}} = z\left[1 + \frac{n}{m}\,(1-z)\left(1 - \frac{z}{2}\right)(h_0/s_a)^2\right], \tag{97}$$

$$\frac{\sigma}{\sigma_{1,0}} = z\,\frac{1 + (p/o)\left(1 - \dfrac{z}{2}\right)(h_0/s_a)}{1 + 0{,}5\,(p/o)\,(h_0/s_a)}. \tag{98}$$

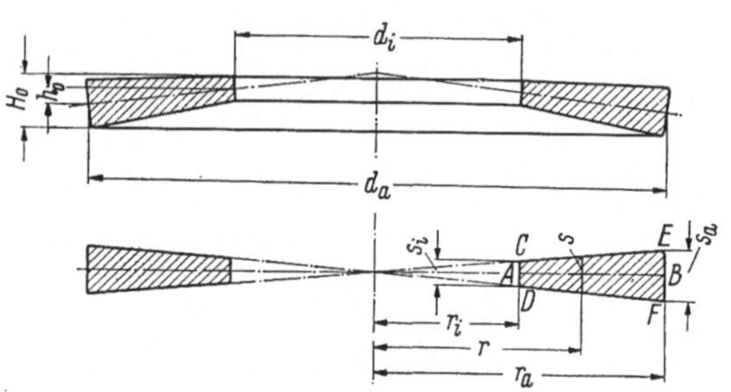

Abb. 64. Federteller mit Trapezquerschnitt

Die in diesen Gleichungen auftretenden Beiwerte

$$m = \frac{\delta-1}{\delta}, \quad n = 3\,\delta\,\frac{\delta-1}{\delta^2+\delta+1},$$

$$o = 2\,\frac{\delta-1}{\delta^2}, \quad p = 2\,\frac{\delta-1}{\delta}$$

können Tab. 13 und Abb. 65 entnommen werden.

Tabelle 13. *Beiwerte für Trapezquerschnitt*

δ	1,25	1,5	2,0	2,5	3,0	3,5	4,0	4,5	5,0
m	0,2	0,333	0,5	0,6	0,667	0,714	0,750	0,778	3,0
n	0,246	0,474	0,857	1,154	1,385	1,567	1,714	1,835	1,936
o	0,320	0,444	0,5	0,480	0,444	0,408	0,375	0,346	0,320
o'	−0,4	−0,667	−1,0	−1,2	−1,333	−1,429	−1,5	−1,556	−1,6
p	0,4	0,667	1,0	1,2	1,333	1,429	1,5	1,556	1,6
p'	0,4	0,667	1,0	1,2	1,333	1,429	1,5	1,556	1,6

Das Schaubild Abb. 56 für $Q/Q_{1,0}$ gilt auch für Trapezquerschnitt, wenn man $h_0/s = \sqrt{n/m}\cdot(h_0/s_a)$ setzt. Demnach entspricht z. B. $h_0/s = \sqrt{2}$ für das Rechteck $h_0/s_a = \dfrac{h_0/s}{\sqrt{n/m}} = \sqrt{\dfrac{2}{n/m}}$ für das Trapez.

Die allgemeine Formel für die Spannungsverteilung lautet

$$\sigma_{\substack{o\\u}} = \frac{E}{1-\mu^2}\left(\frac{h_0}{r_a}\right)^2 z\left[\frac{\delta}{2}\,\frac{\delta+1}{(\delta-1)^2}\left(1 - \frac{z}{2}\right)\frac{r_a}{r} - \left(\frac{\delta}{\delta-1}\right)^2\left(1 - \frac{z}{2}\right) \pm \frac{1}{2}\,\frac{\delta}{\delta-1}\,\frac{1}{(h_0/s_a)}\right]. \tag{99}$$

Für die Ecken des Trapezes geht sie in die Gln. (85a und b) über, jedoch sind die Beiwerte o, p, $o' = -p$ und $p' = p$ nach Tab. 13 und Abb. 65 einzusetzen. Der neutrale Punkt hat den Abstand $r_0 = 1/2\,(r_a + r_i)$ von der Tellerachse.

1. Zahlenbeispiel. Es ist ein Federteller mit Rechteckquerschnitt für $h_0/s = 0{,}8$ bis $0{,}9$ aus Stahl mit $E = 21\,000$ kg/mm² zu entwerfen, der bei $z = 0{,}75$ $Q_{0,75} = 3000$ kg tragen und etwa 10 000 Laständerungen zwischen $0{,}15\,Q_{0,75}$ und $Q_{0,75}$ aushalten soll.

Die geforderte Lebensdauer beschränkt die Beanspruchung auf $\sigma_{0,75} = 150$ bis 160 kg/mm² (s. Abb. 58), wenn man nicht an die obere Grenze des Streubereiches gehen will. Da δ nicht vorgeschrieben ist, wird man von dem Wert $\delta = 2{,}0$ ausgehen, für den die Tab. 11 und 12 und die Abb. 62 und 63 gelten. Nach ihnen ist $u = 1{,}845$ und $v = 1{,}353$. Mit $\sigma = 150$ kg/mm² erhält man aus Gl. (89)

$$s^2 = u\,\frac{Q}{\sigma} = 1{,}845\,\frac{3000}{150} = 36{,}9 \text{ und } s = 6{,}0745 \text{ mm}.$$

Dieses unrunde Maß läßt sich auf $s = 6$ mm bringen, wenn man σ auf $153{,}8$ kg/mm² erhöht. Dann wird $h_0 = (h_0/s)\,s = 0{,}9 \cdot 0{,}6 = 5{,}4$ mm und $f_{0,75} = z\,h_0 = 0{,}75 \cdot 5{,}4 = 4{,}05$ mm. Nun mit $h_0^2 = 29{,}16$ und $E = 21\,000$ kg/mm² aus Gl. (90a)

$$r_a^2 = v\,\frac{E}{1 - \mu^2}\,\frac{h_0^2\,s^2}{Q} = 1{,}353\,\frac{21\,000}{1 - 0{,}09}\,\frac{29{,}16 \cdot 36}{3000} = 10\,950,$$

also $r_a = 104{,}6$ mm, $d_a = 209{,}2$ mm und $d_i = d_a/\delta = 104{,}6$ mm.

Angenommen, dieser Teller solle auf $d_a = 210$ mm und $d_i = 106$ mm gebracht werden, ohne $s = 6$ mm zu ändern. Dann ist für $\delta = 210/106 = 1{,}98$ der Abb. 61 $b = 0{,}994$ zu ent-

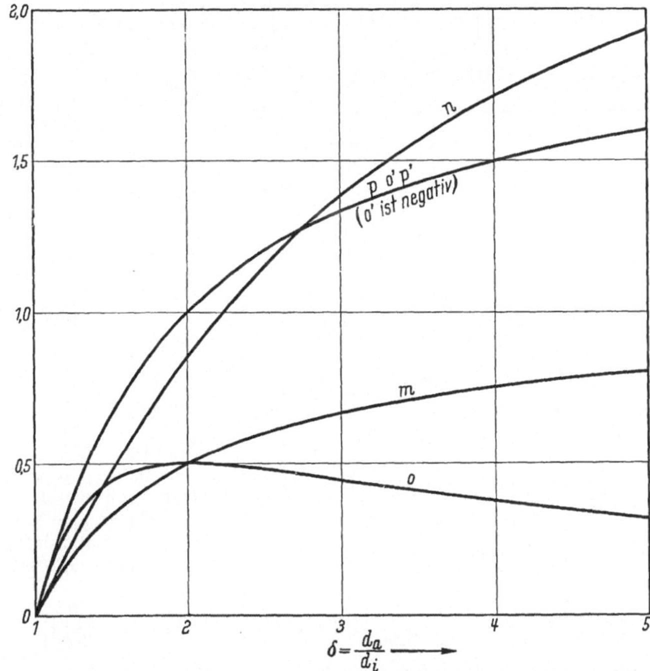

Abb. 65. Federteller mit Trapezquerschnitt. Beiwerte m, p, o, o' und p'

nehmen; also $u_{1,98} = u\,b = 1{,}845 \cdot 0{,}994 = 1{,}834$ und $v_{1,98} = 1{,}353/0{,}994 = 1{,}361$. Für $\delta = 2{,}0$ hatte sich $r_a^2 = 10\,950$ ergeben. Die Umrechnung auf $\delta = 1{,}98$ liefert

$$r_0^2 = 10\,950\,\frac{v_{1,98}}{v} = 10\,950\,\frac{1{,}361}{1{,}353} = 11\,020.$$

Dieses Ergebnis deckt sich hinreichend genau mit $(d_a/2)^2 = 105^2 = 11\,025$. Die Beanspruchung ist nach Gl. (89a)

$$\sigma_{0,75} = \frac{u_{1,98} \cdot Q}{s^2} = \frac{1{,}834 \cdot 3000}{36} = 152{,}9 \text{ kg/mm}^2.$$

Die Maße dieses Tellers werden üblicherweise $210 \times 106 \times 6 \times 5{,}4$, d. h. $d_a \times d_i \times s \times h_0$ geschrieben.

Anderseits kann man versuchen, die Tellerdurchmesser auf die genormten Maße $d_a = 200$ mm und $d_i = 101$ mm zu vermindern, ohne $s = 6$ mm zu ändern. Es ist wieder $\delta = 200/101 = 1{,}98$, aber $r_a^2 = 100^2 = 10\,000$ mm². Folglich würde nach Gl. (90a) Q von 3000 kg auf $3000 \cdot 11\,020/10\,000 = 3310$ kg und nach Gl. (89a) σ auf $152{,}9 \cdot 3310/3000 = 168{,}6$ kg/mm² steigen. Diese Beanspruchung ist voraussetzungsgemäß nicht zulässig. Man muß daher h_0/s vermindern, wenn $z = 0{,}75$ beibehalten werden soll.

Unter Benutzen der Abb. 63 führt einiges Versuchen auf $h_0/s = 0,833$; $v = 1,44$; $v_{1,98} = 1,44/0,994 = 1,45$; $h_0 = 0,833 \cdot 6 = 5$ mm; $f_{0,75} = 0,75 \cdot 5 = 3,75$ mm und

$$r_a^2 = 1,45 \frac{21000}{1-0,3^2} \frac{36 \cdot 25}{3000} = 10050 \text{ mm}^2.$$

Dieser Wert läßt sich auf den geforderten von 10000 herabsetzen, wenn man eine kleine Erhöhung von Q auf 3015 kg in Kauf nimmt. Mithin sind die Tellerabmessungen $200 \times 101 \times 6 \times 5$. Mit $u = 1,829$ nach Abb. 62 und $u_{1,98} = 0,994 \cdot 1,829 = 1,817$ ergibt sich die $Q = 3015$ kg entsprechende Beanspruchung nach Gl. (89a) zu

$$\sigma_{0,75} = \frac{1,817 \cdot 3015}{36} \approx 152,5 \text{ kg/mm}^2.$$

Mit $(h_0/s)^2 = 0,833^2 = 0,6944$ schreibt sich Gl. (87)

$$Q = z\left[1 + 0,6944\,(1-z)\left(1-\frac{z}{2}\right)\right]Q_{1,0}.$$

Hieraus $Q_{0,75} = 0,831\,Q_{1,0} = 3015$ kg für $z = 0,75$ oder

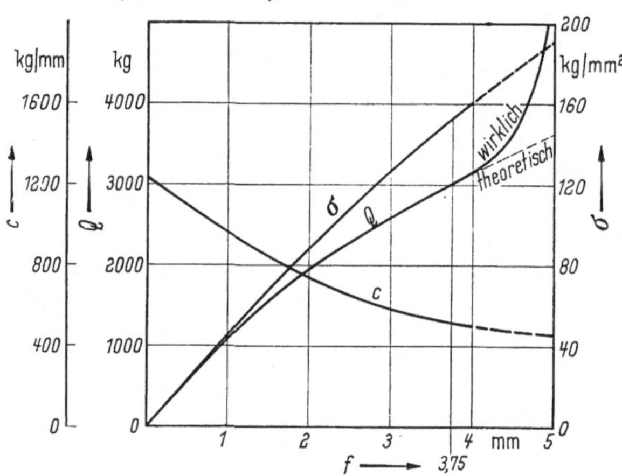

Abb. 66. Tellerfeder mit Rechteckquerschnitt $200 \times 101 \times 6 \times 5$
(1. Zahlenbeispiel)

$Q_{1,0} = Q_{0,75}/0,833 = 3015/0,833 = 3630$ kg. Mit diesem Wert von $Q_{1,0}$, der nur rechnerische Bedeutung hat (die wirkliche Last $Q_{1,0}$ ist viel größer), lassen sich jetzt die beliebigen Werten von z entsprechenden Belastungen berechnen.

Gl. (84) wird mit $p/o = 0,885$ (s. Fußnoten zu Tab. 11 und 12)

$$\sigma = z\,\frac{1 + 0,885 \cdot 0,833\,(1-z/2)}{1 + 0,5 \cdot 0,885 \cdot 0,833}$$

$$\sigma_{1,0} = z\,\frac{1 + 0,737\,(1-z/2)}{1,369}\,\sigma_{1,0}.$$

Hieraus, mit $\sigma_{0,75} = 152,5$ und $z = 0,75$, $\sigma_{1,0} = 191,5$ kg/mm² (nur rechnerisch).

Mit $m_{1,98} = b \cdot m = 0,994 \cdot 0,694 = 0,69$ ergibt sich für die Einheitskraft nach Gl. (81) der Ausdruck

$$c = \frac{21000}{1-0,09}\frac{216}{10000}\frac{1}{0,69}\left\{1 + 0,6944\left[1 - 3\,z\left(1-\frac{z}{2}\right)\right]\right\}.$$

Die Ergebnisse aller dieser Rechnungen sind in Tab. 14 und Abb. 66 niedergelegt.

Tabelle 14. *Ergebnisse der Tellerfederberechnung des 1. Zahlenbeispiels*

z	0	0,25	0,5	0,75	1,0
f mm	0	1,25	2,5	3,75	5,0
Q kg	0	1320	2290	3015	(3630)
σ kg/mm²	0	57,5	108,5	152,5	(191,5)
c kg/mm	1225	897	661	520	(472,5)

Schließlich sei die Federarbeit für $z = 0,75$ nach Gl. (82) ermittelt. Man erhält

$$A_{0,75} = \frac{1}{2}\frac{21000}{1-0,09}\frac{25}{10000}\frac{216}{0,69}\,0,75^2\,[1 + 0,625^2 \cdot 0,6944] = 6465 \text{ mmkg} = 6,465 \text{ mkg}.$$

2. Zahlenbeispiel. Es ist eine Tellerfeder zu entwerfen, deren mittlere Tragkraft von 300 kg sich in einem möglichst großen Federungsbereich nur wenig ändern soll. Als Höchstbeanspruchung seien etwa 170 kg/mm² zugelassen.

a) *Rechteckquerschnitt*. Die Aufgabe verlangt einen h_0/s-Wert von $\sqrt{2}$ oder etwas mehr. Man wird zweckmäßigerweise mit $\sqrt{2} = 1,414$ und $\delta = 2,0$ beginnen und den Teller für $Q = 300$ kg und $z = 1,0$ berechnen. Die Beanspruchung $\sigma_{1,0}$ wird auf etwa 140 kg/mm² geschätzt.

Mit $u = 2,255$ und $v = 1,019$ nach den Tab. 11 und 12 ist nach Gl. (89a) $s^2 = 2,255 \cdot 300/\sigma$. Für $\sigma = 139,8$ kg/mm² wird $s^2 = 4,84$ und $s = 2,2$ mm, $h_0 = 1,414 \cdot 2,2 = 3,111$ mm und $h_0^2 = 9,68$ mm² und nach Gl. (90a)

$$r_a^2 = 1,019 \frac{21000}{1 - 0,09} \frac{4,84 \cdot 9,68}{300} = 3675 \text{ und } r_a = 60,6 \text{ mm}.$$

Es ist ein Durchmesserverhältnis $\delta = 125/63,5 = 1,968$ erwünscht, also $r_a = 63,5$ mm und $r_a^2 = 3906$ mm². Mit $b = 0,9905$ nach Abb. 61, $v = 1,019/0,9905 = 1,028$ und $s = 2,2$ mm er-

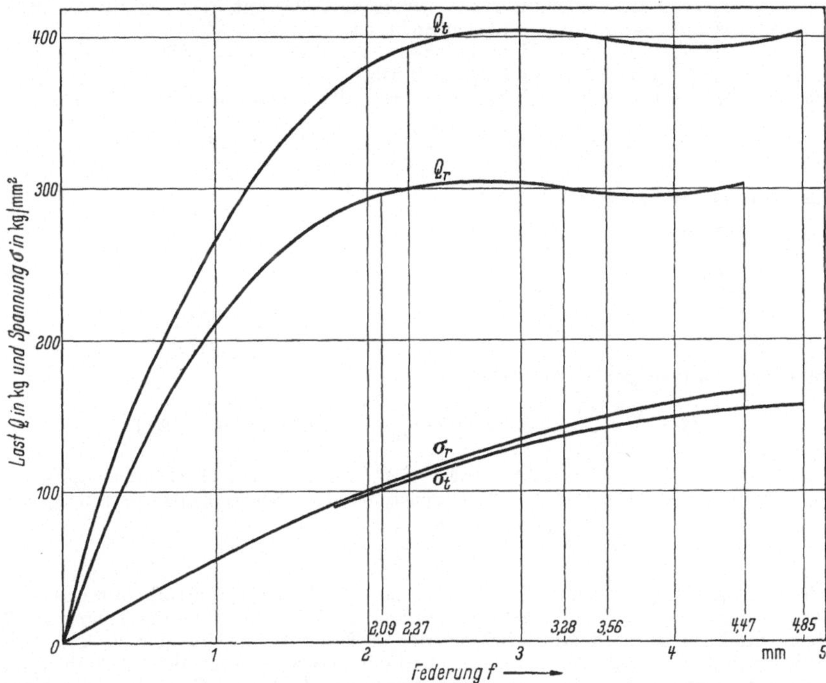

Abb. 67. Last Q und Beanspruchung σ der Teller mit Rechteckquerschnitt (r) und Trapezquerschnitt (t) des Zahlenbeispiels

gibt sich der zu kleine Wert $r_a^2 = 3710$ mm², und h_0/s muß vergrößert werden. Einiges Versuchen führt auf $h_0/s = 1,49$, denn mit $v = 0,963/0,9905 = 0,973$, $h_0 = 1,49 \cdot 2,2 = 3,28$ mm und $h_0^2 = 10,758$ mm² wird $r_a^2 = 3904$ mm². Falls die noch anzustellende Festigkeitsrechnung ein befriedigendes Ergebnis liefert, kann also der Teller mit den Maßen $125 \times 63,5 \times 2,2 \times 3,28$ ausgeführt werden.

Da $h_0/s > \sqrt{2}$ ist, hat Q ein Maximum und ein Minimum. Nach Gl. (88) treten Q_{max} und Q_{min} auf für $z = 1 \mp \sqrt{\frac{1}{3}\left(1 - \frac{2}{1,49^2}\right)} = 1 \mp 0,181$, d. h. für $z = 0,819$ und $z = 1,181$. In Gl. (87) eingesetzt, liefern diese Werte $Q_{max} = 1,0135 \cdot 300 = 304$ kg und $Q_{min} = 0,9865 \cdot 300 = 296$ kg. Die Abweichung von der mittleren Tragkraft beträgt also nur ± 4 kg oder etwa $\pm 1^1/_3 \%$. Durch Versuchen findet man, daß $Q = 300$ kg auch für $z = 0,69$ und $1,31$ auftritt, und daß sich Q_{min} und Q_{max} auch für $z = 0,638$ und $1,362$ einstellen. Mithin schwankt die Tragkraft im Bereich $z = 0,638$ bis $1,362$, d. h. zwischen $f = 2,09$ mm und $4,47$ mm nur um ± 4 kg.

Die Beanspruchung für $z = 1,0$ ergibt sich nach Gl. (80a) zu 141,5 kg/mm². Für andere Werte von z lassen sich Q und σ berechnen, wie es im 1. Zahlenbeispiel geschehen ist. Die Ergebnisse sind aus Tab. 15 und Abb. 67 zu ersehen.

Tabelle 15.
Ergebnisse der Tellerfederberechnung des 2. Zahlenbeispiels für Rechteckquerschnitt

z	0	0,25	0,5	0,638	0,69	0,819	1,0	1,181	1,31	1,362
f mm	0	0,82	1,64	2,09	2,26	2,69	3,28	3,88	4,30	4,47
Q kg	0	184	275	296	300	304	300	296	300	304
σ kg/mm²	0	45,5	85	103,5	109,5	124	141,5	155	162,5	165

Das Arbeitsvermögen des Tellers ist 1,122 mkg bis zu $f = 4,47$ mm, und sein Volumen 20,03 cm³.

b) *Trapezquerschnitt.* Es soll ein Teller mit Trapezquerschnitt untersucht werden, der die gleichen Durchmesser hat wie der unter a) entworfene Teller mit Rechteckquerschnitt und für $z = 1,0$ ebenfalls mit 141,5 kg/mm² beansprucht ist.

Für $\delta = 1,968$ läßt sich Abb. 65 entnehmen: $m = 0,492$; $n = 0,836$; $o = 0,5$; $p = 0,985$. Daraus $n/m = 1,698$, $p/o = 1,97$ und $n/p = 0,849$.

Dem Wert $h_0/s = 1,49$ für den Rechteckquerschnitt entspricht für den Trapezquerschnitt

$$h_0/s_a = \frac{h_0/s}{\sqrt{n/m}} = \frac{1,49}{\sqrt{1,698}} = \frac{1,49}{1,303} = 1,143.$$

Für $z = 1,0$ erhält man aus Gl. (93)

$$\frac{s_a^2}{Q_{1,0}} = \frac{1}{\sigma_{1,0}} \frac{n/p}{\pi/6} [1 + 0,5\,(p_0/o)\,h_0/s_a] = \frac{1}{\sigma} \frac{0,849}{0,5236} [1 + 0,5 \cdot 1,97 \cdot 1,143] = \frac{3,45}{\sigma_{1,0}}$$

und aus Gl. (91)

$$\frac{s_a^2}{Q_{1,0}} = \frac{1}{h_0^2} \frac{r_a^2\,(h_0/s_a)\,n}{\pi/6} \frac{1-\mu^2}{E} = \frac{1}{h_0^2} \frac{3906 \cdot 1,143 \cdot 0,836}{0,5236} \frac{0,91}{21\,000} = \frac{0,3085}{h_0^2},$$

und durch Gleichsetzen der rechten Seiten

$$h_0^2 = \frac{0,3085}{3,45}\,\sigma_{1,0} = 0,0895 \cdot \sigma_{1,0} = 0,0895 \cdot 141,5 = 12,66,$$

$h_0 = 3,56$ mm, $\ s_a = h_0/(h_0/s_a) = 3,56/1,143 = 3,115$ mm; $\ s_i = 3,115/1,968 = 1,581$ mm und $f_{1,0} = h_0 = 3,56$ mm. Nun aus der ersten Gleichung des Gleichungspaares mit $s_a^2 = 9,705$

$$Q_{1,0} = \frac{s_a^2 \cdot \sigma_{1,0}}{3,45} = \frac{9,705 \cdot 141,5}{3,45} = 398,5 \text{ kg}.$$

Da $(h_0/s)^2 = (n/m)\,(h_0/s_a)^2$ ist, sind die Gln. (87) und (97) identisch, d. h. alle unter a) ermittelten Beziehungen zwischen $Q/Q_{1,0}$ und z gelten auch hier, und die Kennlinie des Tellers mit Trapezquerschnitt ergibt sich durch Multiplizieren der in Tab. 15 erscheinenden Kräfte Q mit dem Verhältnis $398,5/300 = 1,328$ der Kräfte $Q_{1,0}$ und der Federungen mit dem Verhältnis $3,56/3,28 = 1,085$ der Federungen $f_{1,0}$. Auch die Verhältnisse von Q_{max} und Q_{min} zu $Q_{1,0}$ gelten unverändert, so daß sich hier $Q_{max} = 1,0135 \cdot 398,5 = 404$ kg, $Q_{min} = 0,9865 \cdot 398,5 = 393$ kg und im Arbeitsbereich eine Kraftänderung von $\pm\,5,5$ kg ergibt. Auf Grund der Maßstabänderungen der Koordinaten der Kennlinie läßt sich sofort sagen, daß die Federarbeit des Tellers mit Trapezquerschnitt $1,328 \cdot 1,085 = 1,44$mal größer als die des Tellers mit Rechteckquerschnitt sein und daher $1,44 \cdot 1,122 = 1,615$ mkg betragen muß. Das Werkstoffvolumen ist nach Gl. (96) $V = 22,15$ cm³.

Die Beanspruchung läßt sich nach Gl. (98) berechnen aus der Formel

$$\sigma = z\,\frac{1 + 1,97 \cdot 1,143 \left(1 - \dfrac{z}{2}\right)}{1 + 0,5 \cdot 1,97 \cdot 1,143}\,\sigma_{1,0} = z\,\frac{1 + 2,251 \left(1 - \dfrac{z}{2}\right)}{2,125}\,141,5$$

$$= 66,6\,z \left[1 + 2,251 \left(1 - \frac{z}{2}\right)\right].$$

Das Schaubild Abb. 67 zeigt Q und σ in Abhängigkeit von der Federung f.

Wenn man die Ergebnisse nach a) und b) vergleicht, drängt sich die Frage auf, wie das um 44% größere Arbeitsvermögen des Tellers mit Trapezquerschnitt zu erklären ist. Da die um $10\frac{1}{2}$%größere Werkstoffmenge dazu nicht ausreicht, muß die Ursache in der Spannungsverteilung zu suchen sein.

Die Abb. 68 und 69 zeigen die nach den Gln. (85c) und (99) berechneten Spannungen σ_o, σ_u und σ_{mi} beider Teller in Abhängigkeit vom Abstand r von der Tellerachse, und zwar für $z = 1{,}362$ und $z = \frac{1}{2}\,1{,}362 = 0{,}681$. Beim Rechteck (Abb. 68) konvergieren σ_o und σ_u zum Teller-Außenrand hin, beim Trapez dagegen verlaufen sie in genau gleichen Abstand. Die Hälfte $\frac{1}{2}\,(\sigma_o - \sigma_u)$ des Abstandes zwischen σ_o- und σ_u-Kurve ist die mittlere Anstrengung des Werkstoffes in irgendeinem Abstand r von der Tellerachse. Nach den Gln. (85c) und (99) ist diese mittlere Anstrengung

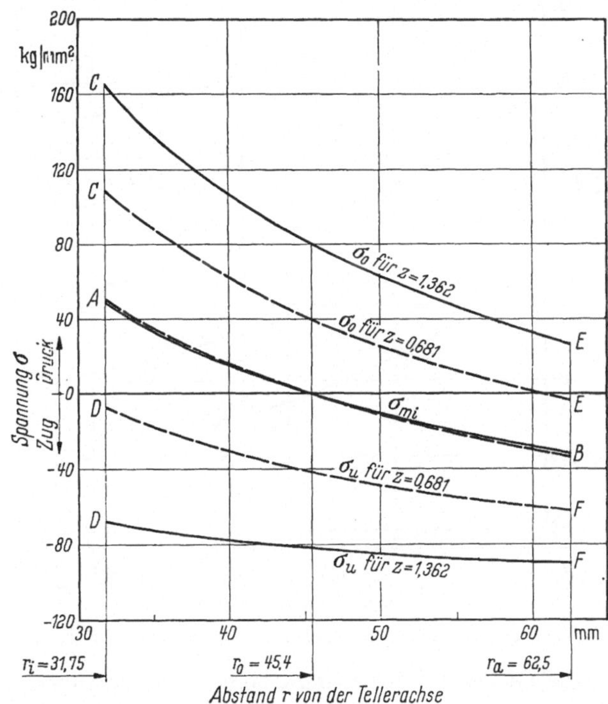

Abb. 68. Spannungsverteilung im Teller mit Rechteckquerschnitt des Zahlenbeispiels 2a

<table>
<tr><td>beim Rechteck</td><td>beim Trapez</td></tr>
</table>

beim *Rechteck*

$$\frac{\sigma_o - \sigma_u}{2} = \frac{E}{1-\mu^2}\left(\frac{h_0}{r_a}\right)^2 \frac{\delta}{\delta-1}\frac{z}{2\,(h_0/s)}\frac{r_a}{r}$$

und für $z = 1{,}362$

$$\frac{\sigma_o - \sigma_u}{2} = 59{,}15\,\frac{r_a}{r}\,,$$

d. h. $59{,}15 \cdot \delta = 116{,}5\ \text{kg/mm}^2$ innen und $59{,}15\ \text{kg/mm}^2$ außen.

Die mittlere Anstrengung nimmt also stärker ab, als r zunimmt. Anderseits ist der Volumenzuwachs $dV/dr = 2\,\pi\,s\,r$ dem Halbmesser r verhältnisgleich.

beim *Trapez*

$$\frac{\sigma_o - \sigma_u}{2} = \frac{E}{1-\mu^2}\left(\frac{h_0}{r_a}\right)^2 \frac{\delta}{\delta-1}\frac{z}{2\,(h_0/s_a)}$$

$$\frac{\sigma_o - \sigma_u}{2} = 90{,}8\ \text{kg/mm}^2 = \text{konst.},$$

Die mittlere Anstrengung ist von r unabhängig. Der Volumenzuwachs $dV/dr = 2\,\pi\,s_a\,\frac{r^2}{r_a}$ nimmt mit dem Quadrat von r zu.

[Nach den Vertikalspalten 6 und 7 der Tab. 4 ist die Federarbeit stabartiger Biegefedern mit Rechteckquerschnitt $A = k\,(V/E)\,\sigma^2$. Die hier erscheinende Spannung σ kann als die halbe Summe $\frac{1}{2}(\sigma_z - \sigma_d)$ der größten Zug- und Druckspannung aufgefaßt werden. Da σ_z und σ_d, vom Vorzeichen abgesehen, einander gleich sind, ist hier $\frac{1}{2}[\sigma_z - \sigma_d] = \frac{1}{2}[\sigma - (-\sigma)] = \sigma$.]

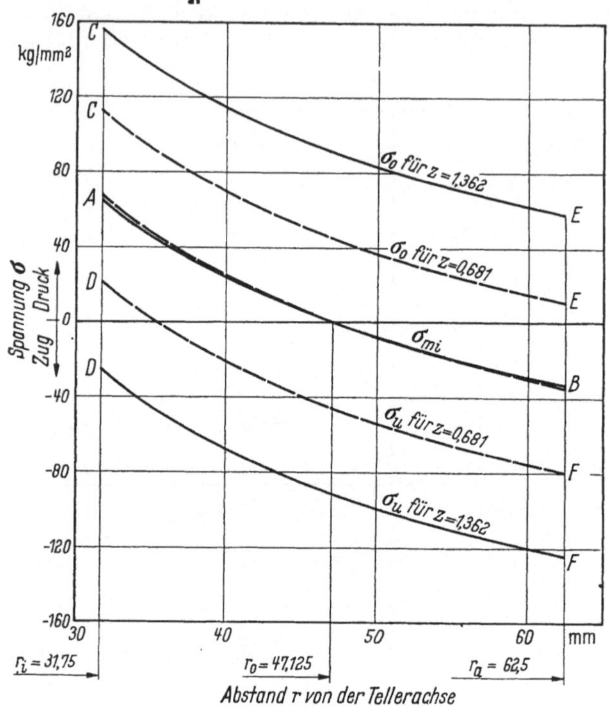

Abb. 69. Spannungsverteilung im Teller mit Trapezquerschnitt des Zahlenbeispiels 2b

Schreibt man die Gleichung der Federarbeit mit einer Unveränderlichen C in der Form

$$A = \frac{C}{E} \int \left(\frac{\sigma_o - \sigma_u}{2}\right)^2 dV,$$

setzt die Ausdrücke für $\frac{1}{2}(\sigma_o - \sigma_u)$ und dV ein und intergiert zwischen r_i und r_a, so ergibt sich

beim *Rechteck*

$$A = \frac{C}{E}\,\frac{\pi}{2}\,s\,r_a^2 \ln\delta \left[\frac{E}{1-\mu^2}\left(\frac{h_0}{s_a}\right)^2 \frac{\delta}{\delta-1}\,\frac{z}{h_0/s}\right]^2 = 128\cdot10^6\,\frac{C}{E}.$$

beim *Trapez* $\left(\frac{\sigma_o - \sigma_u}{2} = \text{konst}\right)$

$$A = \frac{C}{E}\left(\frac{\sigma_o - \sigma_u}{2}\right)^2 V = \frac{C}{E}\,\frac{\pi}{6}\,s_a\,r_a^2\,\frac{\delta^3-1}{\delta^3}\left[\frac{E}{1-\mu^2}\left(\frac{h_0}{r_a}\right)^2 \frac{\delta}{\delta-1}\,\frac{z}{h_0/s_a}\right]^2 = 182{,}7\cdot10^6\,\frac{C}{E}.$$

Durch Vergleichen mit den Gln. (82) und (94) erhält man für das

Rechteck
$$C = \frac{1-\mu^2}{m\,\pi\left(\dfrac{\delta}{\delta-1}\right)^2 \ln\delta}\left[1 + \left(1-\frac{z}{2}\right)^2 (h_0/s)^2\right] = 0{,}1845.$$

Trapez
$$C = \frac{1-\mu^2}{2\,n}\,\delta\,\frac{\delta-1}{\delta^2+\delta+1}\left[1 + \frac{n}{m}\left(1-\frac{z}{2}\right)^2 (h_0/s_a)^2\right] = 0{,}1860.$$

Die Unveränderlichen C unterscheiden sich kaum, die Werte der Integrale dagegen beträchtlich. Die Überlegenheit des Trapezquerschnittes beruht also offensichtlich auf der günstigeren Verteilung der mittleren Anstrengung über den Tellerquerschnitt.

Die Überlegenheit des Trapezquerschnittes ist allerdings mit einem Nachteil erkauft. In Abb. 70 sind für Rechteck und Trapez die beiden größten Spannungen, nämlich die Druckspannung in der Ecke C und die Zugspannung in der Ecke F, in Abhängigkeit von z aufgetragen. Daß beim Trapez die größte Druckspannung etwas kleiner, die größte Zugspannung aber wesentlich ($37^1/_2 \%$) größer ist als beim Rechteck, läßt sich schon aus den Abb. 68 und 69 erkennen. Aus Abb. 70 ist zu ersehen, daß größeren Endspannungen auch größere Spannungsänderungen im Arbeitsbereich $z = 0,638$ bis $1,362$ entsprechen. Zahlenmäßig kommt das in der folgenden Übersicht zum Ausdruck, in der die Mittelspannungen und die Spannungsamplituden erscheinen.

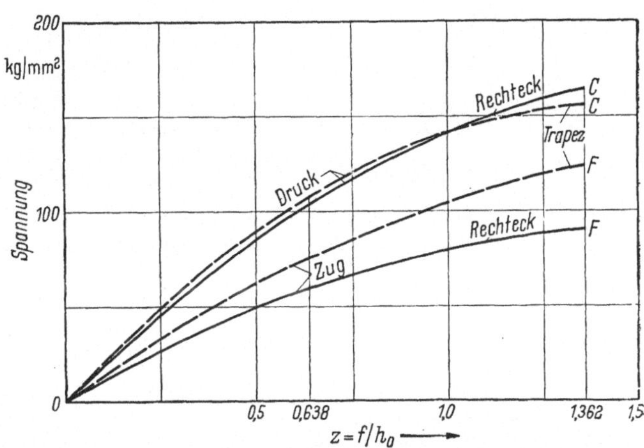

Abb. 70. Federteller des 2. Zahlenbeispiels. Spannungen in den Ecken C und F der Querschnitte in Abhängigkeit von der Federung

So erwünscht der Abfall der Amplitude von 31 auf 24 kg/mm² in der Ecke C ist, so bedenklich erscheint die Erhöhung der Mittelspannung um 15 kg/mm² und

	Ecke C Druck in kg/mm²	Ecke F Zug in kg/mm²
Rechteck	134 ± 31	$74,5 \pm 15,5$
Trapez	132 ± 24	$99,5 \pm 24,5$

besonders die der Amplitude um 9 kg/mm² in der Ecke F, wenn man sich das vorher über die Dauerfestigkeit bei Druck- und Zugmittelspannung Gesagte vergegenwärtigt. Die Frage, ob nun Teller mit Trapezquerschnitt nach der Zugspannung in F oder nach der Druckspannung in C bemessen werden müssen, läßt sich wohl nur durch Dauerversuche klären. Ob solche Versuche schon angestellt und veröffentlicht sind, ist dem Verfasser nicht bekannt.

III. Die gewundenen Biegefedern

Gewundene Biegefedern sind Stäbe oder Bänder von überwiegend rechteckigem, gelegentlich wohl auch rundem Querschnitt, die nach einer ebenen oder räumlichen Kurve gekrümmt sind. Der Querschnitt ist fast ohne Ausnahme über die ganze Länge hin gleichförmig. Die ebenen Biegefedern heißen allgemein Spiralfedern. Die eine Raumkurve bildenden Federn sind fast ausschließlich zylindrische Schraubenfedern, die um ihre Achse verdreht und dadurch auf Biegung beansprucht werden.

13. Spiralfedern. Der eine Hauptvertreter dieser Federart ist überwiegend nach einer Archimedischen, also durch gleichen Windungsabstand gekennzeichneten, Spirale (Abb. 71 und 72) gekrümmt und im Gebrauch nur verhältnismäßig kleinen Verdrehungen unterworfen. Die Federn dienen vor allem als Rückstellfedern des Zeigerwerkes von Meßinstrumenten, als Unruhfedern in Uhren und — in größeren Abmessungen — als nachgiebige Drehkupplungen. Die Drehkupplung Abb. 72 besteht aus zwei ineinanderliegenden, um 180° versetzten und aus je $2^1/_4$ Windungen bestehenden Spiralen, die in einer Stahlscheibe von 950 mm Durchmesser und 120 mm Stärke durch einen Sägeschnitt von 2 mm Weite erzeugt sind. Sie ist für ein Nenndrehmoment von 5000 kgm bemessen und erfährt im Betriebe eine Verdrehung von 12° bis 20°. Die aus vielmehr Windungen sehr dünnen Bandes bestehenden Unruhfedern arbeiten mit einer Drehamplitude von $\pm$ 500° und mehr.

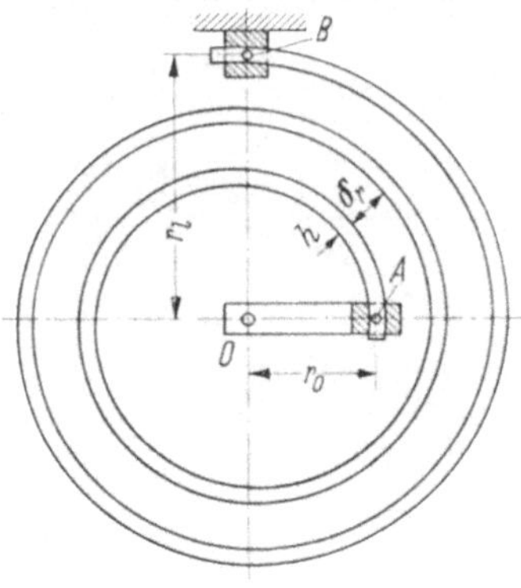

Abb. 71. Spiralfeder

Alle Federn dieser Art werden innen und außen eingespannt (Punkte A und B in Abb. 71); in Abb. 72 bilden Federn und Federträger ein Stück. Es ist ein hinreichender Windungsabstand vorzusehen, damit sich benachbarte Windungen beim Arbeiten nicht berühren. Berührungsgefahr tritt zuerst bei der äußersten Windung auf. Leider gibt es kein rechnerisches Verfahren, die Abstandsänderung der Windungen — außer bei sehr kleinen Drehwinkeln — zu bestimmen; man wird im Zweifelsfalle eine Probefeder anfertigen und gegebenenfalls den Windungsabstand nach außen zunehmen lassen müssen. Die große Ganggenauigkeit guter

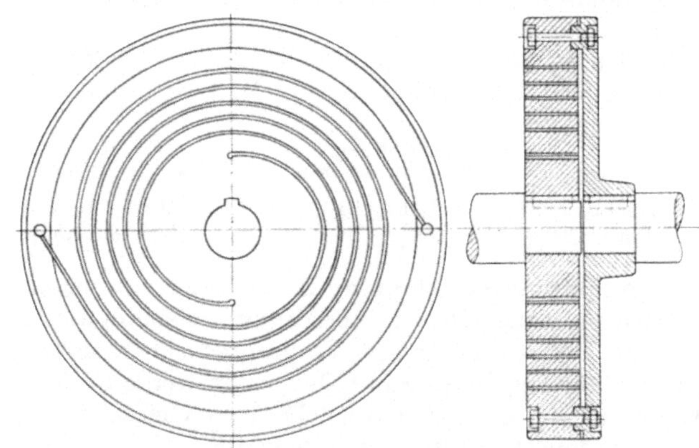

Abb. 72. Nachgiebige Drehkupplung mit zwei ineinandergreifenden Spiralfedern

Taschenuhren und Chronometer ist nur zu erzielen, wenn man dafür sorgt, daß sich der Windungsabstand beim Arbeiten überall gleichmäßig ändert; dann fällt der Schwerpunkt der Spirale bei jedem Drehwinkel mit ihrem Mittelpunkt zusammen. Zu diesem Zweck führt man die äußere Endwindung in einer Kurve besonderer Gestalt *über die Feder hinweg* nach innen und spannt sie in der Nähe der Federmitte ein. Die mit einer solchen Endkurve versehenen sog. *Breguet-Spiralen* wurden von M. PHILLIPS im Jahre 1861 angegeben [*19*]; sie sind im Schrifttum der Uhrenkunde eingehend beschrieben, z. B. in [*20*]. Feinste Unruhfedern werden aus einem unter verschiedenen Handelsnamen erhältlichen Nickelstahl (z. B. Elinvar, Isoelastic, usw.) gefertigt, dessen E-Modul fast temperaturunabhängig ist (s. Hütte I, 28. Aufl. S. 1154 und Tab. 1). Sonst genügt guter Bandstahl, der kalt gewickelt und dann vergütet wird. In billigen Uhrwerken findet man auch Unruhfedern aus hart gezogenem Stahl und in Weckuhren sogar aus Messing.

Der Werkstoff für die Rückstellfedern der Meßgeräte richtet sich nach dem Verwendungszweck. Gewöhnlicher Stahl scheidet wegen seiner Rostanfälligkeit fast immer aus. Oft ist Unabhängigkeit des E-Moduls von der Temperatur unerläßlich. In elektrischen Geräten muß die Feder unmagnetisch sein und, wenn sie Strom führt, außerdem gut leitfähig. Demnach kommen gewisse rostfreie Stähle, Elinvar, Neusilber, verschiedene Bronzen und Berylliumkupfer in Betracht.

Die Theorie der Spiralfedern und der gewundenen Biegefedern im allgemeinen ist für kleine Drehwinkel in [1] eingehend behandelt. Für die meisten Zwecke genügen die folgenden guten Näherungsformeln.

Bezeichnet l die Länge des gewundenen Federstabes oder -Blattes in abgewickeltem Zustand, J das Flächenträgheitsmoment und W das Widerstandsmoment seines Querschnittes, beide bezogen auf die zur Federspindel parallele Schwerachse des Querschnittes, so ist

$$\text{die Biegespannung} \quad \sigma_b = \frac{M_d}{W}, \tag{100}$$

$$\text{der Drehwinkel} \quad \varphi = \frac{l}{J\,E}\,M_d = \frac{l}{E}\,\frac{W}{J}\,\sigma_b, \tag{101}$$

$$\text{das Arbeitsvermögen} \quad A = \frac{1}{2}\,M_d\,\varphi = \frac{1}{2}\,\frac{l}{E}\,\frac{W^2}{J}\,\sigma_b^2, \tag{102}$$

oder für *Kreisquerschnitt* vom Durchmesser d

$$\sigma_b = \frac{10{,}18}{d^3}\,M_d, \tag{100a}$$

$$\varphi = \frac{20{,}36}{E}\,\frac{l}{d^4}\,M_d = \frac{2\,l}{E\,d}\,\sigma_b, \tag{101a}$$

$$A = \frac{1}{8}\,\frac{V}{E}\,\sigma_b^2 \tag{102a}$$

$$\left(\text{das Federvolumen ist } V = \frac{\pi\,d^2}{4}\,l, \text{ die Kennzahl } k = \frac{1}{8}\right),$$

und für *Rechteckquerschnitt* $b \times h$ ($b \parallel$ Federspindel, $h \perp$ dazu, s. Abb. 71)

$$\sigma_b = \frac{6}{b\,h^2}\,M_d, \tag{100b}$$

$$\varphi = \frac{12\,l}{E\,b\,h^3}\,M_d = \frac{2\,l}{E\,h}\,\sigma_b, \tag{101b}$$

$$A = \frac{1}{6}\,\frac{V}{E}\,\sigma_b^2 \tag{102b}$$

$$\left(\text{das Federvolumen ist } V = b\,h\,l, \text{ die Kennzahl } k = \frac{1}{6}\right).$$

Die Gln. (101), (101a) und (101b) liefern φ im Bogenmaß. Es läßt sich durch Multiplizieren mit $180/\pi$ in Grad verwandeln. Bezeichnet δ_r den unveränderlichen Windungsabstand, $a = \frac{d + \delta_r}{2\,\pi}$ für Kreisquerschnitt und $a = \frac{h + \delta_r}{2\,\pi}$ für Rechteckquerschnitt eine Hilfsgröße und n die Windungszahl, so ist (s. Abb. 71)

$$l = \frac{r_i^2 - r_o^2}{2\,a}, \tag{103}$$

$$r_i = r_o + 2\,\pi\,n\,a. \tag{104}$$

Die Spannungsformeln Gln. (100), (100a) und (100b) berücksichtigen nicht die durch die Krümmung der Spirale hervorgerufene Spannungserhöhung an der Innenseite des Querschnittes. Sie werden berichtigt durch Multiplizieren der Ergebnisse mit dem Beiwert α_{ik} nach Tab. 16 (s. Hütte I, 28. Aufl. S. 922).

Tabelle 16.
Beiwerte α_{ik} für die Innenseite krummer Stäbe

$w = d/2\,R_m$ oder $h/2\,R_m$	0	0,1	0,2	0,3	0,4
Kreis	0	1,05	1,17	1,29	1,43
Rechteck	0	1,06	1,15	1,25	1,37

R_m ist der kleinste mittlere Krümmungshalbmesser der Spirale.

1. Zahlenbeispiel. Für eine nachgiebige Kupplung ist eine Spiralfeder aus Stahl mit Rechteckquerschnitt zu entwerfen, die sich bei $M_d = 1500$ cmkg um $\varphi = 17{,}5°$ verdreht. Das innere Ende A der Feder soll an einem Arm $r_0 = 3$ cm, das äußere Ende in einem noch zu bestimmenden Abstand r_l vom Wellenmittel ebenfalls fest eingespannt werden. Die Biegespannung darf etwa 5000 kg/cm² betragen.

Wählt man $b = 2$ cm und $h = 1$ cm, so ist $R_m = r_0 + h/2 = 3 + 0{,}5 = 3{,}5$ cm

und $w = 1/7 = 0{,}143$; also nach Tab. 16 $\alpha_{ik} \approx$ **1,1**, und damit nach Gl. (100b)

$$\sigma_b = \frac{6}{2\cdot 1^2}\,1500\cdot 1{,}1 = 4950 \text{ kg/cm}^2.$$

Mit $E = 2{,}15 \cdot 10^6$ kg/cm² und $\varphi = 0{,}305$ im Bogenmaß ergibt sich aus Gl. (101b) die notwendige Federlänge

$$l = \frac{E\,h\,\varphi}{2\,\sigma_b} = \frac{2{,}15\cdot 10^6 \cdot 1 \cdot 0{,}305}{2\cdot 4950} = 66{,}3 \text{ cm}.$$

Wird als Windungsabstand $\delta_r = 0{,}5$ cm gewählt, so ist mit $a = \dfrac{1 + 0{,}5}{2\,\pi} = 0{,}239$ der Abstand r_l des äußeren Federendes B vom Wellenmittel nach Gl. (86)

$$r_l^2 = r_0^2 + 2\,a\,l = 3^2 + 2\cdot 0{,}239\cdot 66{,}3 = 40{,}6 \text{ und } r_l = 6{,}375 \text{ cm}.$$

Die Windungszahl n ergibt sich nach Gl. (87) zu

$$n = \frac{r_l - r_0}{2\,\pi\,a} = \frac{6{,}375 - 3{,}0}{2\,\pi\cdot 0{,}239} = 2^{1}/_{4}.$$

Spiralfedern der anderen Hauptgruppe bestehen aus vielen Windungen im Verhältnis zur Breite ziemlich dünnen Bandstahles hoher Festigkeit und haben große Drehwinkel. Sie dienen vor allem als *Zugfedern* (d. h. Triebfedern) in Triebwerken für Uhren, Grammophone, usw. und zum Gewichtsausgleich für Rolläden, Kabeltrommeln usw. Sie werden in der Weise hergestellt, daß man das Stahlband dicht auf einen Dorn wickelt und dann langsam losläßt. Es weitet sich dabei zu einer großen Spirale mit verhältnismäßig wenigen Windungen, deren Abstand von innen nach außen zunimmt. In diesem Zustand wird die Feder einer Wärmebehandlung unterworfen; ist sie, wie bei Triebwerkfedern üblich, aus federhartem Band gewickelt, so genügt ein Ausgleichen bei etwa 250°; andernfalls wird sie gehärtet und angelassen.

Federn dieser Art werden meistens, wie es Abb. 73a u. b zeigt, in ein Federhaus eingebaut, dessen Innendurchmesser $D = 2R$ viel kleiner ist als der Außendurchmesser der freien Feder. Dazu muß die Feder auf einen Außendurchmesser D' gebracht werden, der etwas kleiner ist als D. Der Federhersteller windet die Feder zu diesem Zweck auf einen Dorn, schiebt einen Drahtring vom Durchmesser D' über und läßt sie los. Die Feder, die jetzt den Drahtring füllt, läßt sich bis an den Ring leicht in das Federhaus einführen und, wenn der Ring entfernt ist, vollends hineinschieben. Infolge des beträchtlich verkleinerten Außendurchmessers ist die Zahl der Windungen, die in freiem Zustande n_0 gewesen sein möge, auf n_1 vermehrt. Die Windungen liegen als dichtes Paket (Abb. 73a) und mit starkem Druck an der Innenwand des Federhauses. Nur die am Federkern vom Durchmesser $d = 2r$ bei A befestigte

Innenwindung AC behält ihre ursprüngliche Gestalt bei. Zieht man jetzt die Feder auf, indem man das Haus festhält und die den Federkern tragende Federspindel entgegen dem Sinne des Uhrzeigers dreht, so wird zunächst der Windungsbogen AC, dessen Länge zu etwa $l' = 2\,\pi\,r$ angenommen werden kann, teilweise auf den Kern gewunden. Bald ist der Druck, mit dem sich die innerste Windung des Paketes an die weiter außen liegenden schmiegt, überwunden, und sie löst sich, bei C beginnend, allmählich von dem Paket.

Mit fortschreitender Drehung der Spindel werden mehr und mehr Windungen abgehoben. Anderseits wickeln sich die innersten Windungen auf den Federkern. Wenn das Aufziehen beendet ist (Abb. 73b), umschließt ein dichtes aus n_2 Windungen bestehendes Paket den Federkern, und nur

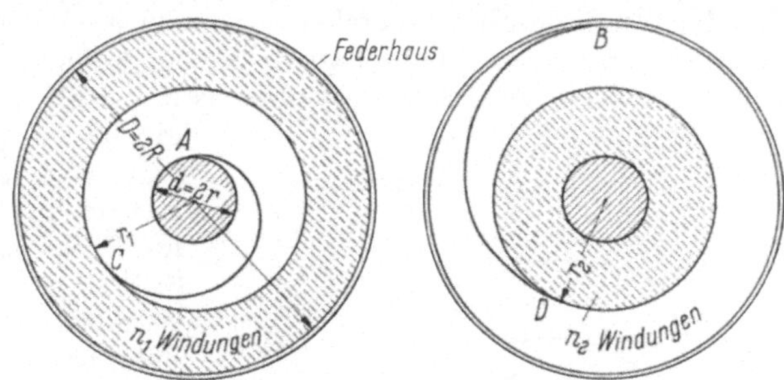

a) Feder ganz abgelaufen   b) Feder ganz aufgezogen

Abb. 73a u. b. Spiralfeder im Federhaus

der Bogen BD, dessen Länge wiederum zu $2\,\pi\,r$ angenommen werden kann, bleibt frei.

Alles dies vollzieht sich in Wirklichkeit nicht gleichförmig. Infolge der durch das Drehmoment beim Aufziehen hervorgerufenen Tangentialkraft heben sich die Windungen nicht einfach voneinander ab, sondern sie gleiten auch aufeinander,

und zwar oft ruckartig, weil die Reibung auch bei bester Schmierung ganz beträchtlich ist. Dasselbe geschieht beim Ablaufen. Dazu kommt, daß der Windungsabstand der völlig freien Feder (außerhalb des Hauses und ohne Drahtring) von innen nach außen keineswegs stetig zunimmt. Dementsprechend schwankt auch der Druck zwischen den Windungen der in das Haus eingebrachten Feder (Abb. 73a), und man kann daher oft beobachten, daß sich die Windungen nicht stetig voneinander lösen, sondern in Teilpaketen, die sich erst im weiteren Verlauf des Aufziehens oder Ablaufens

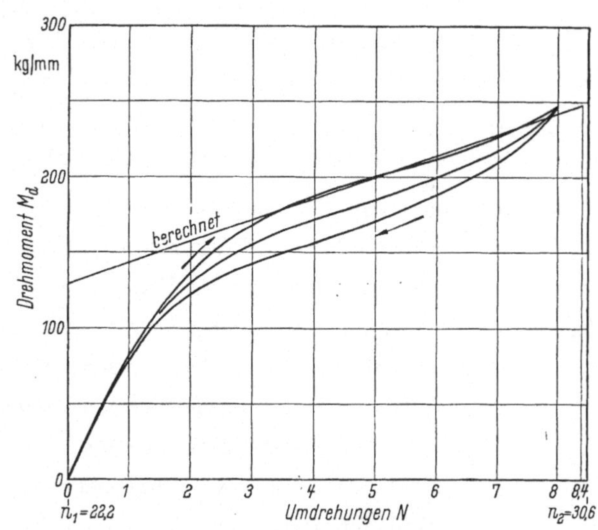

Abb. 74. Kennlinie einer Grammophonfeder

auflösen. Alles dies äußert sich in einer mehr oder minder großen Streuung der Versuchspunkte, wenn man die Feder prüft. Gleicht man die Streuung aus, so ergibt sich eine Kennlinie, wie sie Abb. 74 für die im 2. Zahlenbeispiel behandelte Grammophonfeder zeigt. Beim Aufziehen steigt die (obere) Drehmomentkurve zunächst steil an, verläuft dann flacher bis zu einem Wendepunkt und wird schließlich wieder steiler. Die Kurve des Ablaufdrehmoments hat denselben Charakter wie die Aufziehkurve, verläuft aber selbstverständlich unter ihr. Die Fläche zwischen den beiden Kurven stellt die in Wärme verwandelte Reibungsarbeit dar, die, obwohl die Feder mit Molybdändisulfid behandelt war, ganz beträchtlich ist. Für den Gebrauch hat nur die Ablaufkurve Bedeutung.

Eine photographische Aufnahme dieser Feder außerhalb des Hauses ist in etwa $^1/_5$ natürlicher Größe in Abb. 75 wiedergegeben. Sie läßt deutlich erkennen, daß der Windungsabstand stellenweise sehr stark und dann wieder wenig oder gar nicht zunimmt. Die Spindel ist in diesem Falle so dick, daß sich ein besonderer Federkern erübrigt; sie ist mit einer Nut versehen, in die das rechtwinklig nach innen gebogene innere Federende hineinragt. Das äußere Federende ist mit einem Langloch versehen, in das beim Einbau ein im Federhaus sitzender unterschnittener Stift eingreift. Das äußere Ende der Feder ist stärker gekrümmt, damit es sich dem Federhaus besser anschmiegt. Am inneren Ende ist sogar eine ganze Windung dem Spindeldurchmesser angepaßt; sie nimmt an der Federarbeit nicht teil. Um den Federenden die beschriebenen Formen zu geben, muß man sie auf entsprechender Länge ausglühen. — Weitere Befestigungsarten sind in [4] gezeigt.

Der geometrische Teil der Berechnung solcher Spiralfedern liefert ein völlig befriedigendes Ergebnis; dagegen liegt die Berechnung des elastischen Verhaltens trotz aller Bemühungen noch immer sehr im argen; die Kennlinie läßt sich nur in ganz grober Annäherung voraus bestimmen, und die Festigkeitsrechnung ist ungenau.

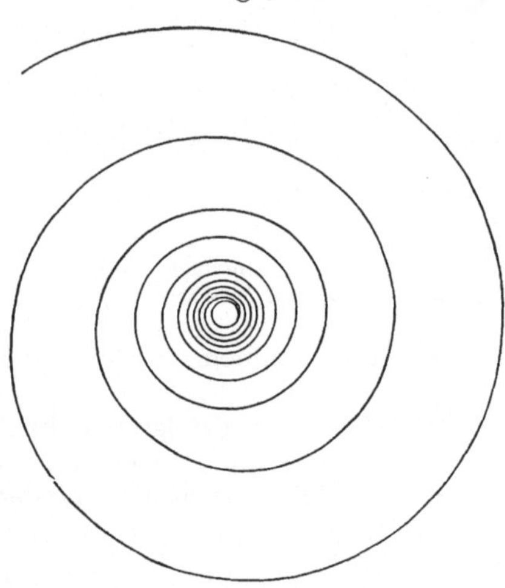

Abb. 75. Grammophonfeder, frei

Bezeichnungen zur Federberechnung

R	Innenhalbmesser des Federhauses,
r	Außenhalbmesser des Federkernes oder der Federspindel,
R_0	mittlerer Windungshalbmesser bei B in Abb. 73b,
r_0	mittlerer Windungshalbmesser bei A in Abb. 73a,
r_1	mittlerer Windungshalbmesser bei C in Abb. 73a,
r_2	mittlerer Windungshalbmesser bei D in Abb. 73b,
n_0	Zahl der wirksamen Windungen der freien Feder (Abb. 75),
n_1	Zahl der wirksamen Windungen im äußeren Paket (Abb. 73a),
n_2	Zahl der wirksamen Windungen im inneren Paket (Abb. 73b),
$N = n_2 - n_1$	Umdrehungen der Spindel beim Aufziehen und des Federhauses beim Ablaufen,
$n = n_2 - n_0$	Windungszahlunterschied zwischen *Feder ganz aufgezogen* und *Feder ganz frei*,
L	ganze Länge des Federbandes,

l_a, l_i unwirksame Teile des Federbandes außen und innen,

l_w wirksamer Teil des Federbandes,

l_n Länge der n_1 Windungen in Abb. 73a und der n_2 Windungen in Abb. 73b,

b, h Breite und Dicke des Federbandes,

$J = \dfrac{b\,h^3}{12}$ Trägheitsmoment des Federbandes,

$W = \dfrac{b\,h^2}{6}$ Widerstandsmoment des Federbandes,

n_0' berichtigte Zahl der wirksamen Windungen der freien Feder,

$n' = n_2 - n_0'$ berichtigter Windungszahlunterschied.

Es ist $R_0 = R - h/2$ und gewöhnlich $r_0 = r + h/2$; wenn aber, wie in Abb. 75, die ganze innerste Windung unwirksam ist, wird $r_0 = r + 1{,}5\,h/2$. Für die wirksame Bandlänge hat man $l_w = L - l_a - l_i$ zu setzen. Unter der Annahme, daß die Windungsbogen $AC = BD \approx 2\,\pi\,r_0$ sind, haben die die Windungspakete bildenden n_1 und n_2 Windungen die gleiche Bandlänge $l_n = l_w - 2\,\pi\,r_0$; die von den n_1 und n_2 Windungen bedeckten Kreisringe (Abb. 73) sind flächengleich. Nun ist

$$\left.\begin{aligned} n_1 &= \frac{1}{h}\,(R_0 - r_1) \\[2mm] n_2 &= \frac{1}{h}\,(r_2 - r_0) \end{aligned}\right\} \tag{105}$$

oder

$$\left.\begin{aligned} r_1 &= R_0 - h\,n_1 \\[2mm] r_2 &= r_0 + h\,n_2 \end{aligned}\right\} \tag{106}$$

$$\left.\begin{aligned} l_n &= \pi\,(R_0 + r_1)\,n_1 = 2\,\pi\,R_0\left(1 - \frac{n_1}{2}\,\frac{h}{R_0}\right)n_1 \\[2mm] l_n &= \pi\,(r_0 + r_2)\,n_2 = 2\,\pi\,r_0\left(1 + \frac{n_2}{2}\,\frac{h}{r_0}\right)n_2 \end{aligned}\right\} \tag{107}$$

$$l_w = l_n + 2\,\pi\,r_0, \tag{108}$$

$$\left.\begin{aligned} n_1 &= \frac{R_0}{h}\left(1 - \sqrt{1 - \frac{h\,l_n}{\pi\,R_0^2}}\right) \\[2mm] n_2 &= \frac{r_0}{h}\left(\sqrt{1 + \frac{h\,l_n}{\pi\,r_0^2}} - 1\right) \end{aligned}\right\} \tag{109}$$

$$N = n_2 - n_1 = \frac{R_0}{h}\left[\sqrt{1 - \frac{h\,l_n}{\pi\,R_0^2}} + \sqrt{1 + \frac{h\,l_n}{\pi\,r_0^2}} - \left(1 + \frac{r_0}{R_0}\right)\right]. \tag{110}$$

Der Ausdruck in der eckigen Klammer der Gl. (110) stellt die Differenz zweier Zahlen von sehr ähnlicher Größe dar, und schon kleine Ungenauigkeiten in der dritten Dezimalen verursachen verhältnismäßig große Fehler. Es empfiehlt sich daher, n_1 und n_2 nach den Gln. (109) einzeln zu berechnen.

Für die Abhängigkeit zwischen dem Drehmoment und dem Drehwinkel gilt grundsätzlich wieder Gl. (101). Für den Drehwinkel findet man im Schrifttum verschiedentlich $\varphi = 2\,\pi\,(n_2 - n_0) = 2\,\pi\,n'$ gesetzt. Das hat theoretisch eine gewisse

Berechtigung, führt aber oft auf ein zu großes Drehmoment. Solche Abweichungen sind nicht verwunderlich, wenn man sich vergegenwärtigt, wie verschieden Federn nach den Abb. 71 und 72 einerseits und nach Abb. 73 anderseits verformt werden. Ohne eine befriedigende Begründung wird in [20] statt n_0 eine berichtigte Zahl der freien Windungen

$$n_0' \doteq \frac{r_2}{2\,R_0}\,n_2 \tag{111}$$

benutzt und dadurch eine bessere Übereinstimmung des errechneten mit dem versuchsmäßig gefundenen größten Drehmoment M_{d_2} erzielt. Danach ist der berichtigte Windungszahlunterschied

$$n' = n_2 - n_0' = \left(1 - \frac{r_2}{2\,R_0}\right)n_2 \tag{112}$$

und das größte Drehmoment

$$M_{d_2} = 2\,\pi\,\frac{J\,E}{l_w}\left(1 - \frac{r_2}{2\,R_0}\right)n_2 = 2\,\pi\,\frac{b\,h^3}{12}\,\frac{E}{l_w}\,n'\,. \tag{113}$$

Selbstverständlich wird M_d nicht null, wenn man für die abgelaufene Feder in Gl. (113) n' durch $n' - N$ ersetzt, sondern man erhält — im Gegensatz zu der gemessenen Kennlinie nach Abb. 74 — einen endlichen Wert

$$M_{d_1} = \frac{n' - N}{n'}\,M_{d_2}\,. \tag{114}$$

Immerhin verläuft die durch M_{d_1} und M_{d_2} gezogene Gerade ungefähr parallel zur Wendetangente der versuchsmäßigen Aufziehkurve, d. h. das rechnerische Einheitsdrehmoment $(M_{d_2} - M_{d_1})/2\,\pi\,(n' - N)$ ist ungefähr gleich dem wirklichen *mittleren* Einheitsdrehmoment.

Die Beanspruchung läßt sich in grober Näherung aus Gl. (100b) berechnen. Die wirkliche Beanspruchung ist nach dem Grundgesetz der Biegelehre der Krümmungsänderung verhältnisgleich, die ein Federbandelement erfährt, wenn es aus dem völlig freien Zustand (Abb. 75) in den aufgewundenen nach Abb. 73b übergeführt wird. Im zweiten Falle stimmt der Krümmungshalbmesser der Elements hinreichend genau mit seinem mittleren Abstand vom Mittelpunkt der Spindel überein. Dagegen ist der Krümmungshalbmesser im freien Zustand unbekannt; er läßt sich allenfalls nachträglich bestimmen, wenn die fertige Feder vorliegt. Daher wird σ_b oft überhaupt nicht berechnet, sondern man macht von der Erfahrungstatsache Gebrauch, daß eine Feder eine ausreichende Lebensdauer hat, wenn man $r_0/R_0 \approx 1/3$ und $R_0/h \geqq 35$ macht.

Es läßt sich beweisen, daß die Zahl N der Umdrehungen einen Höchstwert annimmt, wenn man die Federbandlänge so wählt, daß

$$r_1 = r_2 = R_0\sqrt{\frac{1}{2}\,[1 + (r_0/R_0)^2]}$$

wird. Bedient man sich dieser Erkenntnis und setzt außerdem $r_0/R_0 = 1/3$, so gehen die Gln. (105) bis (114) über in

$$n_1 = 0{,}255\,\frac{R_0}{h}$$
$$n_2 = 1{,}236\,\frac{r_0}{h} = 0{,}412\,\frac{R_0}{h} \tag{105a}$$

oder

$$r_1 = r_2 = \frac{1}{3}\sqrt{5}\,R_0 = 0{,}745\,R_0, \tag{106a}$$

$$l_n = 1{,}397\,R_0\frac{R_0}{h}, \tag{107a}$$

$$l_w = \frac{2}{3}\,\pi\,R_0\left[0{,}667\frac{R_0}{h}+1\right] = 2{,}094\,R_0\left[0{,}667\frac{R_0}{h}+1\right], \tag{108a}$$

$$N = 0{,}157\frac{R_0}{h}, \tag{110a}$$

$$n_0' = 0{,}373\,n_2 = 0{,}1535\frac{R_0}{h}, \tag{111a}$$

$$n' = 0{,}627\,n_2 = 0{,}258\frac{R_0}{h}, \tag{112a}$$

$$M_{d_2} = 3{,}936\frac{J\,E}{l_w}\,n_2 = 0{,}135\,b\,h^3\frac{E}{l_w}\frac{R_0}{h}, \tag{113a}$$

$$M_{d_1} = 0{,}391\,M_{d_2}. \tag{114a}$$

2. Zahlenbeispiel. Die Grammophonfeder, deren gemessene Kennlinie in Abb. 74 dargestellt ist, hat die Abmessungen $b = 25{,}4$ mm, $h = 0{,}585$ mm und $L = 4166$ mm; Abb. 75 zeigt ihre Gestalt außerhalb der Federhauses. Sie war in ein Federhaus mit $R = 36{,}5$ mm eingebaut, und ihre innerste Windung saß auf einer Spindel vom Halbmesser $r = 11$ mm.

Es ist die Kennlinie nach den Gln. (109), (113) und (114) zu berechnen, und zu untersuchen, ob sich die Feder verbessern läßt, ohne daß Federhaus, Spindel und Bandquerschnitt geändert werden.

Wie schon erwähnt, ist die innerste Windung unwirksam; daher $r_0 = r + 1{,}5\,h = 11 +$ $1{,}5 \cdot 0{,}585 \approx 11{,}88$ mm. Es ist $R_0 = R - h/2 \approx 36{,}5 - 0{,}29 = 35{,}21$ mm und $r_0/R_0 =$ $11{,}88/35{,}21 = 0{,}3375$, also nahezu $^1/_3$. Ferner ist $l_i = (2\,r + h)\,\pi = 22{,}58\,\pi \approx 71$ mm und $l_a \approx 20$ mm, also $l_w = L - (l_a + l_i) = 4166 - 91 = 4075$ mm und (aus Gl. (108)) $l_n = l_w -$ $2\,\pi\,r_0 = 4075 - 75 = 4000$ mm. Mit $R_0/h = 35{,}21/0{,}585 = 60{,}2$ erhält man aus den Gln. (109)

$$n_1 = 60{,}2\left(1 - \sqrt{1 - \frac{0{,}585 \cdot 4000}{\pi \cdot 1240}}\right) = 60{,}2\left(1 - \sqrt{0{,}398}\right) = 60{,}2\,(1 - 0{,}631) = 22{,}2$$

und

$$n_2 = \frac{11{,}88}{0{,}585}\left(\sqrt{1 + \frac{0{,}585 \cdot 4000}{\pi \cdot 141{,}1}} - 1\right) = 20{,}3\,(\sqrt{6{,}29} - 1) = 20{,}3\,(2{,}508 - 1) = 30{,}6.$$

Demnach ist $N = n_2 - n_1 = 30{,}6 - 22{,}2 = 8{,}4$, es erschien aber nicht als ratsam, die Feder mit mehr als 8 Umdrehungen zu prüfen, um den Windungsbogen BD (Abb. 73b) nicht übermäßig zu strecken. [In den Deckel, mit dem das Federhaus immer zu versehen ist, weil die Feder beim Aufziehen seitlich auszuknicken trachtet, waren große Öffnungen geschnitten, so daß sich die Feder gut beobachten ließ.] Vermutlich war das Federpaket nicht so dicht gewickelt, wie angenommen. Daraus folgt, daß n_2 nach Gl. (109) ein rechnerischer Höchstwert ist, der sich in Wirklichkeit nicht immer erzielen läßt.

Mit $J = \frac{1}{12}\,b\,h^3 = \frac{1}{12}\,25{,}4 \cdot 0{,}2 = 0{,}4235$ mm⁴, $r_2 = 11{,}88 + 0{,}585 \cdot 30{,}6 = 29{,}78$ mm (nach Gl. [106]), $n_0' = \dfrac{29{,}78}{2 \cdot 35{,}21}\,30{,}6 = 12{,}94$ [nach Gl. (111)] und $n' = 30{,}6 - 12{,}94 = 17{,}66$ nach Gl. (112) ist

nach Gl. (113) $\quad M_{d_2} = 6{,}28 \cdot 0{,}4235\,\dfrac{21\,500}{4075}\,17{,}66 = 14{,}03 \cdot 17{,}66 = 248$ kgmm

und

nach Gl. (114) $\quad M_{d_1} = \dfrac{17{,}66 - 8{,}4}{17{,}66}\,248 = 130\,\text{kgmm}.$

Die diesen Drehmomenten entsprechende gerade Kennlinie ist in Abb. 74 eingetragen. Das Ergebnis ist als verhältnismäßig sehr gut zu bezeichnen, weil die Gerade auf einer größeren Länge mit der Aufziehkennlinie zusammenfällt. Das ist leider durchaus nicht immer der Fall. Da die für den Gebrauch allein wichtige Ablaufkennlinie *stets* beträchtlich unter der theoretischen liegt, tut man gut daran, die Feder für ein 20—25% größeres Drehmoment zu entwerfen. Es ist ferner zu berücksichtigen, daß die Feder das Laufwerk nicht mehr zu bewegen vermag, wenn M_d unter einen gewissen Wert sinkt. Man kann also im vorliegenden Falle nicht mit 8 nutzbaren Umdrehungen rechnen, sondern günstigsten Falles vielleicht nur mit $7^1/_2$.

Mit $W = \dfrac{1}{6}\, b\, h^2 = \dfrac{2\,J}{h} = \dfrac{0,847}{0,585} = 1,447\ \text{mm}^3$ ergibt sich nach Gl. (100b) die größte *rechnerische* Biegebeanspruchung

$$\sigma_{b_2} = \frac{M_{d_2}}{W} = \frac{248}{1,447} = 171,5\ \text{kg/mm}^2.$$

Trotz dieser als reichlich hoch erscheinenden Beanspruchung handelt es sich um eine bewährte Feder, die laufend hergestellt wird. Damit ist die Richtigkeit der oben genannten Erfahrungsregel bestätigt. Da $R_0/h = 60,2$ erheblich über dem dort genannten Mindestwert von 35 liegt, ist eine beträchtliche Sicherheit gewährleistet.

Die Frage, ob die vorliegende Feder die günstigste ist, die in dem gegebenen Federhaus Platz findet, läßt sich durch Berechnen von r_1 nach Gl. (106) beantworten. Man erhält $r_1 = 35,21 - 0,585 \cdot 22,2 = 22,21$ mm. Der Innenhalbmesser r_1 des äußeren Paketes ist also wesentlich kleiner als der Außendurchmesser $r_2 = 29,78$ mm der innern. Folglich ist das Federband beträchtlich zu lang.

Nach dem Vorhergehenden ergibt sich die größte Zahl N der Umdrehungen, wenn

$$r_1 = r_2 = R_0 \sqrt{\frac{1}{2}\,[1 + (r_0/R_0)^2]} = 35,21 \sqrt{\frac{1}{2}\,[1 + 0,114]} = 35,21 \cdot 0,7463 = 26,28\ \text{mm},$$

und hiermit nach Gl. (105) $n_1 = \dfrac{35,21 - 26,28}{0,585} = 15,26$ und $n_2 = \dfrac{26,28 - 11,88}{0,585} = 24,6$, und nach Gl. (110) $N = 24,6 - 15,26 = 9,34$.

Das ist ein Gewinn von fast einer vollen Umdrehung. Die wirksame Länge des Federbandes ergibt sich nach der ersten Gl. (107) und nach Gl. (108) zu $l_w = \pi\,(35,21 + 26,28)\,15,26 + 2\,\pi\,11,8 = 2950 + 75 = 3025$ mm und die ganze Länge zu $L = l_w + l_i + l_a = 3025 + 71 + 20 = 3116$ mm. Es läßt sich also mehr als 1 m Federband sparen.

Mit $n' = \left(1 - \dfrac{26,28}{2 \cdot 35,21}\right) 24,6 = 15,35$ erhöht sich M_d auf

$$M_{d_2} = 6,28 \cdot 0,4235\,\frac{21\,500}{3025}\,15,35 = 290\ \text{kgmm, und}\ M_{d_1}\ \text{sinkt auf}$$

$$M_{d_1} = \frac{15,35 - 9,34}{15,35}\,290 = 113,5\ \text{kgmm}.$$

Die rechnerische Kennlinie verläuft steiler als zuvor, und dasselbe ist von der wirklichen zu erwarten. Selbstverständlich ist der Gewinn an Federarbeit mit einer höheren Beanspruchung erkauft, denn $\sigma_{b2} = 290/1,447 = 200$ kg/mm².

Der auf den ersten Blick bestechende Gewinn von fast einer Umdrehung erscheint bei näherer Betrachtung von etwas zweifelhaftem Wert. Wie schon erwähnt, erfordert das Triebwerk einen Mindestwert des Drehmomentes; die Feder kann sich also nie ganz entspannen, und die Zahl der Umdrehungen ist nicht voll ausnutzbar. Da beim neuen Entwurf M_{d_1} kleiner ist als zuvor, geht am Anfang der Kennlinie an nutzbaren Umdrehungen möglicherweise annähernd so viel verloren, wie am Ende gewonnen wird. Die Frage, ob der Neuentwurf wirklich einen Vorteil bringt, kann wohl nur ein Vergleichsversuch klären; aber selbst wenn das federtechnisch nicht der Fall wäre, so bietet der Neuentwurf einen starken Anreiz wegen der beträchtlichen Werkstoffersparnis.

Den Spiralfedern als Triebwerkfedern haftet der große Nachteil an, daß sich das Drehmoment so stark mit der Zahl der Umdrehungen ändert. Im Falle der Schaubildes Abb. 74 würde wahrscheinlich ein Drehmoment von 80 kgmm (oder sogar weniger) ausreichen, dem Triebwerk die gewünschte unveränderliche Drehzahl zu verleihen. Die der Fläche zwischen der Horizontalen mit der Ordinate 80 kgmm und der Ablaufkurve verhältnisgleiche Federarbeit muß durch Bremsen vernichtet werden. Außerdem wird die erste Umdrehung nicht ausgenutzt.

Erwünscht ist eine horizontale Kennlinie, die in $N = 0$ beginnt. Der vor kurzem in den USA entwickelte *Tensator-Motor* verwirklicht dieses Ideal in hohem Grade. Dieser Motor, der in den Formen A und B hergestellt wird (Abb. 76 und 77), besteht aus zwei Trommeln und einem Stahlband, dem durch Formen und zweckmäßiges Härten eine solche Gestalt gegeben ist, daß es Trommel 1 als dichtes Windungspaket umschließt. Man zieht den Motor dadurch auf, daß man das Band durch Linksdrehen der Trommel 2 von 1 auf 2 umspult. Das dabei aufzuwendende Drehmoment steigt vom Beginn bis zum Ende des Aufziehens nur um etwa 5%. Bei Beginn des Ablaufes sinkt es rasch um etwa 15%, bleibt dann aber bis zum vollendeten Ablauf praktisch unveränderlich. Das Band wickelt sich dabei unter Arbeitsabgabe an die Welle der Trommel 2 auf Trommel 1 zurück.

Ausführung B unterscheidet sich von A nur durch den verschiedenen Drehsinn der Trommeln; dadurch wird ein größeres Drehmoment erzielt, allerdings auf Ko-

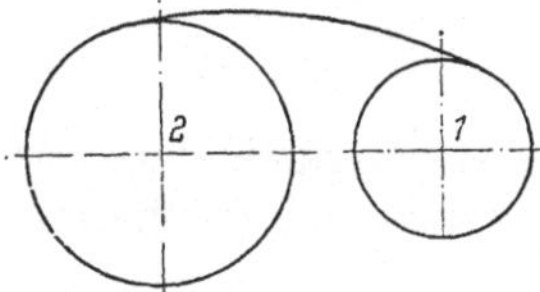

Abb. 76. Tensator-Motor A

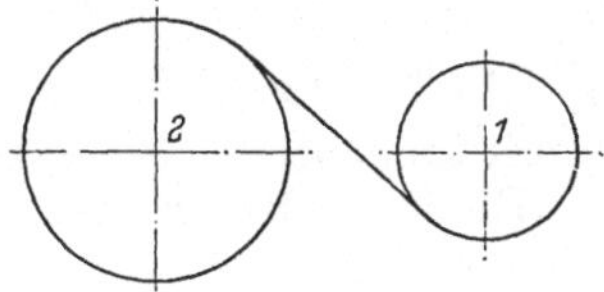

Abb. 77. Tensator-Motor B

sten der Beanspruchung und Lebensdauer. Die Leistung läßt sich außerdem vervielfachen, wenn man mehrere Trommeln 1, z. B. vier, um eine Trommel 2 anordnet; die vier Bänder wickeln sich dann auf Trommel 2 ineinander.

Ein weiterer Vorteil dieser Motoren ist, daß sie sich für etwa die doppelte der mit gewöhnlichen Spiralfedern erzielbaren Zahl nutzbarer Umdrehungen herstellen lassen. Die Lebensdauer ist allerdings etwas kleiner, besonders bei Ausführung B. Immerhin werden für Kamera-Schlitzverschluß-Motoren 35000 Lastspiele und 2500 bis 500 für Kino-Kamera-Triebwerke gewährleistet. Über Gestaltung und Bemessung dieser durch Patente geschützten Motoren und ihrer Federn ist leider nichts bekannt.

14. Zylindrische Schraubenfedern. Die Gln. (100) bis (102b) gelten unverändert oder mit kleinen Abwandlungen. Im übrigen ist die Berechnung auch nach DIN 2088 genormt.

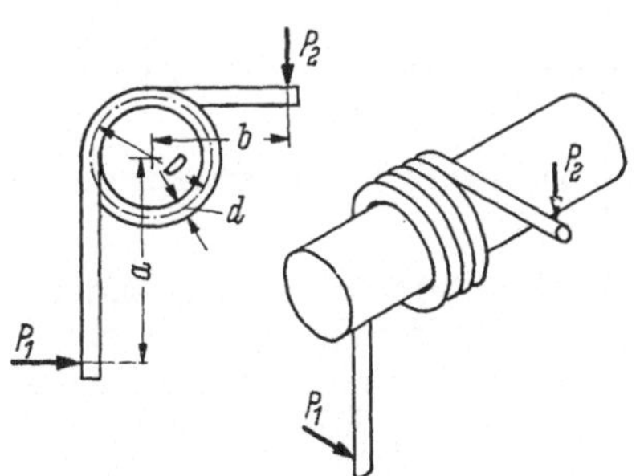

Abb. 78
Zylindrische Dreh-Schraubenfeder

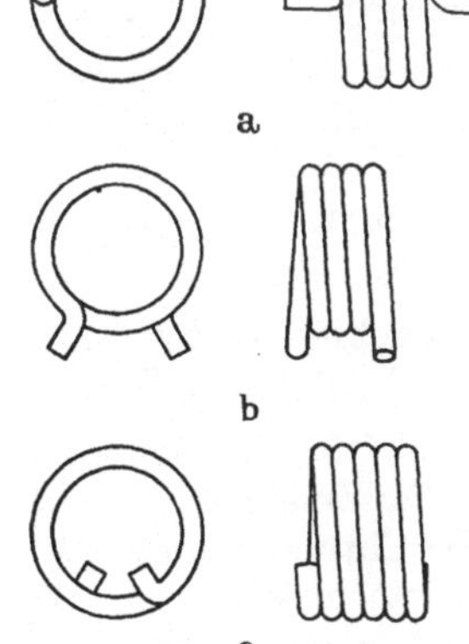

Abb. 79a—c. Verschiedene Schenkelformen der Dreh-Schraubenfedern

In den meisten Fällen werden die Federn durch einen Bolzen unterstützt (Abb. 78). Die Federenden brauchen dann nicht eingespannt zu werden, aber es entsteht Reibung und Abnutzung, die unter Umständen die Lebensdauer beeinträchtigt. In Abb. 78 sind die Enden als tangentiale gerade Schenkel von der Länge a und b ausgebildet; daneben sind axiale (Abb. 79a) und radiale (Abb. 79b u. c) Schenkel üblich, entweder gerade oder in einem Haken endigend.

Schraubenfedern sollen immer entgegen dem Windungssinn belastet werden, so daß die Außenseite der Windungen auf Zug beansprucht wird. Eine Ausnahme bilden z. B. die immer sehr niedrig beanspruchten Unruh-Schraubenfedern der Chronometer.

Wenn die axialen und radialen Schenkel kurz sind, ist bei einer aus i Windungen vom mittleren Windungshalbmesser D bestehenden Feder in den Gln. (100) bis (102b) $l = i\,\pi\,D$ zu setzen. Sind die Schenkel länger (Abb. 78), so ist Gl. (101) zu ersetzen durch

$$\varphi = \frac{M_d}{J\,E}\left[i\,\pi\,D + \frac{1}{3}\,(a+b)\right],\tag{115}$$

worin $M_d = P_1\,a = P_2\,b$ ist.

Federn mit tangentialen Schenkeln werden auch als Doppelfedern nach Abb. 80 ausgeführt. Die Doppelfeder ersetzt zwei parallelgeschaltete Einzelfedern; es bedarf

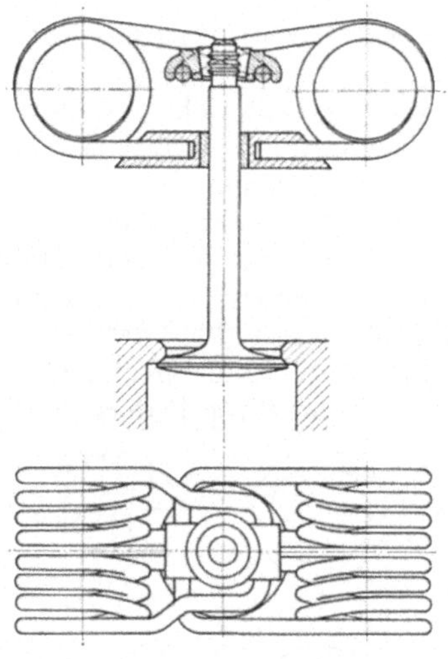

Abb. 81. Ventil-Doppelfeder

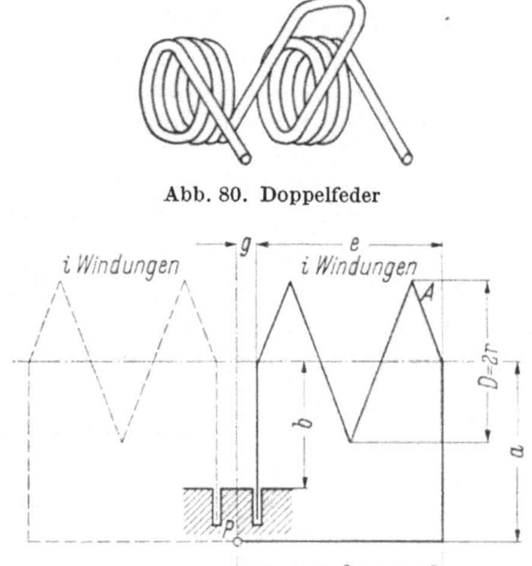

Abb. 80. Doppelfeder

Abb. 82. Schema der Ventil-Doppelfeder nach Abb. 81

also des Drehmomentes $2\,M_d$, um denselben Drehwinkel φ hervorzurufen, für den bei der Teilfeder das Drehmoment M_d genügt.

Soweit Schraubenfedern als nachgiebige Drehkupplungen verwendet werden, müssen die Enden eingespannt sein. Dasselbe gilt für die zylindrischen Unruhfedern der Chronometer; außerdem müssen die Endwindungen wie bei der Breguet-Spirale gestaltet sein. Der Berechnung dienen dieselben Formeln wie für die durch einen Bolzen gestützten Federn.

Eine Sonderstellung nimmt die Ventil-Doppelfeder nach Abb. 81 ein. Der die Teilfedern verbindende Bügel ist in der auf die Ventilspindel aufgeschraubten Kappe drehbar gelagert; die geraden tangentialen Schenkel der Teilfedern stecken in Bohrungen im Zylinderkopf, die sie an Schwenkbewegungen hindern, ihnen aber gestatten, sich um ihre Achse zu drehen und sich axial zu verschieben. Die Windungen werden nicht nur um ihre Achse verdreht, sondern auch senkrecht zur Zeichenebene der Abb. 82 gebogen. Die Formel für die Federung, d. h. für die Vertikalbewegung des Punktes P unter der Belastung P ist entsprechend verwickelt, nämlich

$$f = \frac{32}{\pi\,d^4}\,\frac{P}{E}\left\{\frac{D}{2}\left[i\,\pi\,\frac{e^2}{3}\left(1+\frac{E}{2\,G}\right)+2\,i\,\pi\left(a^2+\frac{D^2}{4}\right)+2\,a\,D\right]+b\left[a\,(a-b)+\frac{b^2}{3}\right]\right.$$

$$\left.+a\left[\frac{a^2}{3}+\frac{E}{2\,G}\,e^2\right]+c\left[\frac{c^2}{3}-e\,g\right]\right\}. \tag{116}$$

Die höchste Beanspruchung ist die bei A auftretende Biegespannung

$$\sigma_b = \frac{16}{\pi\,d^3}\,P\left(a+\frac{D}{2}\right)\alpha_{ik} \qquad (\alpha_{ik}\text{ nach Tab. 16)}. \tag{117}$$

Zahlenbeispiel. Es ist eine Ventil-Doppelfeder aus Stahldraht nach den Abb. 81 und 82 mit folgenden Abmessungen gegeben: $2\,i=5$; $D=3,2$ cm; $d=0,475$ cm; $a=5,2$ cm; $b=1,9$ cm; $c=2,15$ cm; $e=1,65$ cm; $g=0,5$ cm. Wie groß sind Federung und Beanspruchung für $P=13,5$ kg?

Mit $E/2\,G=2,15/2\cdot0,83=1,295$ und $1+E/2\,G=2,295$ ist nach Gl. (116)

$$f = \frac{32}{\pi\cdot0,0509}\,\frac{13,5}{2,15\cdot10^6}\left\{1,6\left[2,5\,\pi\,\frac{2,723}{3}\,2,295+5\,\pi\,(27,04+2,56)+2\cdot5,2\cdot3,2\right]+\right.$$

$$+1,9\left[5,2\,(5,2-1,9)+\frac{3,61}{3}\right]+5,2\left[\frac{27,04}{3}+1,295\cdot2,723\right]+$$

$$\left.+2,15\left[\frac{4,623}{3}-0,825\right]\right\}$$

$$=\frac{1,256}{1000}\,\{824+34,9+65,25+1,54\}=\frac{1,256}{1000}\,925,7=1,16\text{ cm}.$$

Die prozentualen Beiträge der vier Summanden in der geschweiften Klammer zur Federung sind der Reihe nach 89,01%, 3,77%, 7,05% und 0,17%. Der letzte Summand ist also vernachlässigbar.

Mit $\alpha_{ik}\approx1,11$ für $d/D=0,475/3,2=0,1485$ erhält man nach Gl. (117) die Beanspruchung

$$\sigma_b = \frac{16}{\pi\cdot0,1071}\,(5,2+1,6)\cdot1,11=4850\text{ kg/cm}^2.$$

Zweiter Teil

Die Drehfedern

I. Gerade Drehfedern

15. Die Drehstabfeder. Wird auf das freie Ende eines einseitig eingespannten elastischen Stabes von beliebigem, aber über die ganze Stablänge l hin gleichem Querschnitt das Drehmoment $P\,r=M_d$ ausgeübt, so dreht sich das freie Ende gegen das eingespannte um den Winkel ψ (s. Abb. 83), und zwar ist im Bogenmaß

$$\psi = \frac{l\,M_d}{k_i\,G}. \tag{1}$$

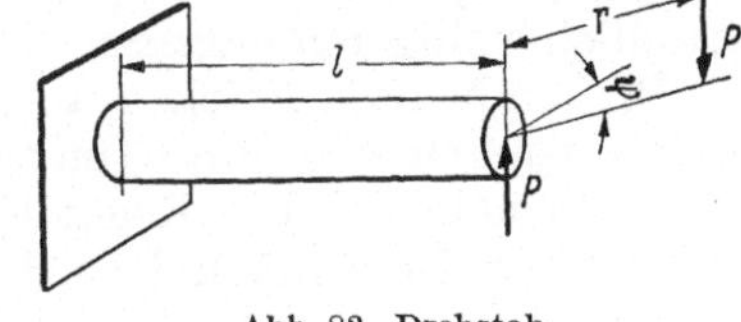

Abb. 83. Drehstab

$k_i\cdot G$ heißt die *Drehsteifigkeit* des Stabes; die Größe k_i hängt von den Abmessungen und der Gestalt des Stabquerschnittes ab, während das Gleitmaß G eine Werkstoffkonstante ist. Durch M_d werden in dem Stab *Drehspannungen* hervorgerufen, die im Schwerpunkt des Querschnittes gleich Null sind und gegen die Querschnittsränder hin wachsen. Die für die Berechnung allein maßgebende *größte Randspannung* τ ist durch die Formel

$$\tau = \frac{M_d}{k_w} \tag{2}$$

gegeben, in der k_w wieder von den Abmessungen und der Gestalt des Querschnittes abhängt. Bei kreisförmigem Querschnitt wächst die Drehspannung von der Kreismitte aus *geradlinig* auf den an allen Stellen des Kreisumfanges gleichgroßen Wert τ.

Drehstäbe finden in Drehkraftmessern, nachgiebigen Kupplungen und als Fahrzeugfedern Verwendung. Sie werden fast ausschließlich mit Kreisquerschnitt ausgeführt, da diese Querschnittsform es gestattet, die Staboberfläche billig zu schleifen und zu polieren und dadurch die Dauerfestigkeit zu steigern (vgl. S. 11).

Für *Kreisquerschnitt* ist nach Gl. (1) und (2) mit $k_i = \dfrac{\pi\, d^4}{32}$ und $k_w = \dfrac{\pi\, d^3}{16}$

$$\tau = \frac{16}{\pi}\,\frac{M_d}{d^3} = 5{,}093\,\frac{M_d}{d^3}\,, \tag{3}$$

$$\psi = \frac{32}{\pi}\,\frac{l\,M_d}{d^4\,G} = 10{,}186\,\frac{l\,M_d}{d^4\,G} = \frac{2\,l}{d\,G}\,\tau\,, \tag{4}$$

$$A = \frac{M_d\,\psi}{2} = \frac{\pi\,d^2}{16}\,\frac{l}{G}\,\tau^2 \tag{5}$$

oder mit

$$V = \frac{\pi\,d^2}{4}\,l\,,$$

$$A = \frac{1}{4}\,\frac{V}{G}\,\tau^2\,. \tag{5a}$$

Die Kennzahl $k_d = 1/4$ ist sehr groß und wird auch von den günstigsten Biegefedern ($k_b = 1/6$) nicht erreicht. Die Überlegenheit tritt aber noch viel stärker in Erscheinung, wenn man außer k auch die elastischen Eigenschaften des Werkstoffes, die in E und G zum Ausdruck kommen, in die Betrachtung einbezieht. Für gehärteten Federstahl mit $E = 2{,}15 \cdot 10^6$ kg/cm² und $G = 0{,}8 \cdot 10^6$ kg/cm² ist

$$\left(\frac{k_d}{G}\right)\bigg/\left(\frac{k_b}{E}\right) = \left(\frac{1/4}{0{,}8}\right)\bigg/\left(\frac{1/6}{2{,}15}\right) \approx 4\,.$$

Die Drehstabfeder nutzt also den Werkstoff viermal so gut aus. Sie bleibt den Biegefedern auch dann noch reichlich überlegen, wenn man berücksichtigt, daß die zulässigen ruhenden, vor allem aber die wechselnden Drehspannungen nicht so groß sind wie die zulässigen Biegespannungen.

Die Kennlinie der Drehstabfeder, d. h. die Abhängigkeit des Drehwinkels ψ von M_d ist nach Gl. (1) und (4) eine Gerade. Aus denselben Gleichungen läßt sich die *Einheitsfederung* oder der *Einheitswinkel* $C_d = \psi/M_d$ und der Kehrwert, das *Einheitsmoment* $c_d = M_d/\psi$, leicht bilden. Die Drehstabfeder arbeitet selbstverständlich völlig reibungsfrei.

Drehstabfedern knicken aus, wenn das Verhältnis ihrer Länge l zum axialen Trägheitsmoment J ihres Querschnittes (oder zum kleineren der beiden axialen Trägheitsmomente bei Rechteckquerschnitt) zu groß ist. Nach A. E. H. Love [21] ist ein Drehstab knicksicher, wenn

$$\left(\frac{M_d}{2\,E\,J}\right)^2 \pm \frac{Q}{E\,J} < a^2\left(\frac{\pi}{l}\right)^2\,.$$

In dieser Gleichung ist a ein von den vier EULERschen Knickfällen her bekannter Beiwert. Wenn die Stabenden so gelagert sind, daß sie immer koaxial sind, ist $a^2 = 4$ entsprechend dem vierten Knickfall. Q bezeichnet eine etwa vorhandene Axiallast (Druck positiv, Zug negativ). Eine Zuglast erhöht also das Knickdrehmoment.

Die Berechnung ist nach DIN 2091 genormt und deckt sich, von etwas abweichenden Formelzeichen abgesehen, mit den Gln. (2) bis (4).

Wichtig ist die genormte Ausführung der Stabköpfe, die durch die Einspannung zusätzlichen Beanspruchungen unterliegen und bei unzweckmäßiger Gestalt zum Brechen neigen. Sie werden nach Abb. 84 entweder mit einer Kerbverzahnung nach DIN 5481 versehen oder für Befestigung mittels eines Querkeiles eingerichtet. Die Hohlkehle zwischen Kopf und Schaft ist einheitlich mit $R = 90$ mm ausgerundet. Als wirksame Stablänge vom Durchmesser d wird der Abstand l zwischen

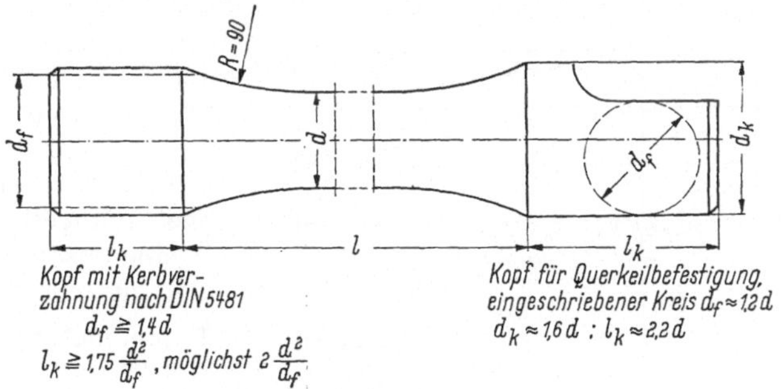

Abb. 84. Drehstabfederköpfe nach DIN 2091

den Köpfen gerechnet, obwohl die Hohlkehlen drehsteifer sind als der Schaft. Anderseits tragen die Köpfe etwas zur Verdrehung bei, so daß sich bei längeren Stäben die beiden Einflüsse ungefähr aufheben. Bei sehr kurzen Stäben ist er dagegen ratsam mit der auf den Durchmesser d reduzierten Stablänge [22] zu rechnen.

Die Länge der Hohlkehle ist

$$l_h = \frac{d}{2}\left(\frac{d_k}{d} - 1\right)\sqrt{\frac{4\,R/d}{d_k/d - 1} - 1}\,, \tag{6}$$

und ihre auf den Durchmesser d reduzierte Länge $l_h' = v \cdot l_h$. Der Faktor v ist Tab. 17 zu entnehmen.

Tabelle 17. *Hohlkehlenfaktor* v

d_k/d	1,0	1,1	1,2	1,3	1,4	1,5	1,6	1,7	1,8	1,9	2,0
v	1,0	0,885	0,795	0,728	0,669	0,623	0,584	0,551	0,521	0,497	0,475

Die reduzierte wirksame Länge des Stabes ist

$$l_r = l - 2\,l_h + 2\,l_h' \equiv l - 2\,l_h\,(1 - v). \tag{7}$$

Ein Stab mit $l = 1000$ mm, $l_h = 40$ mm und $d_k/d = 1,5$ hat die wirksame Länge $l_r = 1000 - 80\,(1 - 0,623) = 1000 - 30 = 970$ mm, und es ist $l_r/l = 0,970$. Die Verminderung der Länge um 3% mag durch die Federung der Köpfe teilweise ausgeglichen werden. Ist aber l nur 300 mm lang, so wird $l_r = 300 - 30 = 270$ mm und $l_r/l = 0,9$.

Verdreh-Setzen der Stäbe erhöht die zulässige ruhende Höchstbeanspruchung beträchtlich, läßt sich aber nur bei Stäben anwenden, die immer in demselben Sinne verdreht werden. Dann wird zweckmäßigerweise der Drehsinn durch Einstempeln eines Richtungspfeiles in die Stirnseite des Kopfes angegeben. Das ist immer notwendig, wenn Drehstäbe als Tragfedern von Fahrzeugen dienen. In diesem Falle ist es wichtig, daß die Schwinghebel (s. weiter unten) richtig stehen. Das wird bei Kerbverzahnung am einfachsten dadurch gewährleistet, daß man einen Zahn der Kopfverzahnung entfernt und einen Zahn der Innenverzahnung der den Kopf aufnehmenden Hülse (oder Schwinghebelnabe) ausläßt. Dann läßt sich der Kopf immer nur in einer bestimmten Stellung in die Hülse einführen. — Die Zähne der Hülse sollen die Zähne des Kopfes auf beiden Seiten etwas überragen.

Als größte zulässige Beanspruchung sind etwa 75 kg/mm² für nichtgesetzte und etwa 100 kg/mm² für gesetzte Stäbe anzusehen. Die Dauerfestigkeit nach DIN 2091 ist aus Abb. 85 zu ersehen. Diese Angaben gelten nur, wenn die Stäbe rein auf Verdrehen beansprucht werden und nicht etwa infolge mangelhafter Lagerung noch eine zusätzliche Biegebeanspruchung erfahren.

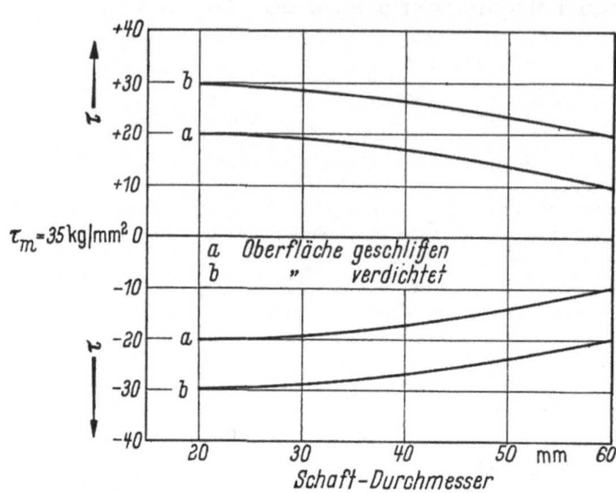

Abb. 85. Dauerfestigkeit τ von Drehstabfedern bei $\tau_m = 35$ kg/mm² Mittelspannung [nach DIN 2091]

1. Zahlenbeispiel. Es ist eine nur in einem Drehsinn betätigte, aber Wechselbeanspruchungen unterworfene Drehstabfeder aus Rundstahl zu entwerfen, die bei $M_d = 1350$ kgcm eine Verdrehung um 25° hergibt, ohne daß die Randspannung 3000 kg/cm² übersteigt.

Nach Gl. (3) ist

$$d^3 = 5{,}093 \frac{M_d}{\tau} = 5{,}093 \frac{1350}{3000} = 2{,}29 \text{ cm}^3.$$

Dieser Bedingung genügt ein Stabdurchmesser $d = 1{,}32$ cm ($1{,}32^3 = 2{,}3$ cm³). Entsprechend der geforderten Federung

$$\psi = 25° \equiv 25 \cdot 0{,}01745 = 0{,}436$$

muß der Stab mit $G = 800\,000$ kg/cm² (Stahl) nach Gl. (4) die wirksame Länge

$$l = \frac{d^4 G \psi}{10{,}186\, M_d} = \frac{3{,}04 \cdot 800\,000 \cdot 0{,}436}{10{,}186 \cdot 1350} = 77{,}2 \text{ cm}$$

erhalten.

Wenn für ein gegebenes Drehmoment M_d und für einen gegebenen Drehwinkel ψ ein Drehstab zu entwerfen ist, so ergibt sich für eine größte Randspannung τ aus den Gln. (3) und (4) zwangsläufig eine ganz bestimmte Stablänge l. Ist nun l für den zur Verfügung stehenden Raum zu groß, so sieht man sich derselben Schwierigkeit gegenüber wie bei der einfachen Biegefeder, die im Fahrzeugbau nicht verwendet wird, weil sie entweder zu lang oder zu breit ausfallen würde. Wie aus dieser Zwangslage ein Ausweg durch die geschichtete Biegefeder gefunden wurde, so geschieht es hier durch die *geschichtete Drehstabfeder*. Sie besteht aus einem Bündel von z Flachstäben von gleicher Länge l, Breite h und Höhe b (bei drehbeanspruchten Stäben mit Rechteckquerschnitt wird die größere Seite des Rechtecks mit h und die kleinere mit b bezeichnet). Die Enden des Bündels sind in Köpfen, deren Ausnehmung dem Querschnitt des Bündels entspricht, fest eingespannt, jedoch nur bei kleinen Verdrehwinkeln. Als wirksame Länge l gilt die freie Länge zwischen den Stabköpfen.

Die Berechnung erfolgt mit $k_w = \eta_2\, n\, b^3$ und $k_i = \eta_3\, n\, b^4$ für Rechteckquerschnitt nach den auf die Stabzahl z umgestellten Gln. (2) und (1), die dann lauten

$$\tau = \frac{M_d}{z\, \eta_2\, n\, b^3} \tag{8}$$

und

$$\psi = \frac{M_d}{z\,\eta_3\,n\,b^4}\,\frac{l}{G} = \frac{\eta_2}{\eta_3}\,\frac{l}{b}\,\frac{\tau}{G}\,. \tag{9}$$

Die Beiwerte η_2 und η_3 hängen vom Seitenverhältnis $n = h/b$ ab und können Abb. 103 entnommen werden. Wenn $n \geqq 5$ ist — eine Bedingung, die bei geschichteten Drehstabfedern wohl immer erfüllt ist —, lassen sie sich aus $\eta_2 = \eta_3 = (n - 0{,}63)/3\,n$ errechnen. Daher für $n \geqq 5$

$$\tau = \frac{3\,M_d}{z(n - 0{,}63)\,b^3} \tag{8a}$$

und

$$\psi = \frac{3\,M_d}{z(n - 0{,}63)\,G}\,\frac{l}{b^4} = \frac{l}{b}\,\frac{\tau}{G}\,. \tag{9a}$$

Gibt man dem Bündel quadratischen Querschnitt, so ist $z \cdot b = h$ und $z = \dfrac{h}{b} = n$.

Die Gln. (8) bis (9a) gelten nur, wenn $\psi \leqq 45°$ ist. Bei größeren Werten von ψ, die sich nur mit großen Werten des Seitenverhältnisses n erzielen lassen, wenn die Federlänge beschränkt ist, dürfen die Federenden nicht fest eingespannt werden, weil sonst Nebenbeanspruchungen von untragbarer Höhe auftreten würden. Außerdem würden die äußeren Stäbe ausknicken. Ihre Mittellinie trachtet Schraubenlinienform anzunehmen und darf daran nicht gehindert werden, d. h. die Ausnehmung in den Köpfen muß entsprechend weiter sein als die Stabbreite k und ein wenig höher als $z \cdot b$.

Die Kennlinie solcher Federn, d. h. die M_d-ψ-Linie, ist keine Gerade, sondern verläuft mit wachsenden ψ-Werten immer steiler. Eine theoretisch entwickelte Gleichung der Kennlinie ist dem Verfasser nicht bekannt und existiert wahrscheinlich auch nicht. Die Schwierigkeiten, die sich der theoretischen Lösung entgegenstellen, erhellen aus der Feststellung, daß schon die Grundgleichung der Drehelastizität [Gl. (1)] für sehr große Werte des Seitenverhältnisses $n = h/b$ bei großen Verdrehwinkeln offenbar nicht mehr gilt. Als ein einzelner Stahlstab von 273 mm Länge, $h = 19{,}05$ mm Breite und 0,508 mm Höhe (also $n = 37{,}5$) verdreht wurde, überstieg das gemessene Drehmoment das nach Gl. (1) berechnete um 4,2% bei 60° Verdrehung (d. h. 2,2° je cm Stablänge), um 33% bei 90° und um 123% bei 180°. Die für 180° aus dem gemessenen Drehmoment nach Gl. (2) berechnete Drehspannung beträgt 106 kg/mm².

Die oben angegebene obere Grenze des Verdrehwinkels von 45°, bis zu der die Gln. (8) bis (9a) noch gelten und feste Einspannung zulässig ist, ist höchstens als ein Richtwert für mittlere Verhältnisse zu betrachten. Diese Grenze müßte als Verdrehung je Einheit der Federlänge ausgedrückt werden, die zweifellos von n und z abhängt und nur durch Versuche ermittelt werden kann.

2. Zahlenbeispiel. Die im 1. Zahlenbeispiel errechnete Rundstabfeder soll in eine geschichtete Drehstabfeder halber Länge $l' = \dfrac{l}{2} = \dfrac{77{,}2}{2} = 38{,}6$ cm mit quadratischem Querschnitt umgewandelt werden.

Ersetzt man in Gl. (9a) l durch l' und n durch z, und setzt dann (9a) und (4) gleich, so erhält man

$$z(z - 0{,}63) = \frac{3\,\pi}{32}\,\frac{l'}{l}\left(\frac{d}{b}\right)^4 = 0{,}2945\,\frac{l'}{l}\left(\frac{d}{b}\right)^4$$

und

$$z = 0{,}315 + \sqrt{0{,}2945\,\frac{l'}{l}\left(\frac{d}{b}\right)^4 + 0{,}0992} \approx 0{,}315 + 0{,}543\left(\frac{d}{b}\right)^2\sqrt{\frac{l'}{l}}\,.$$

Da $l' = \dfrac{l}{2}$ sein soll,

$$z = 0{,}315 + 0{,}384 \left(\frac{d}{b}\right)^2.$$

Wird $b = 0{,}2$ cm gewählt, so ist $\dfrac{d}{b} = \dfrac{1{,}32}{0{,}2} = 6{,}6$ und

$$z = 0{,}315 + 16{,}7 = 17{,}015 \approx 17.$$

Das aus 17 Stäben von $b = 0{,}2$ cm Dicke bestehende Bündel wäre also $z\,b = 17 \cdot 0{,}2 = 3{,}4$ cm hoch und $h = n\,b = z\,b = 3{,}4$ cm breit. Die Beanspruchung ergibt sich aus Gl. (8a) zu $\tau = 1815$ kg/cm².

Für $b = 0{,}295$ cm erhält man $z = 8$, $h = 2{,}36$ cm, $z\,b = 2{,}36$ cm und $\tau = 2670$ kg/cm².

Beim Arbeiten einer geschichteten Drehstabfeder tritt zwischen den Stäben Reibung auf, deren Größe, wie bei der geschichteten Biegefeder, von der Stabzahl abhängt.

Ein noch wirksameres, aber auch viel kostspieligeres Mittel, die Baulänge zu verkürzen, besteht darin, mehrere Rundstäbe vom Durchmesser d mit ihren Köpfen in je einer Kreisscheibe so einzuspannen, daß ein Käfig entsteht, dessen Stäbe ein regelmäßiges Vieleck bilden. Diese Anordnung arbeitet reibungsfrei; die Stäbe sind gleich hoch beansprucht, und zwar auf Verdrehen — gleichmäßig über ihre ganze Länge hin — und auf Verbiegen derart, daß die Biegespannung in Stabmitte Null und an den Stabenden am größten ist.

Bezeichnet r den Halbmesser des Kreises, auf dem z Stäbe angeordnet sind, so ist

die Drehspannung $\qquad\qquad \tau = \dfrac{1}{2}\,\dfrac{d}{l}\,G\,\psi,$ $\qquad\qquad\qquad$ (10)

die größte Biegespannung $\quad \sigma_b = 3\,\dfrac{d}{l}\,\dfrac{r}{l}\,E\,\psi,$ $\qquad\qquad\qquad$ (11)

die Verdrehung $\qquad\qquad \psi = \dfrac{32}{z\,\pi}\,\dfrac{l\,M_d}{d^4\,G}\,\dfrac{1}{1 + 6\,\dfrac{E}{G}\left(\dfrac{r}{l}\right)^2}.$ $\qquad$ (12)

τ und σ_b können mittels der Formel

$$\sigma = \sqrt{\sigma_b^2 + 3\,\tau^2}$$

zu der *Vergleichsspannung* σ zusammengesetzt werden, welche die Beanspruchung des Stabes zu beurteilen gestattet, als ob er einer Zugspannung σ unterworfen wäre, d. h. es muß z. B. σ kleiner sein als die Zugstreckgrenze usw.

Wenn die Drehstabfeder als Tragfeder eines Fahrzeuges dienen soll, muß die Drehbewegung in eine geradlinige umgewandelt werden. Das geschieht im allgemeinen durch einen auf das freie Stabende aufgesetzten Schwingarm vom Halbmesser r (s. Abb. 83 und 86).

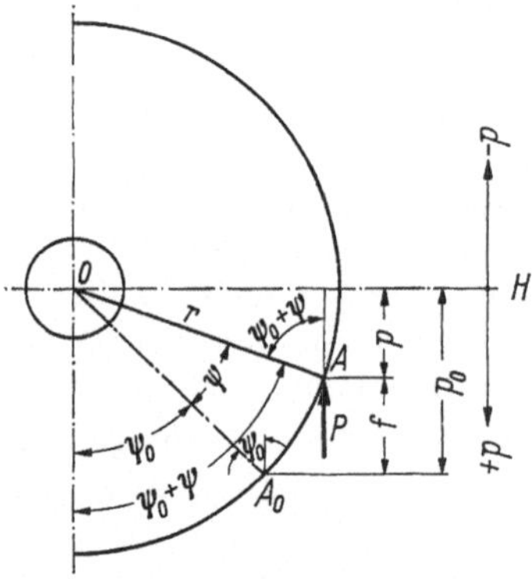

Abb. 86. Drehstabfeder mit Schwingarm

Eine vertikal nach oben wirkende Last P möge den Arm, der in der Lage OA_0 in unbelastetem Zustand den Winkel ψ_0 mit der Vertikalen einschließt, um den Winkel $A_0OA = \psi$ in die Lage OA drehen. Der Stab ist dann dem Drehmoment $M_d = P\,r \sin(\psi_0 + \psi)$ ausgesetzt, das auch aus Gl. (4) ausgedrückt werden kann, wenn es sich um einen Rundstab handelt.

Es ist

$$M_d = P\,r\,\sin(\psi_0 + \psi) = \frac{\pi\,d^4}{32}\,\frac{G}{l}\,\psi,$$

oder, da

$$\frac{\pi\,d^4}{32}\,\frac{G}{l} = \frac{M_d}{\psi} = c_d,$$

$$P = \frac{c_d}{r}\,\frac{\psi}{\sin(\psi_0 + \psi)}. \tag{10*}$$

Zwischen den „*Pfeilhöhen*" p_0 und p der Punkte A_0 und A, d. h. ihren Abständen von der horizontalen Bezugslinie OH, den entsprechenden Stellungswinkeln ψ_0 und $\psi_0 + \psi$ und der Federung f bestehen die geometrischen Beziehungen

$$
\left.
\begin{aligned}
&\text{(a)}\quad p_0/r = \cos\psi_0, \\
&\text{(b)}\quad p/r = \cos(\psi_0 + \psi), \\
&\text{(c)}\quad \psi_0 = \arccos(p_0/r) \\
&\text{(d)}\quad \psi = \arccos(p/r) - \psi_0 = \arccos(p/r) - \arccos(p_0/r), \\
&\text{(e)}\quad \sin(\psi_0 + \psi) = \sqrt{1 - (p/r)^2} \\
&\text{(f)}\quad f = p_0 - p.
\end{aligned}
\right\} \tag{11*}
$$

Für die veränderliche Einheitskraft $c = dP/df = -dP/dp$ des Systems hat man die Gleichung

$$c = \frac{c_d}{r^2}\,\frac{1 - \dfrac{\psi}{\sin(\psi_0 + \psi)}\cos(\psi_0 + \psi)}{\sin^2(\psi_0 + \psi)}, \tag{12*}$$

die sich im Hinblick auf die Gln. (10*) und (11*) auch schreiben läßt

$$c = \frac{c_d}{r^2}\,\frac{1 - \dfrac{P\,r}{c_d}\cos(\psi_0 + \psi)}{\sin^2(\psi_0 + \psi)} = \frac{c_d - P\,p}{r^2\,[1 - (p/r)^2]}. \tag{12*a}$$

Es sei bemerkt, daß die Einheitskraft c nicht, wie man zu vermuten geneigt ist, immer am kleinsten ist, wenn der Arm horizontal steht, also für $p = 0$ und $\psi_0 + \psi = 90°$. Das ist nur der Fall, wenn $\psi_0 = 90°$ und $p_0 = 0$ ist. Sonst erreicht c ein Minimum immer bei positiven Pfeilhöhen p, die um so größer sind, je kleiner ψ_0 ist.

3. Zahlenbeispiel. Die Drehstab-Tragfeder mit Kreisquerschnitt für ein Fahrzeug soll folgende Anforderungen erfüllen. Ruhende Federbelastung $P_2 = 300$ kg, Eigenschwingungszahl $n_{e_2} = 95/\text{min}$, $p_2 = +\,2$ cm, $r = 15$ cm, $p_{\max} = -\,10$ cm, $\tau_{\max} \leqq 9000$ kg/cm². Nach Gl. (46) auf S. 53 ist die erforderliche Einheitskraft

$$c_2 = 11{,}2 \cdot 10^{-6} \cdot n_{e_2}^2 \cdot P_2 = 11{,}2 \cdot 10^{-6} \cdot 9025 \cdot 300 = 30{,}3\ \text{kg/cm}.$$

Mit $p_2/r = 2/15 = 0{,}1333$ ergibt sich aus Gl. (12*a) das entsprechende Einheitsmoment

$$c_d = P_2\,p_2 + c_2 \cdot r^2\,[1 - (p_2/r)^2] = 300 \cdot 2 + 30{,}3 \cdot 225\,[1 - 0{,}018] = 600 + 6700 =$$
$$7300\ \text{kgcm/rad}.$$

Nach Gl. (11*b) ist $p_2/r = 0{,}1333 = \cos(\psi_0 + \psi_2)$. Einer Tabelle der trigonometrischen Funktionen, die das Argument auch im Bogenmaß angibt (z. B. Tab. 5 auf S. 39 bis 45 der Hütte I, 28. Aufl.), läßt sich entnehmen, daß $\cos(\psi_0 + \psi_2) = 0{,}1333$ der Winkel $\psi_0 + \psi_2 = 1{,}437$ und $\sin(\psi_0 + \psi_2) = 0{,}991$ entspricht. Mit $\psi_2 = \dfrac{P_2\,r}{c_d}\sin(\psi_0 + \psi_2) = \dfrac{300 \cdot 15}{7300} \cdot 0{,}991 = 0{,}661$ nach Gl. (10*) erhält man $\psi_0 = (\psi_0 + \psi_2) - \psi_2 = 1{,}437 - 0{,}661 = 0{,}826$ und aus Gl. (11*a) $p_0 = r\cos\psi_0 = 15 \cdot 0{,}678 = 10{,}17$ cm. Anderseits ist nach Gl. (11*b) $\cos(\psi_0 + \psi_{\max}) = p_{\max}/r =$

Tabelle 18. *Drehstabfeder mit Schwingarm. Ergebnisse des 3. Zahlenbeispieles*

Abstand von der Bezugslinie p	cm											
		10,17	8,1	6,14	4,02	2,0	0,31	−1,18	−3,41	−5,55	−7,58	−9,43	−10,0
$p/r = \cos(\psi_0 + \psi)$		0,678	0,540	0,480	0,268	0,133	0,021	−0,079	−0,227	−0,370	−0,505	−0,628	−0,667
$f = p_0 - p$ cm		0	2,07	4,03	6,15	8,17	9,86	11,35	13,58	15,72	17,75	19,6	20,17
$\psi_0 + \psi$		0,826	1,0	1,15	1,3	1,437	1,55	1,65	1,8	1,95	2,1	2,25	2,301
$\sin(\psi_0 + \psi) = \sqrt{1 - (p/r)^2}$		0,735	0,841	0,913	0,964	0,991	1,0	0,997	0,974	0,929	0,863	0,778	0,746
$\psi = (\psi_0 + \psi) - \psi_0$		0	0,174	0,324	0,474	0,611	0,724	0,824	0,974	1,124	1,274	1,424	1,475
$P = \dfrac{c_d}{r}\dfrac{\psi}{\sin(\psi_0 + \psi)}$ kg		0	100	176	244	300	352	403	487	588	719	891	961
$M_d = c_d\,\psi$ kgcm		0	1270	2365	3460	4460	5280	6010	7110	8200	9300	10390	10760
τ kg/cm² nach Gl. (3)		0	1055	1965	2875	3705	4390	4995	5910	6820	7820	8630	8950
c kg/cm nach Gl. (12*a)		60	40,75	33,15	30,2	30,3	31,9	34,75	41,20	54,45	76,1	115,5	135,1

$-10/15 = -0,6667$. Dieser negative Wert von Cosinus zeigt an, daß $\psi_0 + \psi_{max}$ zwischen $\pi/2$ und π liegt. Um $\psi_0 + \psi_{max}$ zu finden, muß man mit Rücksicht auf $\cos(\pi/2 + \alpha) = -\sin\alpha$ in der Funktionentabelle den Winkel α aufsuchen, dessen Sinus 0,6667 ist. Man findet $\alpha = 0,73$. Daher ist $\psi_0 + \psi_{max} = \pi/2 + 0,73 \approx 2,301$ und $\psi_{max} = 2,301 - 0,826 = 1,475$ oder etwa $84\tfrac{1}{2}°$. Dieser größten Verdrehung entspricht das Drehmoment $M_{d\,max} = c_d \cdot \psi_{max} = 7300 \cdot 1,475 = 10760$ kgcm. Daher aus Gl. (3) $d^3 = 5,093\ M_{d\,max}/\tau_{max} = 5,093 \cdot 10760/9000 = 6,09$, d. h. $d = 1,826$ cm. Rundet man auf $d = 1,83$ cm ab, so wird $d^3 = 6,128$ und $\tau_{max} = 8950$ kg/cm². Schließlich ergibt sich aus (4) die wirksame Länge

$$l = \frac{dG\,\psi_{max}}{2\,\tau_{max}} = \frac{1,83 \cdot 0,8 \cdot 10^6 \cdot 1,475}{2 \cdot 8950}$$

$$= 120,5\ \text{cm}.$$

Damit liegen die Abmessungen des Drehstabes fest. Wenn man einen Überblick über das Verhalten des Systems Drehstab-Schwinghebel im ganzen Lastbereich zu erhalten wünscht, empfiehlt es sich, ein Rechenschema nach dem Muster der für dieses Beispiel berechneten Tab. 18 zu benutzen. Man beginnt mit der Wahl von $(\psi_0 + \psi)$-Werten und liest aus der Funktionentabelle Cosinus und Sinus ab. Cosinus liefert zugleich p/r und p. Man wählt $\psi_0 + \psi$ selbstverständlich so, daß kein Interpolieren erforderlich ist, und daß die sich ergebenden Werte von p in ungefähr gleichen Abständen über den Bereich verteilt sind.

Die Zahlen der Tab. 18 liefern das Schaubild Abb. 87. Man erkennt, daß die Einheitskraft c ihren Kleinstwert von etwa 30 kg/cm ungefähr bei $p = 3$ cm annimmt.

II. Gewundene Drehfedern

16. Ausführungsformen. Gewundene Drehfedern sind aus einem Stab oder Band beliebigen, aber überwiegend kreisförmigen oder rechteckigen Querschnittes meistens in der Gestalt eines Rotationskörpers gewundene Federn, die durch eine in der Achse des Rotationskörpers (Federachse) wirkende Druck- oder Zugkraft P verkürzt oder verlängert werden. Der Querschnitt wird dabei überwiegend auf Verdrehen beansprucht. Je nach der Gestalt des Rotationskörpers unterscheidet man

1. Zylindrische Schraubenfedern (Abb. 88 89 und 90),

2. Kegel- und Kegelstumpffedern (Abb. 91 und 92),

3. Doppelkegelstumpffedern, gebauchte (Tonnenfedern) und eingeschnürte Federn (Matratzenfedern).

Die unter 3. genannten Federn haben technisch geringe Bedeutung und brauchen nicht besonders behandelt zu werden, weil sich ihre Berechnung auf die der Kegelstumpffedern zurückführen läßt. Es gibt auch Federn, die einen Zylinder mit rechteckigem, birnenförmigem oder elliptischem Querschnitt bilden [23]. Sie werden benutzt, wenn die Feder einem Gehäuse von ungewöhnlichem Querschnitt (z. B. Patronenmagazin) angepaßt werden muß, um an dessen Wänden geführt zu werden. Zu den Schraubenfedern sind auch die als Schraubensicherung dienenden schraubenförmigen Unterlagscheiben (Federringe nach DIN 127) zu rechnen [24].

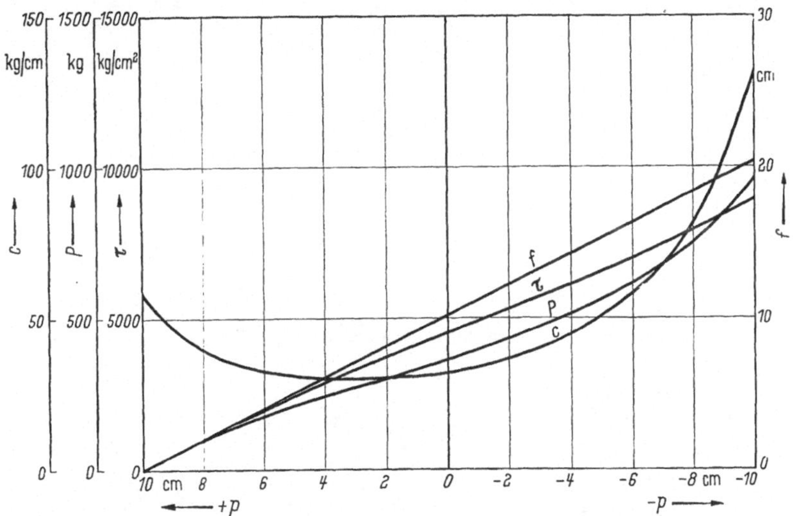

Abb. 87. Drehstabfeder mit Schwingarm. Ergebnisse des 3. Zahlenbeispiels

Die *zylindrischen Schraubenfedern* lassen sich als *Druckfedern* (Abb. 88—90) oder als *Zugfedern* (Abb. 94—96) ausbilden.

Eine *Druckfeder* besteht aus i wirksamen Windungen mit dem Steigungswinkel α und aus nicht arbeitenden Endwindungen, welche die Last von den *Federtellern* möglichst zentrisch, d. h. in der Federachse auf die wirksamen Windungen übertragen sollen. In der gebräuchlichsten Ausführung werden die Endwindungen *angelegt*, d. h. sie erhalten den kleineren Steigungswinkel α_B, den auch die wirksamen Windungen annehmen, wenn die Feder völlig zusammengedrückt ist. So ist die Steigung der Endwindungen einer aus einem Rundstab- oder -draht vom Durchmesser d gewundenen Feder $\mathrm{tg}\,\alpha_B = d/\pi D$, wenn D den mittleren Windungsdurchmesser bezeichnet. Etwa drei Viertel der Endwindung werden senkrecht zur Federachse so angeschliffen, daß die axiale Höhe des Stabquerschnittes am auslaufenden Ende A (s. Abb. 88) auf etwa ein Viertel ihres ursprünglichen Wertes — also bei einem Rundstab auf $d/4$ — vermindert ist. Mithin kann die Feder auf $^3/_4$ des Umfanges einer Windung auf dem Federteller ruhen. Es wird empfohlen, für die Gesamtzahl der Windungen $i_g = i +$ Endwindungen ein ungerades Vielfaches von $^1/_2$ anzustreben, z. B. $3^1/_2$, $4^1/_2$ usw., weil dadurch eine größere Gewähr für zentrische Belastung gegeben ist.

Bei *kaltgewundenen* Federn (Abb. 88) berührt das auslaufende Ende A den vollen Querschnitt der folgenden Windung bei A', unter Umständen sogar mit einem ge-

7*

wissen Druck. Man rechnet eine ganze Windung als Endwindung, so daß sich $i_g = i + 2$ und die *theoretische Blocklänge* (Länge der völlig zusammengedrückten Feder) $L'_B = (i + 1{,}5) \times$ axiale Höhe des Stabquerschnittes ergibt. Nach DIN 2095 ist L'_B eine Fertigungstoleranz von $0{,}5 \times$ Querschnittshöhe zuzuschlagen; damit wird die *größtzulässige Blocklänge* $L_B = (i + 2)\, d$ (bei Kreisquerschnitt). Bei der Feder nach Abb. 88 ist $i = 3{,}5$, $i_g = 3{,}5 + 2 = 5{,}5$, $L'_B = 5\, d$ und $L_B = 5{,}5\, d$.

Bei Drahtdurchmessern unter 0,5 mm muß man auf das Anschleifen der Enden verzichten. Die Blocklänge ist dann um $1{,}5\, d$ größer.

Darstellung, Ausführung, Toleranzen und Prüfung kaltgewundener Federn aus Runddraht sind nach DIN 2095 genormt.

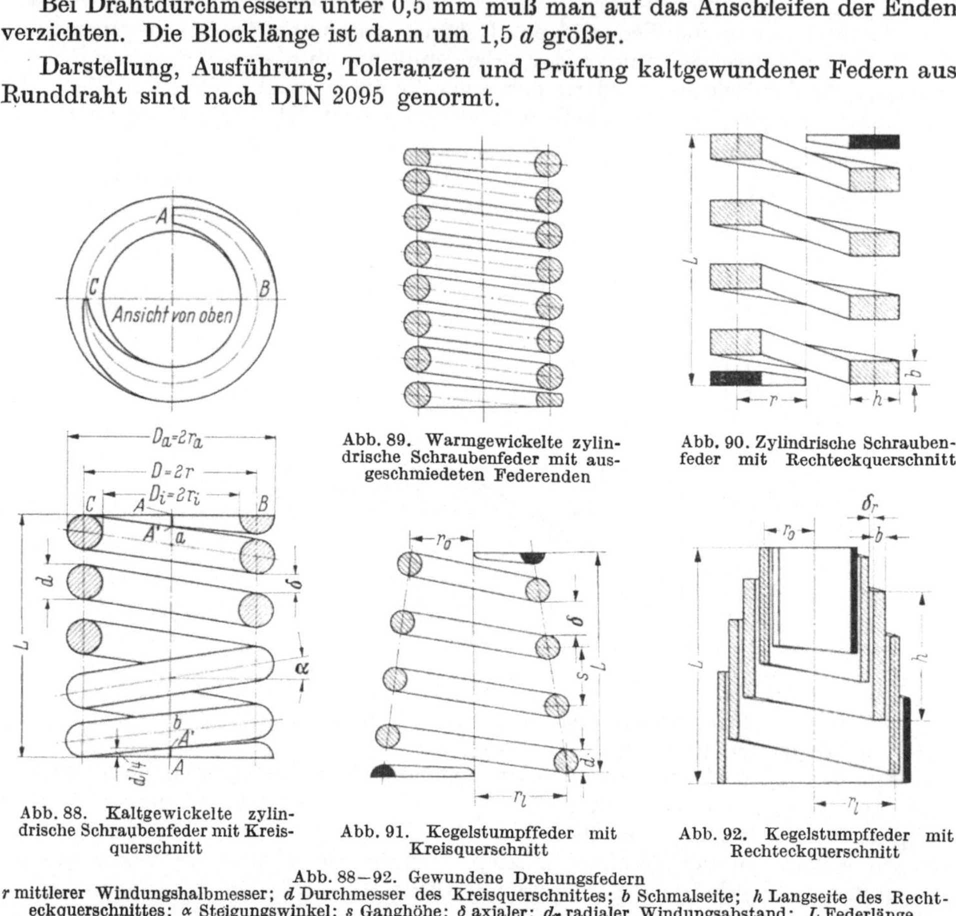

Abb. 88. Kaltgewickelte zylindrische Schraubenfeder mit Kreisquerschnitt

Abb. 89. Warmgewickelte zylindrische Schraubenfeder mit ausgeschmiedeten Federenden

Abb. 90. Zylindrische Schraubenfeder mit Rechteckquerschnitt

Abb. 91. Kegelstumpffeder mit Kreisquerschnitt

Abb. 92. Kegelstumpffeder mit Rechteckquerschnitt

Abb. 88—92. Gewundene Drehungsfedern

r mittlerer Windungshalbmesser; d Durchmesser des Kreisquerschnittes; b Schmalseite; h Langseite des Rechteckquerschnittes; α Steigungswinkel; s Ganghöhe; δ axialer; d_r radialer Windungsabstand; L Federlänge

Bei *warmgewickelten Federn* ist im allgemeinen über dem Ende A der Endwindung etwas Spiel vorhanden, und man betrachtet nur $^3/_4$ einer Windung an jedem Federende als unwirksam. Daher ist $i_g = i + 1{,}5$ und $L_B = (i + 1) \times$ Stabdurchmesser, zuzüglich einer Fertigungstoleranz, die nach DIN 2096 für Rundstäbe mit Walzhaut 20%, für geschliffene Rundstäbe 10% ihres Durchmessers betragen soll.

Bis zu etwa 12 mm Stabdurchmesser pflegt man die Endwindungen durch Schleifen zu verjüngen, darüber aber durch Schmieden oder Walzen mit nachfolgendem Schleifen zum Glätten der Auflagefläche, weil dieses Verfahren billiger ist und Werkstoff spart (Abb. 89).

Darstellung, Ausführung, Toleranzen und Prüfung warmgewundener Rundstabfedern sind nach DIN 2096 genormt.

Angelegte Endwindungen sind die einfachste, billigste und daher überwiegend angewandte Form der Federenden, aber nicht die technisch beste, und Brüche in diesen Endwindungen sind keine Seltenheit. Überdies ist vollkommen zentrische Belastung niemals gewährleistet [46]. Dasselbe gilt von der Proportionalität von Last und Federung; man kann die Steigung tg α_B der Endwindung nur allmählich in die Steigung tg α_0 der unbelasteten Feder übergehen lassen, und infolgedessen werden auch Teile der angrenzenden wirksamen Windung durch Anlegen mit wachsender Belastung unwirksam, d. h. die Zahl der wirksamen Windungen ist nicht ganz unveränderlich.

Diese Nachteile lassen sich bei schwereren Federn durch Federteller nach Abb. 93 vermeiden. In diesem Falle erhält auch die Endwindung die volle Steigung tg α_0, und die Feder ruht auf einer beinahe vollen und ungeschwächten Windung. Wegen der Kosten und des zusätzlichen Raumbedarfes läßt sich der Teller leider nur in Sonderfällen anwenden.

Zugfedern sind einer Zugkraft unterworfen und bedürfen entsprechend ausgebildeter Feder-

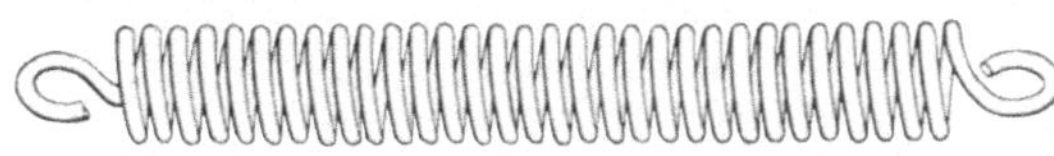

Abb. 94. Zugfeder mit angebogenen Lastösen

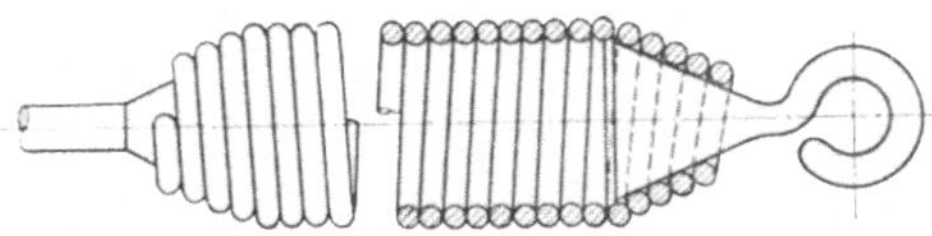

Abb. 95. Zugfeder mit eingewickelten Ösenstücken

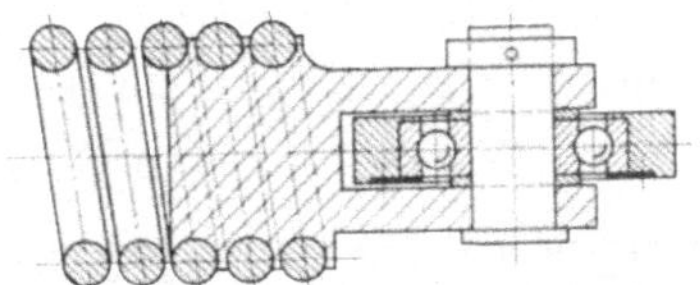

Abb. 96. Zugfeder mit Gewindestopfen

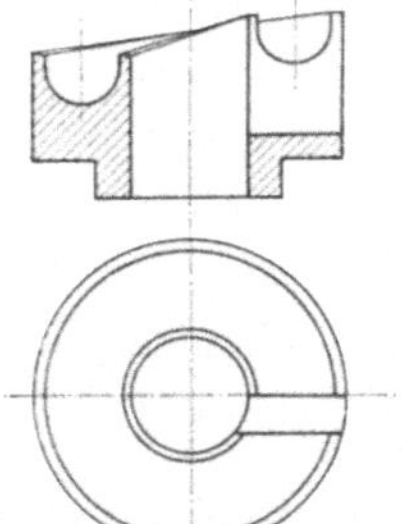

Abb. 93. Federteller in Sonderausführung

enden. Für leichte Federn genügen angebogene Ösen (Abb. 94), von denen DIN 2097 eine reiche Auswahl zeigt. Bei stärkeren Federn werden kegelförmige Ösenstücke nach Abb. 95 in die Federenden gewickelt. Schwere Zugfedern bedürfen eingeschraubter Gewindestopfen nach Abb. 96. Darstellung, Ausführung usw. lassen sich aus DIN 2097 ersehen.

Der *angenäherten Berechnung* gewundener Drehfedern liegt die vereinfachende Annahme zugrunde, daß der zur Feder gewundene Stab *nur* auf Drehung und ebenso hoch beansprucht ist wie ein demselben Drehmoment unterworfener gerader Stab gleichen Querschnittes.

Bei der kreiszylindrischen Schraubenfeder liegen die Verhältnisse insofern besonders einfach, als alle Windungen den gleichen mittleren Halbmesser r haben. Die Länge des geraden Vergleichsstabes ist gleich der Länge $l = 2\pi i r = \pi i D$ der i wirksamen Federwindungen (diese Formel ist genau genug, solange $\alpha_0 \leqq 8°$ ist, und dieser Wert wird nur selten überschritten). Die Steigung tg α_0 ist das Verhältnis der Länge L_0' der unbelasteten Feder, gemessen zwischen den Stabmitten am Anfang und Ende der wirksamen Windungen, zu $\pi i D$. Das Drehmoment ist $P\,r$, und die sich als Änderung der Federlänge äußernde Federung f entspricht dem Bogenweg $r\,\psi$, den in Abb. 83 der Angriffspunkt der Last P zurücklegt. Für die Beanspruchung gilt also wieder Gl. (2), und die Federung erhält man durch Multiplizieren beider Seiten der Gl. (1) mit r.

Bei Kegelstumpffedern (Abb. 91) wächst der mittlere Halbmesser von r_0 auf r_l und mit ihm die Beanspruchung und der Beitrag der Windungselemente zur Gesamtfederung. Daher muß eine besondere Formel für die Federung entwickelt werden. Bei Kegelstumpffedern mit Rechteckquerschnitt (Abb. 92) ist dazu häufig das Seitenverhältnis n der Querschnitte und die Steigung ungleichförmig.

A. Zylindrische Schraubenfedern

17. Zylindrische Schraubenfedern mit Kreisquerschnitt. *Angenäherte Berechnung.* Unter Benutzung der schon erwähnten Ausdrücke $k_w = \dfrac{\pi\,d^3}{16}$ und $k_i = \dfrac{\pi\,d^4}{32}$ und mit $l = 2\,\pi\,i\,r$ ergeben sich für die *angenäherte* Berechnung der Schraubenfedern mit *Kreisquerschnitt* die Formeln:

$$\tau = \frac{16}{\pi}\,\frac{r}{d^3}\,P = 5{,}093\,\frac{r}{d^3}\,P, \tag{13}$$

$$f = 64\,\frac{i\,r^3}{d^4\,G}\,P = 10{,}186\,\frac{l\,r^2}{d^4\,G}\,P = 4\,\pi\,\frac{i\,r^2}{dG}\,\tau = 2\,\frac{l\,r}{dG}\,\tau, \tag{14}$$

$$C = \frac{f}{P} = 64\,\frac{i\,r^3}{d^4\,G} = 10{,}186\,\frac{l\,r^2}{d^4\,G}, \tag{15}$$

$$c = \frac{P}{f} = \frac{d^4\,G}{64\,i\,r^3} = 0{,}0983\,\frac{d^4\,G}{l\,r^2}, \tag{16}$$

$$A = \frac{P\,f}{2} = \frac{1}{4}\,\frac{\pi\,d^2}{4}\,\frac{l}{G}\,\tau^2 = \frac{1}{4}\,\frac{V}{G}\,\tau^2. \tag{17}$$

Für Kreisquerschnitt ist das Federvolumen $V = \dfrac{\pi\,d^2}{4}\,l$ und die Kennzahl $k = \dfrac{1}{4}$. Die Kennlinie [Gl. (14)] ist eine Gerade.

1. Zahlenbeispiel. Eine warmgewickelte zylindrische Schraubenfeder aus Walzstahl mit Kreisquerschnitt von $d = 2$ cm besitze $i = 7$ wirksame Windungen von $r = 5$ cm mittlerem Windungshalbmesser und werde durch eine Druckkraft $P = 2200$ kg belastet. Die Feder erfährt gemäß Gl. (13) die Drehspannung

$$\tau = 5{,}093\,\frac{5}{8}\,2200 = 7000 \text{ kg/cm}^2.$$

Mit dem für gehärteten Walzstahl geltenden Gleitmaß $G = 810\,000$ kg/cm² und mit $l = 2\,\pi\cdot 7\cdot 5 = 220$ cm ist die Federung, also die Verkürzung der Feder, nach Gl. (14)

$$f = 10{,}186\,\frac{220\cdot 25}{16\cdot 810\,000}\,P = \frac{4{,}32}{1000}\,P = \frac{4{,}32}{1000}\,2200 = 9{,}5 \text{ cm}.$$

Die Einheitsfederung ist $C = f/P = \dfrac{9{,}5}{2200} = 4{,}32$ cm/1000 kg, die Einheitskraft $c = P/f = 231$ kg/cm. Die Federarbeit ergibt sich nach Gl. (17) zu

$$A = \frac{P\,f}{2} = \frac{2200\cdot 9{,}5}{2} = 10\,450 \text{ cmkg} = 104{,}5 \text{ mkg}.$$

Die Blocklänge der Feder ist nach DIN 2096 $L_B = (7 + 1)\cdot 2 + 0{,}2\cdot 2 = 16{,}4$ cm. Auf diese Länge darf die Feder höchstens beim Prüfen, nicht aber im Gebrauch zusammengedrückt werden (es gibt auch Fälle, in denen nicht einmal das statthaft ist). Infolge unvermeidlicher Fertigungsungenauigkeiten und leichten Verziehens beim Härten ist der Windungsabstand nie ganz gleichmäßig. Ist nun die Feder fast auf Blocklänge gedrückt, so schließen sich kleinere Abstände eher als größere. Mit zunehmender Last verringert sich also die Zahl der arbeitenden Windungen, die jetzt allein die noch verbleibende Federung hergeben müssen. Da die Einheitskraft der Windungszahl umgekehrt verhältnisgleich ist, steigt die Kennlinie an, und die Endkraft P_B und die Beanspruchung τ_B nehmen Werte an, die beträchtlich über den nach Gl. (14) der Federung f entsprechenden liegen. Die Feder darf daher im Gebrauch nur so weit zusammengedrückt werden, daß noch ein angemessener Abstand δ_{min} zwischen benachbarten Windungen verbleibt. Nötigenfalls, d. h. stets bei Fahrzeugtragfedern und bei Pufferfedern, ist eine Hubbegrenzung vorzusehen, die ein Überschreiten der höchsten Betriebslast P_n verhindert. — Obwohl P_B und τ_B nach Gl. (14) nicht der Wirklichkeit entsprechen, pflegt man sie doch zu berechnen, zumal τ_B einen Anhalt für die richtige Bemessung der Feder gibt.

Nach DIN 2096 ist für warmgewundene Federn $\delta_{min} = 0,17\,d$, und da bei i wirksamen Windungen ebensoviele Windungsabstände vorhanden sind, ist die P_n entsprechende Länge $L_n = L_B + i\,\delta_{min} = 16,4 + 7 \cdot 0,17 \cdot 2,0 = 16,4 + 2,4 = 18,8$ cm. Selbstverständlich steht nichts im Wege, L_n größer zu wählen, wenn der Raum es gestattet, also etwa $L_n = 19$ cm. Dann ist die freie Länge $L_o = L_n + f = 19 + 9,5 = 28,5$ cm.

Wird dem Hersteller vorgeschrieben, $P_n = 2800$ kg mit einer nach DIN 2096 $\pm 10\%$ betragenden Toleranz bei $L_n = 19$ cm einzuhalten, so gilt L_o nur als Richtwert und wird nicht durch Toleranzen eingeschränkt.

Die Einheitskraft ist aus der Differenz zweier Lasten $P_1 \geqq 0,3\,P_n$ und $P_2 \leqq 0,7\,P_n$ zu bestimmen, weil nur in diesem Bereich mit einer hinreichend geraden Kennlinie zu rechnen ist.

Das Gewicht der Feder ist die Summe der Gewichte der wirksamen Windungen und der Endwindungen, deren jede etwa halb so viel wiegt wie eine wirksame. Mit dem spezifischen Gewicht $\gamma = 7,85 \cdot 10^{-3}$ kg/cm³ für Stahl ist daher das Gewicht

$$W = \gamma\,(i + 2 \cdot 0,5)\,\pi D \cdot \frac{\pi\,d^2}{4} = \gamma\,(i + 1)\,\pi D \cdot \frac{\pi\,d^2}{4} = 7,85 \cdot 10^{-3} \cdot 8 \cdot \pi \cdot 10 \cdot 0,785 \cdot 2^2$$
$$= 6,2 \text{ kg.}$$

Die Steigung der wirksamen Windungen in unbelastetem Zustand ist

$$\operatorname{tg} \alpha_0 = \frac{L_o'}{i\,\pi\,D} = \frac{L_0 - d}{i\,\pi\,D} = \frac{28,5 - 2,0}{7\,\pi \cdot 10} = \frac{26,5}{220} = 0,1205, \text{ d. h. } \alpha_0 \approx 6°\,52'.$$

Die *genaue* Länge des wirksamen Federdrahtes ist $l' = l/\cos \alpha_0 = \dfrac{i\,\pi\,D}{\cos \alpha_0} = \dfrac{220}{0,9928} = 221,5$ cm.
Demnach ist der Fehler $(l - l') \cdot 100/l' = -150/221,5 \approx -0,68\%$ in der Länge und etwa -42 g im Gewicht.

2. Zahlenbeispiel. Für einen Verbrennungsmotor ist eine Ventilfeder aus ölschlußgehärtetem Draht für eine Federkraft $P_1 = 36$ kg bei geschlossenem Ventil und einen Hub $\Delta f = f_2 - f_1 = 0,85$ cm zu entwerfen. Die diesem Hub entsprechende Spannungsänderung $\Delta \tau = \tau_2 - \tau_1$, soll 2400 kg/cm² und der Außendurchmesser D_a der Feder einschließlich Plustoleranz 3,5 cm nicht überschreiten.

Als mittlerer Windungsdurchmesser werde vorläufig $D = 2\,r = 2,9$ cm angenommen. Mit Δf statt f, $\Delta \tau$ statt τ und $l = 2\,\pi\,i\,r$ läßt sich die dritte Form der Gl. (14) schreiben

$$\Delta \tau = \frac{dG}{4\,\pi\,i\,r^2}\,\Delta f = \frac{G\,\Delta f}{\pi\,D^2}\,\frac{d}{i} = \frac{0,83 \cdot 10^6 \cdot 0,85}{\pi \cdot 8,41}\,\frac{d}{i} = 26,7 \cdot 10^3 \cdot \frac{d}{i} \gtreqless 2400.$$

Hieraus für $\Delta \tau = 2400: \dfrac{d}{i} = 0,0899.$

Die Gesamtzahl i_g der Windungen soll möglichst ein ungerades Vielfaches von $^1/_2$ sein. Da bei kaltgewundenen Federn $i_g = i + 2$ ist, gilt dasselbe auch von i. Setzt man $i = 4,5$ in vorstehenden Ausdruck für d/i ein, so erhält man $d = 0,405$ und $D_a = D + d = 2,9 + 0,405 = 3,305$ cm. Dieses Ergebnis gibt einen Anhalt für die zu erwartenden Abmessungen, ist aber selbst nicht brauchbar, weil der Drahtdurchmesser normgerecht sein soll, also etwa 3,8 oder 4,0 oder 4,2 mm. Der Außendurchmesser ist eine unrunde Zahl und außerdem unnötig klein. Dem Hersteller ist für den Innen- und Außendurchmesser eine runde oder leicht meßbare Zahl erwünscht; der mittlere Durchmesser spielt bei der Fertigung keine Rolle und braucht daher in die Zeichnung nicht eingetragen zu werden. Mit Rücksicht auf ein Plusabmaß wird man also $D_a = 3,4$ cm anstreben. Dann ergeben sich zu den genannten Drahtdurchmessern der Reihe nach die mittleren Durchmesser 3,02 cm, 3 cm und 2,98 cm. Wie Tab. 19 zeigt, erfüllen alle Wertepaare die Forderung $\Delta \tau \leqq 2400$ kg/cm². Für den kleinsten Drahtdurchmesser ist $\Delta \tau$ etwa 12% kleiner als für den größten; dafür ist aber die nach Gl. (13) für P_1 errechnete Beanspruchung τ_1 um 43% größer. Daher sind auch $\tau_2 = \tau_1 + \Delta \tau$ und $\tau_m = \dfrac{1}{2}\,(\tau_1 + \tau_2)$ größer.

Da Ventilfedern um so weniger zu schädlichen Eigenschwingungen neigen, je größer ihre Einheitskraft, ist verdient Feder 3 mit 4,2 mm Drahtdurchmesser auch aus diesem Grunde entschieden den Vorzug.

Feder 3 hat $i_g = i + 2 = 4,5 + 2 = 6,5$ Windungen und die Blocklänge $L_B = i_g \cdot d = 6,5 \cdot 4,2 = 27,3$ mm. Die in DIN 2095 mit S_a bezeichnete Summe der Abstände δ_{min}, von denen i vorhanden sind, hängt nach dieser Norm von d und vom (dort mit w bezeichneten)

Wickelverhältnis $e = D/d$ ab, das im vorliegenden Falle $29{,}8/4{,}2 = 7{,}1$ ist. Nach Tab. 1 des Normblattes ist für d zwischen $4{,}0$ und $6{,}3$ mm $S_a = 1 + x\,d^2\,i$ mit $x = 0{,}03$ für e zwischen 6 und 8, also $S_a = 1 + 0{,}03 \cdot 17{,}64 \cdot 4{,}5 = 1 + 2{,}38 = 3{,}38$ mm. Erhöht man dieses Ergebnis auf $3{,}7$ mm, so wird $L_n = L_2 = L_B + S_a = 27{,}3 + 3{,}7 = 31$ mm und $L_1 = L_2 + \Delta f = 31 + 8{,}5 = 39{,}5$ mm.

Es bleiben L_0, P_2 und — der Vollständigkeit halber — P_B und τ_B zu bestimmen. Aus der in der Form $\Delta P = d^3\,\Delta\tau/5{,}093\,r$ geschriebenen Gl. (13) erhält man $\Delta P = P_2 - P_1 = 23$ kg; somit $P_2 = P_1 + \Delta P = 36 + 23 = 59$ kg. Die Federung f_2 ergibt sich aus $f_2 = P_2/c = 59/2{,}705$ zu $21{,}8$ mm. Damit ist $L_0 = L_n + f_2 = 31 + 21{,}8 = 52{,}8 \approx 53$ mm. Schließlich, mit $f_B = f_2 + S_a = 21{,}8 + 3{,}7 = 25{,}5$ mm, $P_B = P_2 \cdot f_B/f_2 = 59 \cdot 25{,}5/21{,}8 = 69$ kg und $\tau_B = \tau_2 \cdot f_B/f_2 = 60{,}5 \cdot 25{,}5/21{,}8 = 70{,}8$ kg/mm².

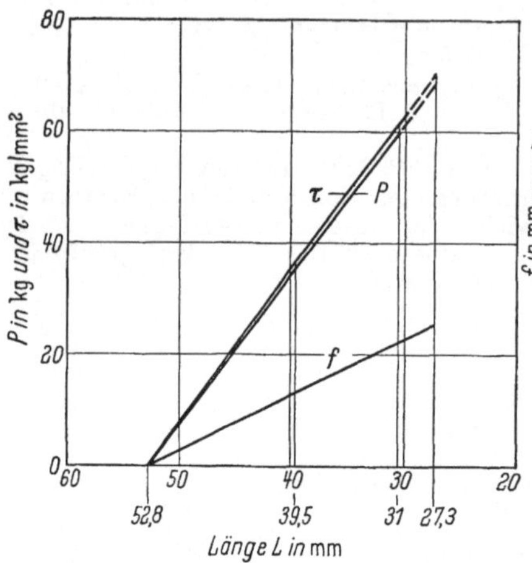

Abb. 97. Zylindrische Schraubenfeder. Schaubild zum 2. Zahlenbeispiel

Tabelle 19.
Vergleich zwischen verschiedenen Lösungen des 2. Zahlenbeispiels

	1	2	3
d mm	3,8	4,0	4,2
D mm	30,2	30	29,8
$\Delta\tau$ kg/mm²	20,8	22,14	23,6
τ_1 kg/mm²	50,4	43,0	36,9
τ_2 kg/mm²	71,2	65,14	60,5
τ_m kg/mm²	60,8	54,07	48,7
c kg/mm	1,735	2,185	2,705

Diese Ergebnisse sind in Tab. 20 zusammengestellt und in Abb. 97 in Abhängigkeit von L aufgetragen.

Nach DIN 2095 ist für den Außen- (oder Innen-) Durchmesser ein Abmaß zulässig, das je nach dem Gütegrad grob, mittel oder fein im vorliegenden Falle ± 1, $\pm 0{,}5$ oder $0{,}25$ mm beträgt. Selbst beim Gütegrad grob würde also der Außendurchmesser innerhalb des zugelassenen Höchstmaßes von 35 mm liegen.

Die den drei Gütegraden entsprechenden Lasttoleranzen betragen ± 13, ± 9 und $\pm 6\%$ oder, wenn L_1 einzuhalten ist, bezogen auf $P_1 = 36$ kg, $\pm 4{,}68$ kg, $\pm 3{,}24$ kg und $\pm 2{,}16$ kg. Wenn P_1 einzuhalten ist, gelten dieselben Toleranzprozente für die rechnerische Federung f_1.

Bei der Gewichtsberechnung kalt gewundener Federn ist zu beachten, daß sie an jedem Ende eine *ganze* Endwindung haben, deren Gewicht mit etwa $^3/_4$ des Gewichtes einer wirksamen Windung zu veranschlagen ist.

Tabelle 20. *Ergebnis des 2. Zahlenbeispiels*

		Ventil		
		geschlossen	offen	
f mm	0	13,3	21,8	25,5
L mm	52,8 ≈53	39,5	31,0	27,3
P kg	0	36	59	(69)
τ kg/mm²	0	36,9	60,5	(70,8)

Federsätze: Um den für die Ausbildung einer Feder zur Verfügung stehenden Außendurchmesser besser auszunutzen, lassen sich, sofern die Wahl des Innendurchmessers freisteht, mehrere Schraubenfedern ineinandersetzen (Abb. 98). Am zweckmäßigsten ist es selbstverständlich, die einzelnen Federn eines derartigen *Federsatzes* durch geeignete Wahl der Durchmesser d gleich hoch zu beanspruchen. Bezeichnen r_1, r_2, r_3 usw. die mittleren Windungshalbmesser, i_1, i_2, i_3 usw. die entsprechenden Windungszahlen und d_1, d_2, d_3 usw. die entsprechenden Querschnitts-Durchmesser der einzelnen Federn, so folgt bei gleichem τ und f aus Gl. (14)

$$\frac{i_1\,r_1^2}{d_1} = \frac{i_2\,r_2^2}{d_2} = \frac{i_3\,r_3^2}{d_3} = \cdots = \frac{i_n\,r_n^2}{d_n}\,.$$

Wird, wie ohne weiteres möglich,

$$i_1 d_1 = i_2 d_2 = i_3 d_3 = \cdots = i_n d_n$$

gemacht, so ergibt sich für gleiches τ die einfache Bedingung

$$\frac{r_1}{d_1} = \frac{r_2}{d_2} = \frac{r_3}{d_3} = \cdots = \frac{r_n}{d_n}. \tag{18}$$

Die Durchmesser d sind also den Windungshalbmessern r verhältnisgleich zu bemessen (Abb. 99). Die Federkraft P des ganzen Federsatzes ist gleich der Summe der Kräfte P_1, P_2, P_3 usw., also nach Gl. (13)

$$P = P_1 + P_2 + P_3 + \cdots + P_n = 0{,}1963\,\tau\left(\frac{d_1^3}{r_1} + \frac{d_2^3}{r_2} + \frac{d_3^3}{r_3} + \cdots + \frac{d_n^3}{r_n}\right), \tag{19}$$

und die einzelnen Kräfte verhalten sich zueinander wie

$$\frac{d_1^3}{r_1} : \frac{d_2^3}{r_2} : \frac{d_3^3}{r_3} : \cdots$$

oder, weil $r/d = $ konst nach Gl. (18), wie

$$d_1^2 : d_2^2 : d_3^2 \cdots$$

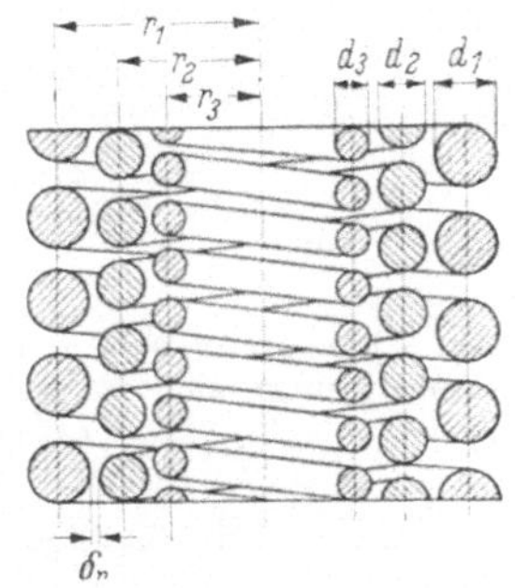

Abb. 98. Dreifacher Schraubenfedersatz

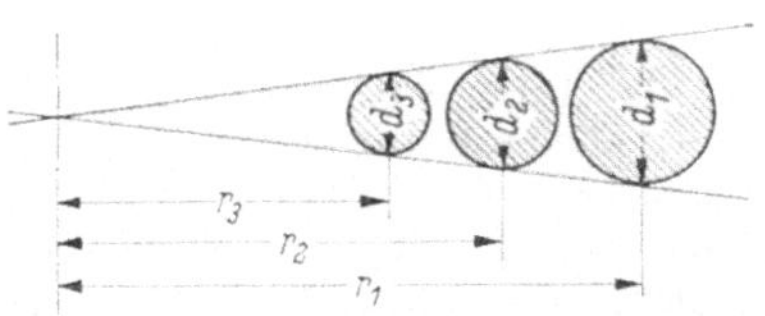

Abb. 99. Zur Berechnung der Schraubenfedersätze

Federsätze werden selten mit mehr als zwei Federn ausgeführt, da schon eine dritte Feder meistens von geringem Nutzen ist und nur die Kosten erhöht.

3. Zahlenbeispiel. Die Feder des auf S. 102 angegebenen ersten Beispiels ist durch einen zweifachen Federsatz zu ersetzen. Der Außenhalbmesser $r_a = r + d/2 = 5 + 1 = 6\,\text{cm}$, $P = 2200\,\text{kg}$, $f = 9{,}5\,\text{cm}$ und $\tau = 7000\,\text{kg/cm}^2$ sind beizubehalten; der Innenhalbmesser r_i dagegen soll keiner Beschränkung unterworfen sein.

Mit $r_1 = r_a - \dfrac{d_1}{2}$ und $r_2 = r_a - d_1 - \delta_r - \dfrac{d_2}{2}$ (δ_r ist nach Abb. 98 der aus Sicherheitsgründen gebotene radiale Spielraum zwischen den einzelnen Federn) geht Gl. (18) über in

$$\frac{r_a - \dfrac{d_1}{2}}{d_1} = \frac{r_a - \delta_r - d_1 - \dfrac{d_2}{2}}{r_2}.$$

Hieraus ergibt sich

$$d_2 = \frac{(r_a - \delta_r)\,d_1 - d_1^2}{r_a}.$$

Mit diesen Ausdrücken für r_1, r_2 und d_2 lautet Gl. (19)

$$\frac{d_1^3}{r_a - \dfrac{d_1}{2}} + \left[\frac{(r_a - \delta_r)\,d_1 - d_1^2}{r_a}\right]^3 \frac{1}{r_r - \delta_a - d_1 - \dfrac{(r_a - \delta_r)\,d_1 - d_1^2}{2\,r_a}} = 5{,}093\,\frac{P}{\tau}$$

und geht nach geringer Umformung und Einsetzen der Zahlenwerte — für δ_r sind im vorliegenden Falle 0,3 cm angemessen, wenn die Toleranzen für die Durchmesser entsprechend gelegt und für die *Rechtwinkligkeit* eingeschränkt werden — über in

$$d_1^3\left[\frac{1}{r_a - \dfrac{d_1}{2}} + \frac{(r_a - \delta_r - d_1)^2}{r_a^3\left(1 - \dfrac{d_1}{2\,r_a}\right)}\right] = d_1^3\left[\frac{1}{6 - \dfrac{d_1}{2}} + \frac{(5{,}7 - d_1)^2}{216\left(1 - \dfrac{d_1}{12}\right)}\right] = 1{,}6.$$

Diese Gleichung wird mit ausreichender Genauigkeit durch $d_1 = 1,79$ cm erfüllt. Dann ist $r_1 = 5,105$ cm, $d_2 = 1,165 \approx 1,17$ cm, $r_2 = 3,325$ cm und $r_i = r_2 - d_2/2 = 3,325 - 0,585 = 2,74$ cm. In Wirklichkeit würde man die Federn zweckmäßigerweise mit $d_1 = 1,8$ cm und $d_2 = 1,2$ cm ausführen, doch soll mit Rücksicht auf den hier durchzuführenden Vergleich von derartigen Abrundungen Abstand genommen werden. Das Verhältnis

$$\frac{P_1}{P_2} = \frac{d_1^2}{d_2^2} = 2,33$$

und die Gleichung $P_1 + P_2 = 2200$ kg liefern $P_1 = 1540$ kg und $P_2 = 660$ kg. Mithin ist nach Gl. (13)

$$\tau_1 = 5,093 \frac{r_1}{d_1^3} P_1 = 5,093 \frac{5,105}{5,735} 1540 = 6990 \text{ kg/cm}^2,$$

nach Gl. (14)

$$i_1 = \frac{d_1 \, G \, f}{4 \, \pi \, r_1^2 \, \tau_1} = \frac{1,79 \cdot 810\,000 \cdot 9,5}{\pi \cdot 26,06 \cdot 699,0} = 6,025 \approx 6,$$

und nach der Beziehung $i_1 \, d_1 = i_2 \, d_2$

$$i_2 = \frac{6 \cdot 1,79}{1,17} = 9,18 \approx 9,2.$$

Gl. (14) liefert

$$\tau_2 = \frac{d_2 \, G \, f}{4 \, \pi \, i_2 \, r_2^2} = \frac{1,17 \cdot 810\,000 \cdot 9,5}{4 \, \pi \cdot 9,2 \cdot 11,05} = 7050 \text{ kg/cm}^2.$$

Die Drehspannungen liegen also dem geforderten Wert von 7000 kg/cm² sehr nahe. Die in Richtung des Durchmessers erzielte bessere Raumausnutzung äußert sich in einer Verringerung der Baulänge L_0. Mit $i_{g_1} = 6 + 1,5 = 7,5$ ist $L_{B_1} = (i_{g_1} - 0,3) d_1 = 7,2 \cdot 17,9 = 128,8$ mm und, mit $S_a = 0,17 \cdot 17,9 \cdot 6 = 18,2$ mm, $L_{01} = L_{B_1} + S_a + f = 128,8 + 18,2 + 95 = 242$ mm gegenüber $L_0 = 285$ mm bei der einfachen Feder des auf S. 102 angegebenen ersten Beispiels. Im belasteten Zustand ist die Außenfeder $L = 242 - 95 = 147$ mm lang. Zwischen den Windungen der Innenfeder verbleibt der sehr reichliche Spielraum

$$\delta_{\text{min}} = \frac{L - (i_2 + 1,2) \, d_2}{i_2} = \frac{147 - (9,2 + 1,2)\, 11,7}{9,2} = 2,75 \text{ mm}.$$

Wie nach Gl. (10) mit Rücksicht auf $\tau_1 \approx \tau_2 \approx \tau_R$ nicht anders zu erwarten steht, ist das Gewicht der *wirksamen* Windungen mit 5,425 kg für den Federsatz ebenso groß wie für die Einzelfeder des ersten Beispiels.

Unter den auf *Zug* beanspruchten Schraubenfedern, kurz *Zug*federn genannt, nehmen die mit Vorspannung gewickelten Federn eine Sonderstellung ein. Wird beim Winden nicht einfach Windung neben Windung gelegt, sondern der Federdraht, der bereits federhart sein muß, — es handelt sich lediglich um solchen von Kreisquerschnitt — zugleich um seine Achse verwunden, so entsteht eine Feder, deren Windungen mit Spannung aneinanderliegen. Bei Belastung mit einer Zugkraft P beginnt die Feder sich erst dann zu verlängern, wenn die dieser Spannung entsprechende Vorspannkraft P_v überschritten wird. Der Vorteil derartiger Federn besteht in einer Verringerung der Baulänge um die der Kraft P_v entsprechende Federung. Zur Herstellung läßt sich nur Draht verwenden, der bereits vor dem Wickeln Federhärte besitzt. Zugfedern mit Vorspannung sind daher auf Drahtdurchmesser von höchstens 12 mm beschränkt, soweit es sich um federhart gezogenen Draht handelt. Dabei muß man sich schon weit unter dieser Grenze mit einer empfindlichen Einbuße an Festigkeit abfinden. Dagegen wird ölschlußgehärteter Draht heute schon bis zu 14 mm Durchmesser mit Festigkeiten hergestellt, die denen nach der Formgebung vergüteter Drähte kaum nachstehen. Die Größe der erzielbaren Vorspannkraft P_v hängt von der Spannung τ_v ab. Die obere überhaupt erreichbare Grenze für τ_v dürfte bei etwa 3000 kg/cm², bei sehr dünnen Drähten aber noch beträchtlich höher liegen. Nähere Angaben enthält die Vornorm DIN 2089.

4. Zahlenbeispiel. Es ist eine Zugfeder mit $2\,r = 1,0$ cm und $d = 0,15$ cm zu entwerfen, die eine Vorspannkraft $P_v = 1,5$ kg aufweisen und bei der Endkraft $P_e = 5,5$ kg eine Verlängerung von etwa 2 cm erfahren soll. Nach Gl. (13) ist

$$\tau = 5{,}093 \, \frac{0{,}5}{0{,}003375} \, P = 754\,P,$$

also $\tau_v = 754 \cdot 1{,}5 = 1130$ kg/cm² und $\tau_e = 754 \cdot 5{,}5 = 4145$ kg/cm². Da dem Federkraftzuwachs $P_e - P_v = 5{,}5 - 1{,}5 = 4{,}0$ kg eine Verlängerung $f = 2$ cm entsprechen soll, muß die Zahl der wirksamen Windungen nach Gl. (14)

$$i = \frac{d^4 G}{64\,r^3} \, \frac{f}{P_e - P_v} = \frac{0{,}00050625 \cdot 830000}{64 \cdot 0{,}125} \, \frac{3}{4} = 26{,}25$$

betragen. In Abb. 100 sind f und τ in Abhängigkeit von P dargestellt. Da die üblichen, an den Federenden angebogenen Lastösen selbst etwas federn, und da die Feder nie so gleichmäßig hergestellt werden kann, daß alle Windungen *genau* bei $P_v = 1,5$ kg zu arbeiten beginnen, ist nicht damit zu rechnen, daß f nach der ausgezogenen theoretischen Linie verläuft. Es wird sich vielmehr etwa die gestrichelte Linie, also für $P_e = 5,5$ kg eine etwas größere Verlängerung als die errechnete, ergeben.

Genauere Berechnung. Die angenäherte Berechnung liefert um so ungenauere Ergebnisse, je kleiner das *Formverhältnis* $e = \dfrac{2\,r}{d}$ der Feder ist. Insbesondere täuscht

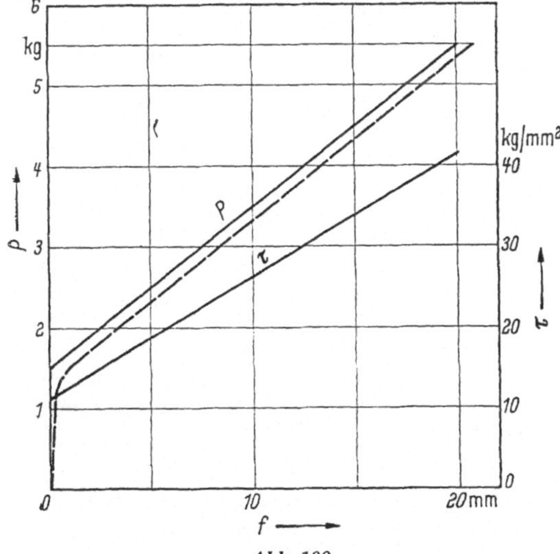

Abb. 100.
Zugfeder. Schaubild zum 4. Zahlenbeispiel

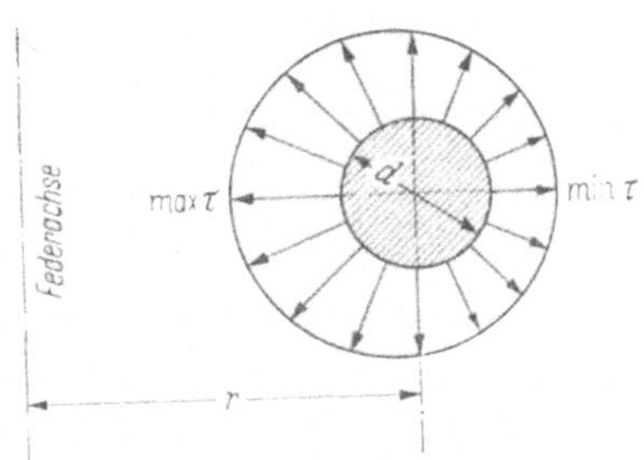

Abb. 101. Wirkliche Spannungsverteilung bei
Schraubenfedern mit Kreiquerschnitt

sie, da sie die endliche Krümmung und die Scherkraft unberücksichtigt läßt, zu niedrige Spannungen vor. In einem geraden Stab von kreisförmigem Querschnitt, der auf Verdrehung beansprucht wird, hängt die Spannung nur vom Abstand des betrachteten Punktes vom Kreismittelpunkt ab; sie ist demnach am Rand überall gleich groß. Ist jedoch die Stabachse gekrümmt, wie das bei der Schraubenfeder der Fall ist, so steigt die Spannung auf dem der Federachse zugewandten Teil (Innenseite) des Querschnittes, während sie auf der Außenseite abnimmt. Wird also die Randspannung über dem Umfang des Kreisquerschnittes radial aufgetragen, so wird die wirkliche Spannungsverteilung nicht durch einen konzentrischen Kreis, sondern etwa durch die Kurve dargestellt, die Abb. 101 zeigt.

So erklärt sich die Tatsache, daß Dauerbrüche an zu hoch beanspruchten Schraubenfedern, sofern der Baustoff und insbesondere die Oberfläche von gleichmäßiger Beschaffenheit und fehlerfrei sind, stets von der *Innenseite* der Windungen ihren Ausgang nehmen.

Der Schubspannungshöchstwert max τ nach Abb. 101 ist mit dem lediglich von der Größe des Formverhältnisses $e = \dfrac{2\,r}{d}$ abhängigen Beiwert ψ' nach Göhner [25]

$$\max \tau = \psi'\,\tau. \tag{20}$$

Hierin ist τ die Drehspannung gemäß Gl. (13). Der Beiwert ψ' ist in Abb. 102 in Abhängigkeit von e dargestellt. Abb. 102 zeigt anschaulich den ungünstigen Einfluß kleiner Werte des Formverhältnisses e auf max τ.

Eine Näherungsformel für den Beiwert ψ' nach Göhner ist

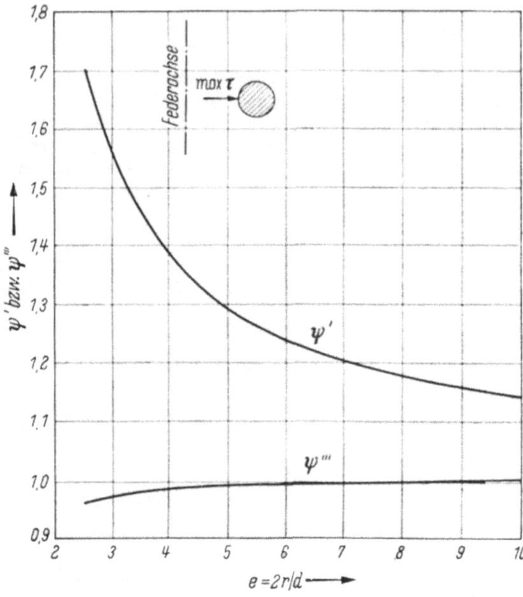

Abb. 102. Beiwerte ψ' und ψ''' für Kreisquerschnitt

$$\psi' = 1 + \frac{5}{4\,e} + \frac{7}{8\,e^2} + \frac{1}{e^3}.$$

Daneben gibt es noch mehrere von anderen Forschern aufgestellte Formeln mit nur wenig abweichenden Ergebnissen [26], [27], [28], [29]. Die Formel für den mit K bezeichneten Beiwert nach Wahl [27]

$$K = \frac{4\,e - 1}{4\,e - 4} + \frac{0{,}615}{e}$$

läßt sich in

$$K = \frac{e + 0{,}21125}{e - 1}$$

umformen und ohne Nachteil in

$$K = \frac{e + 0{,}2}{e - 1}$$

vereinfachen. In dieser Form prägt sie sich leicht dem Gedächtnis ein und macht ein Schaubild entbehrlich.

In vorzüglicher Übereinstimmung mit Göhners genauer Formel und ebenfalls leicht zu behalten ist die Näherungsformel von Bergsträsser [29]

$$\psi' = \frac{e + 0{,}5}{e - 0{,}75}.$$

Der genauere Wert der *Federung* läßt sich nach der Gleichung

$$f_o = \psi''' f \tag{21}$$

berechnen. ψ''' kann aus Abb. 102 entnommen werden. Wie ersichtlich, unterscheidet sich aber dieser Beiwert auch im ungünstigsten Fall nur so wenig von 1, daß die Berichtigung von f nach Gl. (21) schon wegen der Unsicherheit, die hinsichtlich der genauen Größe von G besteht, unnötig ist.

Bei Schraubenfedersätzen, die durch Beachtung der Gl. (18) für gleiches τ der Teilfedern entworfen sind, ist auch das max τ der Teilfedern gleich groß, da $\dfrac{r}{d}$ = konst und daher auch ψ' = konst.

5. Zahlenbeispiel. Die im 2. Zahlenbeispiel (S. 103) ermittelte Ventilfeder ist genauer zu berechnen.

Für das Formverhältnis $e = D/d = 7$ dieser Feder liefert die Formel $\psi' = 1{,}1962$ (die ψ'-Kurve in Abb. 102 ist nicht so genau gezeichnet), und alle nach dem Näherungsverfahren ermittelten τ-Werte sind mit diesem Faktor zu multiplizieren. Trotz der um 20% höheren wirklichen Spannung können die im 2. Beispiel gefundenen Abmessungen beibehalten werden, weil die dort zugelassenen Beanspruchungen im Hinblick auf die nach der genaueren Berechnung zu erwartende Spannungserhöhung entsprechend niedriger gewählt waren.

Es sei noch erwähnt, daß sich nach der vereinfachten Formel von WAHL der *Wahl-Faktor* $K = 1{,}1967$ ergibt.

18. Zylindrische Schraubenfedern mit Rechteckquerschnitt. *Angenäherte Berechnung.* Für einen Rechteckquerschnitt mit der größeren Seite h, der kleineren

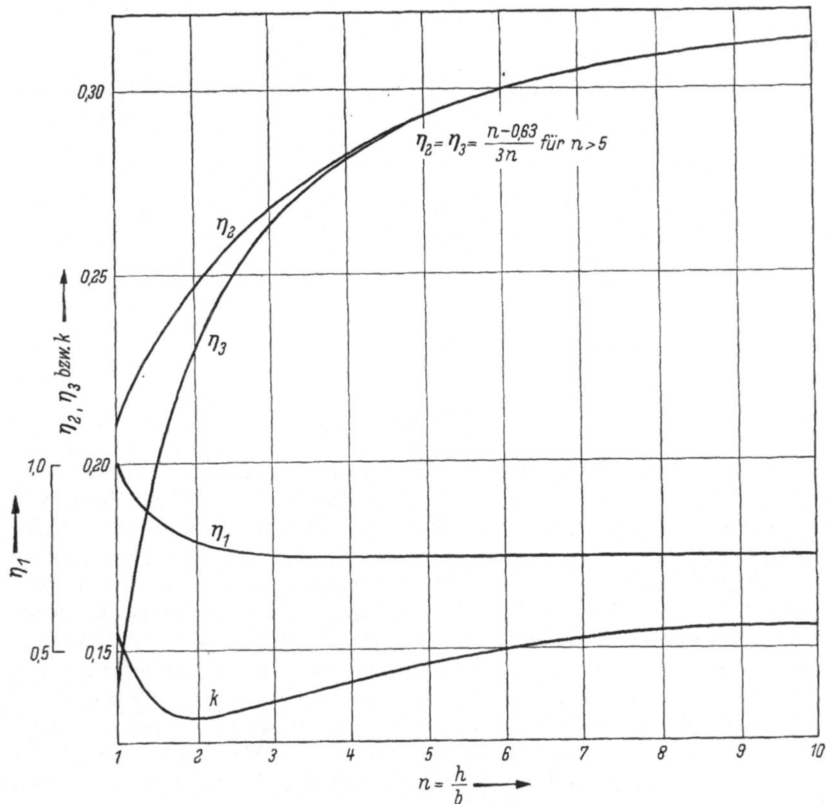

Abb. 103. Beiwerte η_1, η_2, η_3 und k für Rechteckquerschnitt

Seite b und dem Seitenverhältnis $n = h/b \geqq 1$ ist $k_w = \eta_2\,n\,b^3$ und $k_i = \eta_3\,n\,b^4$. Die vom Seitenverhältnis n abhängigen Beiwerte η_2 und η_3 können Abb. 103 [*30*] entnommen werden. *Mit h ist stets die größere Seite des Rechtecks zu bezeichnen*, gleichgültig ob sie parallel oder senkrecht zur Federachse steht. Die größte — in der Mitte von h auftretende — Drehspannung ist

$$\tau = \frac{r}{\eta_2\,n\,b^3}\,P. \tag{22}$$

In der Mitte von b tritt eine kleinere Spannung auf. Sie ergibt sich, wenn τ nach Gl. (22) mit dem Beiwert $\eta_1 \leqq 1$ nach Abb. 103 multipliziert wird. Die Federung f ist

$$f = \frac{2\,\pi}{\eta_3}\,\frac{i\,r^3}{n\,b^4\,G}\,P = \frac{1}{\eta_3}\,\frac{l\,r^2}{n\,b^4\,G}\,P = 2\,\pi\,\frac{\eta_2}{\eta_3}\,\frac{i\,r^2}{b\,G}\,\tau = \frac{\eta_2}{\eta_3}\,\frac{l\,r}{b\,G}\,\tau. \tag{23}$$

und mithin Einheitsfederung und Einheitskraft

$$C = \frac{f}{P} = \frac{2\pi}{\eta_3}\,\frac{i\,r^3}{n\,b^4\,G} = \frac{l\,r^2}{\eta_3\,n\,b^4\,G}\,,\tag{24}$$

$$c = \frac{\eta_3\,n\,b^4\,G}{2\,\pi\,i\,r^3} = \frac{\eta_3\,n\,b^4\,G}{l\,r^2}\,.\tag{25}$$

Mit der ebenfalls Abb. 103 zu entnehmenden Kennzahl $k = \dfrac{1}{2}\,\dfrac{\eta_2^2}{\eta_3}$ ist die Federarbeit

$$A = \frac{1}{2}\,\frac{\eta_2^2}{\eta_3}\,\frac{b\,h\,l}{G}\,\tau^2 = k\,\frac{V}{G}\,\tau^2.\tag{26}$$

Für den Sonderfall des quadratischen Querschnittes vereinfachen sich diese Gleichungen mit $h = b$, $n = 1$, $\eta_2 = 0{,}208$, $\eta_3 = 0{,}140$ und $k = 0{,}154$ in

$$\tau = 4{,}8\,\frac{r}{b^3}\,P,\tag{22a}$$

$$f = 44{,}9\,\frac{i\,r^3}{b^4\,G}\,P = 7{,}14\,\frac{l\,r^2}{b^4\,G}\,P = 9{,}34\,\frac{i\,r^2}{b\,G}\,\tau = 1{,}485\,\frac{l\,r}{b\,G}\,\tau,\tag{23a}$$

$$C = \frac{f}{P} = 44{,}9\,\frac{i\,r^3}{b^4\,G} = 7{,}14\,\frac{l\,r^2}{b^4\,G}\,,\tag{24a}$$

$$c = 0{,}0223\,\frac{b^4\,G}{i\,r^3} = 0{,}14\,\frac{b^4\,G}{l\,r^2}\,,\tag{25a}$$

$$A = 0{,}154\,\frac{b^2\,l}{G}\,\tau^2 = 0{,}154\,\frac{V}{G}\,\tau^2.\tag{26a}$$

Die Kennlinie ist nach Gln. (23) und (23a) eine Gerade.

Nach Abb. 103 senkt sich die Federkennzahl k von 0,154 für das Quadrat ($n = 1$) auf den Tiefstwert 0,132 für etwa $n = 2$ und strebt mit wachsendem n dem Grenzwert 0,167 zu. Hieraus folgt, daß der Werkstoff in Federn mit Rechteckquerschnitt durchweg wesentlich *schlechter* ausgenutzt wird als in Federn mit Kreisquerschnitt ($k = 0{,}25$). Diese Erscheinung erklärt sich aus der verschiedenartigen Spannungsverteilung in den beiden Querschnittsformen. Während die Drehspannung beim Kreis vom Mittelpunkt aus nach dem Umfang hin allseitig dem Mittelpunktabstand verhältnisgleich wächst und dort überall den Wert τ aufweist, ist die Spannungsverteilung beim Rechteck, wie schon aus der obenerwähnten verschiedenen Größe der Spannungen in der Mitte der Seiten h und b hervorgeht, ungleichmäßig, und zwar derart, daß die Eckbereiche verhältnismäßig niedrig beansprucht und die Ecken selbst überhaupt spannungsfrei sind. Die schlechtere Ausnutzung des *Werkstoffes* im Rechteckquerschnitt wird durch die Möglichkeit, den Querschnitt des für die Feder zur Verfügung stehenden Raumes viel besser auszunutzen, mehr als aufgewogen. Kommt es also darauf an, ein möglichst großes Verhältnis f/L_B zu erzielen, so ist die Feder mit Rechteckquerschnitt großen Seitenverhältnisses n der Feder mit Kreisquerschnitt weit überlegen, aber nicht einem Satz solcher Federn. Man kann sich auch gegebenen Raumverhältnissen mit dem Rechteckquerschnitt viel besser anpassen als mit Kreisquerschnitt.

Ein großer Nachteil der Federn mit Rechteckquerschnitt ist in ihren höheren Herstellungskosten zu erblicken. Wenn ein Stab mit Rechteckquerschnitt auf einen Dorn gewickelt wird, verformt sich das Rechteck in ein Trapez, dessen größere Grundlinie dem Dorn zugewandt ist. Die kleinere, außen liegende Grundlinie ist jedoch nicht gerade, sondern gegen den Dorn konvex gekrümmt. Diese Verformung tritt um so stärker in Erscheinung, je kleiner der Durchmesser des Wickeldorns ist.

Um nun in der fertigen Feder einen Rechteckquerschnitt zu erhalten, muß dieser beim Wickeln auftretenden Verformung durch eine im entgegengesetzten Sinn verzerrte Form des Walzstabquerschnittes begegnet werden. Da der Grad der notwendigen Verzerrung vom Wickeldorndurchmesser abhängt, läßt sich ein gegebenes Walzprofil nur für einen beschränkten Durchmesserbereich verwenden, wenn in der fertigen Feder die Abweichung vom genauen Rechteck in erträglichen Grenzen bleiben soll. Das Walzwerk ist daher gezwungen, eine entsprechend große Zahl von Walzen zu beschaffen und zu erhalten. Überdies fallen bei kleinen Stückzahlen die Kosten für das Walzen der im allgemeinen nicht vorrätigen Profilstäbe stark ins Gewicht. — Bei Rundstäben dagegen ist die durch das Wickeln entstehende Verzerrung ganz belanglos. Sie können daher für jeden beliebigen Windungsdurchmesser verwendet werden. Außerdem lassen sie sich zwecks Steigerung der Dauerfestigkeit durch einfaches Rundschleifen von der stets etwas narbigen und entkohlten Walzhaut befreien. Die kleineren Querschnitte (unter etwa 20 mm^2 Flächeninhalt), die sich nicht mehr walzen lassen, werden ohnehin von dem durch Ziehen hergestellten Runddraht beherrscht.

Dem Verfasser ist keine deutsche Norm für Darstellung, Ausführung, Toleranzen und Prüfung zylindrischer Schraubendruckfedern aus Vierkantstahl bekannt. Die britische Norm B. S. 1726 empfiehlt $i_g = i + 1{,}625$ für das Quadrat und $i_g = i + 2$ für das Rechteck, dessen größere Seite h auf der Federachse senkrecht steht.

In beiden Fällen ist als größte Blocklänge $L_B = (i_g - 0{,}5)\, b$ zu nehmen. Die Summe $S_a = L_n - L_B$ der Mindestwindungsabstände $\delta_{\min}$ ergibt sich aus dem Hinweis, daß die Nutzfederung $f_n = L_0 - L_n$ höchstens 85% der größtmöglichen Federung $f_B = L_0 - L_B$ betragen soll, also $f_n \leqq 0{,}85\, f_B$. Nun ist $f_B = f_n + S_a$ und daher $f_n \leqq 0{,}85\,(f_n + S_a)$ oder $S_a \geqq \left[\dfrac{0{,}15}{0{,}85}\, f_n = 0{,}1765\, f_n\right]$.

Da Federn mit Rechteckquerschnitt fast ausnahmslos warmgewalzt und nie geschliffen werden, läßt sich durch Vergleichen der britischen Formel für L_B mit der entsprechenden deutschen nach DIN 2096 feststellen, ob die britische Formel eine Sicherheit für Abweichungen des Rechteckquerschnittes von der *genauen* Rechteckform einschließt.

Ersetzt man in der deutschen Formel d durch b, so lautet sie $L_B = (i + 1{,}2)\, b$. Nach der britischen Formel ist für das Rechteck $L_B = (i_g - 0{,}5)\, b = (i + 2 - 0{,}5)\, b = (i + 1{,}5)\, b$ und für das Quadrat $L_B = (i + 1{,}625 - 0{,}5)\, b = (i + 1{,}125)\, b$. Mithin sieht die britische Formel für das Rechteck eine Sicherheit von $(1{,}5 - 1{,}2)\, b = 0{,}3\, b$ vor. Für das Quadrat ergibt sich hingegen $(1{,}125 - 1{,}2)\, b = -0{,}075\, b$, also *weniger* als bei der deutschen Formel für Rundstahl. Trotzdem versichern britische Federhersteller, niemals Schwierigkeiten gehabt zu haben.

6. Zahlenbeispiel. Es ist eine Feder aus Stahl mit Rechteckquerschnitt zu entwerfen, deren Außenhalbmesser $r_a = 14$ cm betragen kann und deren Innenhalbmesser $r_a = 9$ cm nicht unterschreiten darf. Bei $P = 3400$ kg Belastung und $\tau \leqq 6000$ kg/cm^2 soll sich die Feder um $f = 14$ cm zusammendrücken.

Aus den zulässigen Durchmessergrenzen ergibt sich der mittlere Windungshalbmesser zu

$$r = \frac{1}{2}\,(r_a + r_i) = 11{,}5 \text{ cm und die größere Seite des Rechteckes zu } h = 5 \text{ cm. Aus Gl. (22)}$$

folgt mit $b = \dfrac{h}{n}$ und — vorsichtshalber — $\tau = 5800$ kg/cm^2

$$\frac{\eta_2}{n^2} = \frac{P\,r}{\tau\,h^3} = \frac{3400 \cdot 11{,}5}{5800 \cdot 125} = 0{,}054\,.$$

Nach Abb. 103 genügen dieser Gleichung die zusammengehörigen Werte $n = 2{,}15$ und $\eta_2 = 0{,}25$. Das hieraus errechnete $b = \dfrac{h}{n} = \dfrac{5}{2{,}15} = 2{,}315$ cm wird auf $b = 2{,}3$ cm abgerundet, und die

Rechnung entsprechend mit $n = \dfrac{5}{2,3} = 2{,}175$, $\eta_2 = 0{,}252$ und $\eta_3 = 0{,}236$ weitergeführt. Die Feder ist demnach gemäß Gl. (22) mit

$$\tau = \frac{3400 \cdot 11{,}5}{0{,}252 \cdot 2{,}175 \cdot 12{,}15} = 5870 \; \text{kg/cm}^2$$

beansprucht. Die Windungszahl beträgt nach Gl. (23)

$$i = \frac{f \, \eta_3 \, b \, G}{2 \, \pi \, \eta_2 \, r^2 \, \tau} = \frac{14 \cdot 0{,}236 \cdot 2{,}3 \cdot 810\,000}{6{,}28 \cdot 0{,}252 \cdot 132{,}25 \cdot 5870} = 5.$$

Mit $i_g = i + 2 = 5 + 2 = 7$ und $S_a = 0{,}1765 \cdot 140 \approx 25$ mm nach der britischen Formel ist

$$L_n = (i_g - 0{,}5) \, b + S_a = 6{,}5 \cdot 23 + 25 = 149{,}5 + 25 = 174{,}5 \; \text{mm}.$$

Die wirksamen Windungen wiegen 32,6 kg.

Nach DIN 2096 wäre $S_a = 0{,}17 \cdot n \cdot b = 0{,}17 \cdot 5 \cdot 23 = 19{,}55$ mm. Mithin gibt die britische Formel für die Abweichung vom genauen Rechteck eine Toleranz von $25 - 19{,}55 = 5{,}45$ mm für die ganze Feder oder von $5{,}45/5 \approx 1{,}1$ mm für den kleinsten Windungsabstand $\delta_{\min}$.

Die Blocklänge ist nach der britischen Formel $L_B = 149{,}5$ mm und $0{,}3 \, b = 0{,}3 \cdot 23 = 6{,}9$ mm größer als nach DIN 2096.

Zum Vergleich sei für dieselben Werte von r_a, P, f und τ eine Feder mit quadratischem Querschnitt berechnet. Mit $r = r_a - b/2$ ist nach Gl. (22a)

$$\frac{b^3}{r_a - \dfrac{b}{2}} = \frac{4{,}8 \, P}{\tau}, \qquad b^3 + 2{,}4 \, \frac{P \, b}{\tau} - 4{,}8 \, \frac{P \, r_a}{\tau} = 0,$$

und nach Einsetzen der Zahlenwerte

$$b^3 + \frac{2{,}4 \cdot 3400}{5870} \, b - \frac{4{,}8 \cdot 3400 \cdot 14}{5870} = 0, \qquad b^3 + 1{,}39 \, b - 38{,}9 = 0.$$

Dieser Gleichung genügt $b = 3{,}25$ cm. Mit $r = r_a - b/2 = 14 - 1{,}625 = 12{,}375$ cm errechnet sich nach Gl. (22a)

$$\tau = \frac{4{,}8 \cdot 12{,}375}{34{,}33} \, 3400 = 5880 \; \text{kg/cm}^2,$$

und nach Gl. (23a)

$$i = \frac{f \, b \, G}{9{,}34 \, r^2 \, \tau} = \frac{14 \cdot 3{,}25 \cdot 810\,000}{9{,}34 \cdot 153{,}2 \cdot 5880} = 4{,}38.$$

Wieder mit $S_a = 25$ mm nach der britischen Formel und $i_g = i + 1{,}625 = 6{,}005 \approx 6$ ist

$$L_n = (6 - 0{,}5) \, 32{,}5 + 25 = 178{,}5 + 25 = 203{,}5 \; \text{mm}.$$

Die wirksamen Windungen wiegen 28,3 kg. Infolge der schlechteren Raumausnutzung ist also die Feder mit Quadratquerschnitt zwar länger, infolge des günstigeren Wertes von k aber leichter als die Feder mit Rechteckquerschnitt.

Eine für die gleichen Bedingungen entworfene Feder mit Kreisquerschnitt weist für $\tau = 5890$ kg/cm² folgende Abmessungen auf:

$$r = 12{,}345 \; \text{cm}; \qquad d = 3{,}31 \; \text{cm}; \qquad i = 3{,}24; \qquad L_n = 165{,}25 \; \text{mm}.$$

Mit einem Gewicht von nur 17 kg wäre diese Feder bei weitem die leichteste und dabei auch noch etwas kürzer als die Feder mit Rechteckquerschnitt.

Die Nachprüfung dieses Ergebnisses mittels der genaueren Berechnung wird aber zeigen, daß es hinsichtlich der Länge L_n nicht richtig ist.

Auch Federn mit quadratischem Querschnitt werden häufig zu Federsätzen zusammengestellt. Als Bedingung für gleiches τ gilt wieder Gl. (18), wenn b_1, b_2, b_3 usw. statt d_1, d_2, d_3 usw. geschrieben wird.

Genauere Berechnung. Nach der angenäherten Berechnung, die streng nur für unendlich großen mittleren Windungshalbmesser gilt, tritt die größte Drehspannung τ nach Gl. (22) stets in der Mitte der größeren Rechteckseite h auf, gleichgültig, ob diese Seite senkrecht oder parallel zur Federachse steht. Bei *endlicher* Krümmung dagegen, deren Einfluß die genauere Berechnung berücksichtigt, hängt es von der Lage der Seite h zur Federachse und von der Größe des Formverhältnisses e

ab, ob die größte Spannung auf der größeren Seite h oder der kleineren Seite b auftritt. Unter e ist bei Rechteckquerschnitt das Verhältnis von r zu der halben Größe der auf der Federachse *senkrecht* stehenden Rechteckseite zu verstehen, also

$$e = \frac{r}{\dfrac{h}{2}} = \frac{2\,r}{h}, \text{ wenn } h \text{ \textit{senkrecht}, und } e = \frac{2\,r}{b}, \text{ wenn } h \text{ \textit{parallel} zur Federachse steht.}$$

1. $e = \dfrac{2\,r}{h}$. *Die größere Rechteckseite h steht senkrecht auf der Federachse* (Abb. 90). Nach GÖHNER [*31*] ist

$$\max \tau_h = \psi_h' \cdot \tau \tag{27}$$

die größte auf der Seite h, aber nicht mehr in ihrer Mitte, sondern näher der Federachse auftretende Spannung, und

$$\max \tau_b = \psi_b' \cdot \tau, \tag{28}$$

die größte Spannung auf der Seite b, die in der Mitte dieser Seite auftritt.

Die für verschiedene e geltenden ψ_h' und ψ_b' sind in Abb. 104 in Abhängigkeit von n als Kurven aufgetragen, allerdings nur für $e = 2{,}5$ in ihrem vollständigen Verlauf. Wie ersichtlich, sind ψ_h' und ψ_b' für $e = 2{,}5$ bei $n = 4{,}85$ einander gleich ($\psi_h' = \psi_b' = 1{,}38$). Für $n > 4{,}85$ weist ψ_h', für $n < 4{,}85$ ψ_b' die größeren und daher für die Berechnung allein wichtigen Werte auf. Infolgedessen sind für $e = 3$, 4, 5 usw.

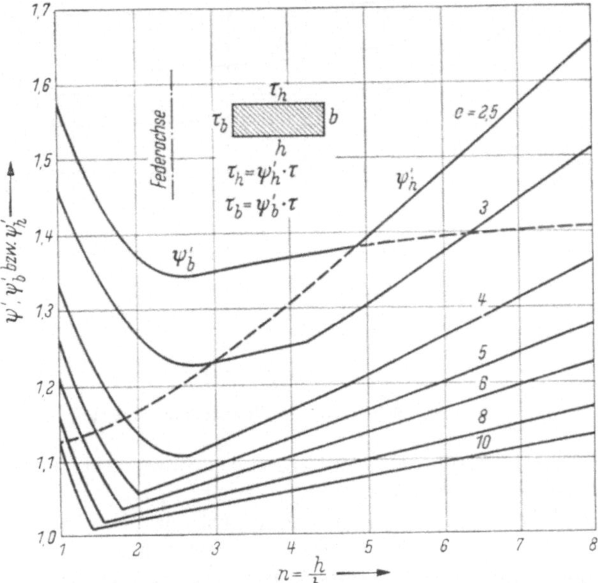

Abb. 104. Beiwert ψ' für Rechteckquerschnitt

lediglich diejenigen Kurvenäste gezeichnet, welche die größeren Werte liefern. Auf diese Weise sind die einen Knick aufweisenden Linienzüge entstanden. Um in einem gegebenen Fall $\max \tau$ zu ermitteln, ist es nur notwendig, ψ' für das betreffende e und n abzulesen und damit τ nach Gl. (22) oder für $n = 1$ nach Gl. (22a) zu multiplizieren. Die Gln. (27) und (28) lassen sich also zu der Formel

$$\max \tau = \psi' \cdot \tau \tag{29}$$

zusammenfassen.

Den genaueren Wert der Federung liefert nach GÖHNER die Formel

$$f_0 = \psi''' \cdot f. \tag{30}$$

ψ''' kann Abb. 105 entnommen werden.

Mittels der *strengen*, von GÖHNER angegebenen Lösungen für die Spannungsverteilung über den Querschnitt hat LIESECKE [*46*] das Ergebnis seiner Berechnungen in Formeln gefaßt, die *unmittelbar* die genaueren Werte für $\max \tau$, f_0 und A_0 zu berechnen gestatten, und zwar mit noch etwas größerer Genauigkeit als die

Gln. (29) und (30). Diese Formeln lauten:

$$\max \tau = \varphi\,\frac{2\,r}{n\,\sqrt{n}\,b^3}\,P = \varphi\,\frac{2\,r}{b\,h\,\sqrt{b\,h}}\,P\,,\tag{31}$$

$$f_0 = \chi\,\frac{8\,i\,r^3}{n^2\,b^4\,G}\,P = \chi\,\frac{8\,i\,r^3}{b^2\,h^2\,G}\,P\,, \qquad P = \frac{\chi}{\varphi}\,\frac{4\,i\,r^2}{\sqrt{n}\,b\,G}\,\max \tau\,,\tag{32}$$

$$A_0 = \frac{P\,f_0}{2} = \frac{\chi}{\varphi^2}\,\frac{n\,i\,r\,b^2}{G}\,\max \tau^2 = \frac{\chi}{2\,\pi\,\varphi^2}\,\frac{V}{G}\,\max \tau^2\,.\tag{33}$$

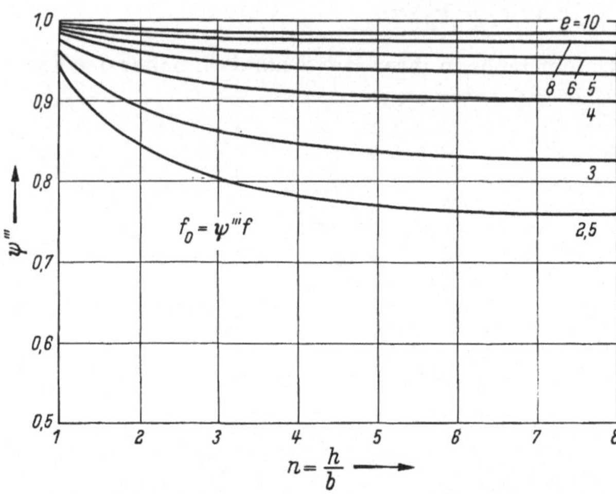

Abb. 105. Beiwert ψ''' für Rechteckquerschnitt

Die Beiwerte φ und χ sind aus den Abb. 106 und 107 zu entnehmen, und zwar für den hier betrachteten Fall, daß die *größere* Rechteckseite h auf der Federachse senkrecht steht $\left(e = \dfrac{2\cdot r}{h}\right)$, aus den Bereichen der Kurvenscharen *rechts* von der das Quadrat kennzeichnenden lotrechten, in der Mitte der Schaubilder gelegenen Geraden $n = 1$.

2. $e = \dfrac{2\,r}{b}$. *Die größere Rechteckseite h ist der Federachse parallel.*

Zylindrische Schraubenfedern dieser Art finden Verwendung, wenn das Verhältnis r_a/r_i des Außenhalbmessers r_a zum Innenhalbmesser r_i sehr klein und die Federkraft P verhältnismäßig groß ist. Die größte Spannung tritt selbstverständlich stets in der Mitte der der Federachse zugewandten größeren Seite h auf. Der Berechnung dienen wieder die Gln. (31) bis (33); die Beiwerte φ und χ sind den Abb. 106 und 107 zu entnehmen, jedoch entsprechend $e = \dfrac{2\,r}{b}$ den Bereichen *links* von der Lotrechten $n = 1$. Für $n > 5$ liefert nach LIESECKE die Näherungsgleichung

$$\max \tau = 1{,}5\,\frac{e+1}{b^2\,(n-0{,}63)}\,P = 0{,}5\,\frac{e+1}{\eta_2\,n\,b^2}\,P\tag{34}$$

ausreichend genaue Werte.

Man erhält praktisch das gleiche Ergebnis, ob man nun die angenäherte Berechnung mit ψ' und ψ''' berichtigt oder die Formeln von LIESECKE benutzt, die übrigens neuerdings durch Einbeziehen des Seitenverhältnisses n in die Beiwerte noch kompakter gestaltet sind [32].

In der 2. Aufl. dieses Buches war zu der berichtigten Berechnung der Federung bemerkt:

Obwohl die theoretische Richtigkeit der Formeln für f_0 außer Zweifel steht, werden ihre Ergebnisse durch die Erfahrung nicht bestätigt. Zwar sind die gemessenen Federungen etwas kleiner als die nach den Gln. (23) und (23a) errechneten, stimmen aber mit ihnen doch wesentlich besser überein als mit den Ergebnissen der Gln. (30) und (32). Es wird daher empfohlen, die Federung mittels der Gln. (23) und (23a) zu *berechnen und statt Gl. (33) die Gleichung*

$$A = \frac{P f}{2} = \frac{n}{8\,\eta_3\,\varphi^2}\,\frac{V}{G}\,\max\tau^2 \tag{33a}$$

zu benutzen.

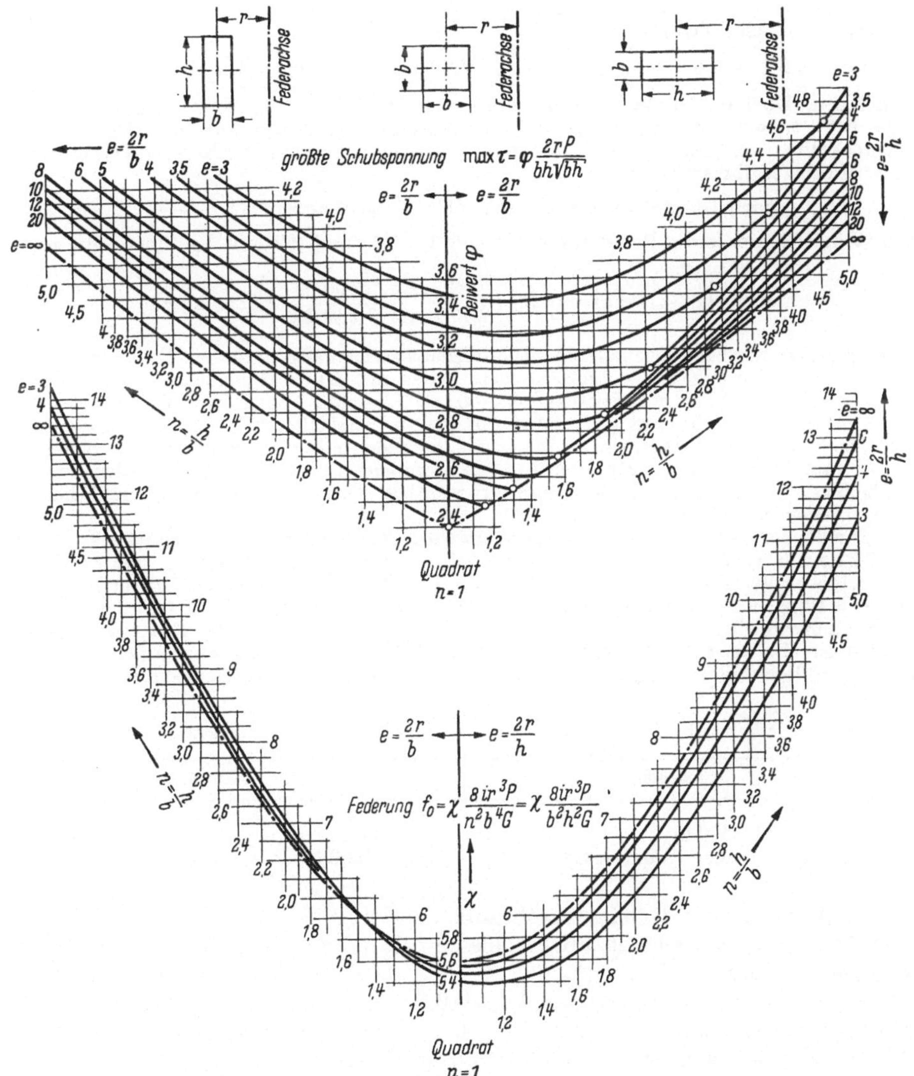

Abb. 106 u. 107. Beiwerte φ und χ für Rechteckquerschnitt

Die Richtigkeit dieser auf Erfahrungen des Verfassers beruhenden Bemerkung wird bestätigt durch das im Jahre 1948 herausgegebene Normblatt DIN 2090: *Zylindrische Schraubendruckfeder aus Vierkantstahl. Berechnung,* das dem Verfasser damals (1951) noch nicht bekannt war. Dieses Normblatt enthält das Schaubild Abb. 107 für χ (dort ε genannt) nicht; es ist ersetzt durch eine Zahlentafel der ε-Werte, die mit den χ-Werten der Abb. 107 für das Formverhältnis $e = \infty$ iden-

8*

tisch sind. Die ε-Werte sind ausdrücklich als *vorläufig* bezeichnet. Da inzwischen keine Neuauflage des Normblattes erschienen ist, scheint die Frage, was nun endgültig richtig ist, immer noch nicht geklärt zu sein. Vorher steht aber nichts im Wege, die Gln. (32) und (33) mit χ für $e = \infty$ zu benutzen.

7. Zahlenbeispiel. Die im 6. Zahlenbeispiel ermittelte Feder mit Rechteckquerschnitt ($r = 11,5$ cm, $b = 2,3$ cm, $h = 5$ cm, $i = 5$, $P = 3400$ kg, $f = 14$ cm, $\tau = 5870$ kg/cm²) soll genauer nachgerechnet werden.

Für $n = 2,175$ und $e = \dfrac{2\,r}{h} = \dfrac{2 \cdot 11,5}{5} = 4,6$ ist Abb. 104 durch Interpolieren $\psi' = 1,085$ zu entnehmen. Da dieser Punkt *links* von dem Knick des für $e = 4,6$ gezeichnet gedachten Linienzuges liegt, tritt die größte Spannung in der Mitte der der Federachse zugewandten *kleineren* Rechteckseite b auf (max τ_b); doch dürfte max τ_h wegen der Nähe des Knickes fast ebenso groß sein. Mithin ergibt sich

$$\text{nach Gl. (29)} \quad \max \tau = 1,085 \cdot 5870 = 6370 \text{ kg/cm}^2.$$

Zum Vergleich werde die Rechnung auch nach Gl. (31) und (32) durchgeführt. Mit $\varphi = 3,17$ ist

$$\text{nach Gl. (31)} \quad \max \tau = 3,17 \, \frac{2 \cdot 11,5 \cdot 3400}{2,175 \cdot 1,473 \cdot 12,15} = 6365 \text{ kg/cm}^2.$$

Die Ergebnisse der beiden genaueren Rechnungen stimmen also in diesem Falle genau überein.

Die Nachrechnung der entsprechenden Feder mit Quadratquerschnitt ($r = 12,375$ cm, $b = 3,25$ cm, $i = 4,38$, $\tau = 5880$ kg/cm², $L_n = 203,5$ mm) nach der Gl. (29) führt mit $n = 1$, $e = 2\,r/b = 7,62$ und $\psi' = 1,165$ auf max $\tau = 6850$ kg/cm². Um die Beanspruchung auf 6360 kg/cm² herabzusetzen, müßte man die Feder mit $r = 12,35$ cm, $b = 3,34$ cm und $i = 4,95$ ausführen. Dann ergäbe sich $L_n = 228$ mm und ein Gewicht der federnden Windungen von 33,8 kg. Diese Feder wäre also nur unwesentlich schwerer, aber ganz beträchtlich länger als die Feder $5 \times 2,3$ cm².

Schließlich sei die in demselben Beispiel erwähnte Feder mit Kreisquerschnitt ($r = 12,345$ cm, $d = 3,31$ cm, $i = 3,24$, $\tau_{\max} = 5890$ kg/cm², $L_n = 165,25$ mm) betrachtet. Mit $e = 7,46$ und $\psi' = 1,185$ ergibt sich max $\tau = 6980$ kg/cm². Um max $\tau = 6350$ kg/cm² zu erzielen, müßte man $r = 12,29$ cm, $d = 3,42$ cm und $i = 3,84$ wählen und erhielte dann $L_n = 203,3$ mm und ein Windungsgewicht von 21,4 kg. Aus Tab. 21 geht hervor, daß die Feder $5 \times 2,3$ cm² die kürzeste ist. Da der Innendurchmesser der Feder keiner Beschränkung unterliegen soll, könnte man ein größeres Seitenverhältnis n wählen und sie dadurch noch beträchtlich weiterverkürzen.

Tabelle 21. *Zusammenstellung der Ergebnisse des 7. Zahlenbeispiels*

Feder	$5 \times 2,3$ cm²	$3,34 \times 3,34$ cm²	$3,42$ cm $\varnothing$
Baulänge L_n bei 3400 kg	174,5 mm	228 mm	203,3 mm
Gewicht der federnden Windungen	32,6 kg	33,8 kg	21,4 kg

Die Berechnung der Druckschraubenfedern mit angelegten Endwindungen nach Abb. 88 kann nicht als abgeschlossen gelten, ohne daß eine interessante Entdeckung erwähnt wird.

Schon immer ist vermutet worden, daß die Lastachse einer solchen Feder nicht notwendigerweise mit ihrer geometrischen Achse zusammenfällt. H. C. Keysor [33] hat nun nachgewiesen, daß außermittige Belastung die Regel ist und — theoretisch — nur dann nicht auftritt, wenn die Zahl der Windungen zwischen den Punkten A' (oder a und b) ein *ungerades* Vielfaches von $^1/_2$ ist. Für *gerade* Vielfache ergeben sich hingegen Maxima der Exzentrizität, deren Höhe mit wachsender Windungszahl abnimmt. Das Auftreten der vorausberechneten Maxima ließ sich durch Versuche nachweisen. Dagegen zeigten sich selbst mit laboratoriumsmäßiger Genauigkeit hergestellte Federn, die nach der Theorie keine außermittige Belastung hätten aufweisen dürfen, nie ganz frei davon (vermutlich weil sich die Zahl der wirksamen Windungen mit zunehmender Belastung etwas verringert). Außermittige

Belastung erhöht aber örtlich die Beanspruchung. Wegen der — bei Reihenfertigung noch erhöhten — Unsicherheit empfiehlt Keysor, mit dem ungünstigsten Fall, d. h. mit der den Maxima der Exzentrizität entsprechenden Beanspruchungserhöhung zu rechnen. Er berücksichtigt sie durch einen Beiwert $\xi > 1$, mit dem max τ zu multiplizieren ist. Für Federn mit *Kreisquerschnitt* gibt er an

$$\xi = 1 + 0,5043\,\frac{d}{L_B} + 0,1213\left(\frac{d}{L_B}\right)^2 + 2,0584\left(\frac{d}{L_B}\right)^3.$$

Für die im 2. und 5. Zahlenbeispiel berechnete Ventilfeder mit $d = 4,25$ mm und $L_B = 27,6$ mm ergibt sich danach $\xi = 1,088$. In der nach dem 5. Beispiel um 20% zu erhöhenden Beanspruchung sind also weitere 8,8% zuzuschlagen.

Diese Erkenntnisse lassen die übliche Federberechnung, wie sie im Entwurf DIN 2089 und auch hier niedergelegt ist, als nicht mehr ganz sicher erscheinen. Sie müssen z. B. den Verdacht erwecken, daß es falsch ist, an einem bestimmten Federtyp festgestellte Dauerfestigkeitswerte zu verallgemeinern. Jedenfalls verdienen sie mehr Beachtung, als ihnen bisher geschenkt zu sein scheint.

19. Beurteilung der Ergebnisse der angenäherten und der genaueren Berechnung. Im Hinblick darauf, daß die angenäherte Berechnung vor Bekanntwerden der genaueren ausschließlich benutzt wurde und in den meisten Fällen brauchbare Federn lieferte, erscheint es angebracht, den Wert der genaueren Verfahren für die Praxis näher zu untersuchen. Selbstverständlich läßt sich die angenäherte Berechnung ohne Schaden immer dann anwenden, wenn der Festigkeitsrechnung *Erfahrungswerte* der zulässigen Drehspannung τ zugrunde gelegt werden, und wenn diese Erfahrungswerte zur Berechnung von Federn dienen, die ein *ähnliches Formverhältnis* aufweisen wie diejenigen, an denen die Erfahrungen gesammelt sind. Anderseits war es schon vor der Entwicklung der genaueren Verfahren längst bekannt, daß Mißerfolge einzutreten pflegten, wenn die Erfahrungswerte, die im allgemeinen an Federn

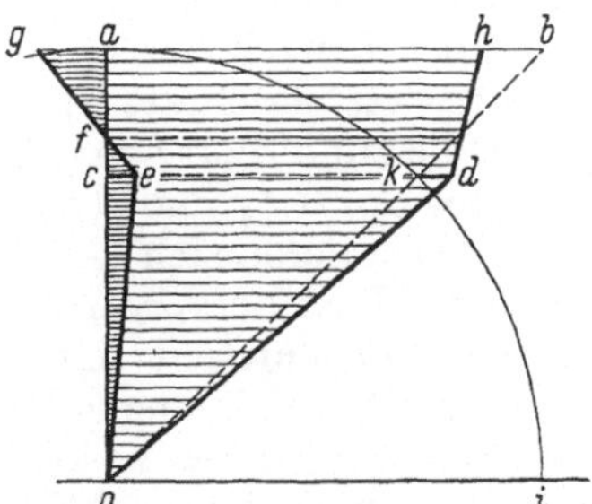

Abb. 108.   Spannungsverteilung in einem teilweise bleibend verdrehten Stab mit Kreisquerschnitt

mit den häufiger vorkommenden größeren Werten von e gewonnen waren, zur Berechnung von Federn mit ausgesprochen kleinem e benutzt wurden. Diese Erfahrung bestätigt die durch die genaueren Berechnungsverfahren offenbarte Erkenntnis, daß der Unterschied zwischen max τ und τ mit abnehmenden Werten von e stark wächst. Wenn hierdurch auch ein augenfälliger Nutzen der genaueren Berechnung als erwiesen gelten kann, so erscheint eine weitergehende Untersuchung doch als geboten.

Wenn eine Druckfeder nach ihrer Fertigstellung zum ersten Male belastet und wieder entlastet wird, so ist zu beobachten, daß sich die ursprüngliche Länge L_0 in unbelastetem Zustand auf ein kleineres Maß L_0' verkürzt hat; die Feder hat sich *gesetzt*. Wird der Versuch mit derselben Last wiederholt, so tritt eine weitere, schon wesentlich kleinere Verkürzung auf L_0'' ein. Mit der dritten, vierten und fünften Belastung pflegen aber die Längenverminderungen der Feder, welche die Länge $L_0^{(n)}$ angenommen haben möge, aufzuhören, wenn die Belastung nicht zu hoch gewählt ist; die Feder *steht*. Die Nachrechnung der Beanspruchung liefert dann oft Werte für τ und insbesondere für max τ, die nicht unbeträchtlich höher liegen, als die an einem Drehstab versuchsmäßig feststellbare Verdrehgrenze (entspricht der Streckgrenze beim Zugversuch), und sogar die Größe der Zugfestigkeit erreichen können.

Die Längenänderung um $L_0 - L_0^{(n)}$ kann selbstverständlich nur durch eine *plastische Verformung* der Feder zustande kommen, deren Auswirkung auf die Spannungsverteilung über den Querschnitt an Hand der Abb. 108 für eine Feder mit Kreisquerschnitt (e sehr groß und α sehr klein) betrachtet werden soll.

$O\,a$ sei ein Halbmesser des Kreisquerschnittes. Die Drehspannung würde vom Kreismittelpunkt ausgehend von Null gradlinig auf τ am Kreisumfang wachsen, also für den Halbmesser $O\,a$ beispielsweise gemäß der Geraden $O\,b$ auf die Randspannung $a\,b = \tau$ nach Gl. (13). Das wäre jedoch nur möglich, wenn $a\,b = \tau$ unterhalb der Verdrehgrenze bliebe. Ist aber diese Verdrehgrenze, welche die Größe $c\,d$ haben möge, wie gezeichnet, kleiner als $a\,b$, so wird der äußere Kreisring von der Breite a—c, in welchem die rechnungsmäßigen Drehspannungen nach der Geraden $O\,b$ größer sind als die Verdrehgrenze, bleibende Verformungen erfahren, die nach dem Entlasten die beobachtete Längenverminderung der Feder herbeiführen. Infolgedessen kann die Spannung nicht nach der Geraden $O\,b$ verlaufen, sondern muß etwa dem Linienzug $O\,d\,h$ folgen, dessen Gestalt noch begründet werden wird. In dem inneren Kreis, in welchem die Drehspannung unterhalb der Verdrehgrenze geblieben, und der daher durch die Belastung lediglich elastisch verformt ist, wollen zwar die Spannungen nach dem Entlasten auf Null zurückgehen, werden aber durch den plastisch verformten äußeren Kreisring daran gehindert. Es bleiben nach dem Entlasten im inneren Kreis Spannungen (sog. *Nachspannungen*) nach dem Linienzug $O\,e\,f$ zurück, denen im äußeren Kreisring entgegengesetzt gerichtete Spannungen nach der Linie $f\,g$ das Gleichgewicht halten, sofern die auf die zu $O\,a$ senkrechte Gerade $O\,i$ bezogenen Flächenträgheitsmomente der Dreiecke $O\,e\,f$ und $a\,f\,g$ einander gleich sind. Bei erneuter Belastung addieren oder subtrahieren sich — je nach dem Vorzeichen — die Nachspannungen zu den durch die Last hervorgerufenen und gemäß $O\,b$ verlaufenden rechnerischen Spannungen. Es entsteht dann der durch $k\,d = c\,e$ und $g\,h = a\,b = \tau$ bestimmte, schon erwähnte Linienzug $O\,d\,h$, demzufolge am Kreisumfang nicht mehr die scheinbare Spannung $a\,b = \tau$, sondern der kleinere Wert $a\,h$ auftritt. Anderseits sind die Spannungen im inneren Kreise vom Halbmesser $O\,f$ durchweg größer als die errechneten. dh verläuft nicht genau parallel zu $O\,a$, da die Verdrehgrenze im äußeren Kreisring infolge der durch die plastische Verformung bedingten Kaltverfestigung je nach dem Grad der Verformung über ihren ursprünglichen Wert $c\,d$ hinaus wächst und am Rande die Größe $a\,h$ erreicht. Zwar werden die Spannungen in Wirklichkeit nicht nach gebrochenen Linienzügen, wie sie Abb. 108 zeigt, sondern nach entsprechend gekrümmten Linien verlaufen; es bleibt aber richtig, daß bei allen höher beanspruchten Federn die in Wirklichkeit auftretenden Randspannungen kleiner sind als die nach Gl. (13) errechneten.

Setzen wirkt sich besonders günstig bei Querschnittsformen aus, die infolge stark ungleichmäßiger Spannungsverteilung den Werkstoff schlecht ausnutzen. Mehr als beim Kreis sind beim Rechteck unterbeanspruchte Querschnittsteile vorhanden, die zum Tragen herangezogen werden können. So erklärt sich die Tatsache, daß sich Stäbe mit Rechteckquerschnitt rechnerisch höher belasten lassen als solche mit Kreisquerschnitt.

Diese für einen geraden Drehstab angestellten Betrachtungen gelten *grundsätzlich* für *alle* Arten von Federn, deren Querschnitte ungleichmäßig beansprucht sind.

Bevor Setzen eintritt, unterscheidet sich die Spannungsverteilung in einer gewundenen Drehfeder von der im geraden Drehstab bekanntlich dadurch, daß die Spannung auf der Innenseite der Windung höher und auf der Außenseite niedriger ist als beim Stab. Beim Überlasten wird also Setzen innen beginnen und nach außen fortschreiten. Wie groß die wirkliche Höchstspannung $a\,h$ ist, die auf der Innenseite auftritt, läßt sich kaum angeben, weil sich nur die beim Belasten auftretende Spannungsänderung $g\,h = a\,b$ unmittelbar messen läßt. Dagegen stellen sich dem Bestimmen der Nachspannungen und damit der Höchstspannung bei gewundenen Federn die größten Schwierigkeiten entgegen.

Es bestehen aber gute Gründe anzunehmen, daß die wirkliche Höchstspannung viel näher an τ liegt als an $\max \tau$, und es erscheint daher als berechtigt, daß Entwurf DIN 2089, Juni 1959, von der genaueren Spannungsberechnung absieht, wenn Federn im Betrieb einer ruhenden oder sich nur selten ändernden Belastung unterworfen sind.

Die genauere Rechnung behält ihre Bedeutung im Hinblick auf die Dauerfestigkeit. Wenn Federn im Betrieb häufig wechselnden Belastungen unterworfen sind, hängt ihre Haltbarkeit in erster Linie davon ab, ob die durch die Lastschwankungen bedingten Spannungsunterschiede innerhalb der Grenzen der Dauerfestigkeit liegen. Nun setzt zwar die plastische Verformung die Höhe der Mittelspannung herab, sie vermag aber die Größe von Spannungsunterschieden nicht zu mindern. Das geht aus Abb. 108 ohne weiteres hervor. Die Randspannung, die durch eine Belastung P hervorgerufen sein möge, ist wegen der plastischen Verformung nicht $a\,b$, sondern nur $a\,h$. Wird aber die Feder völlig entlastet, so entsteht die negative Randspannung $a\,g$, d. h. der Laständerung P entspricht nicht etwa ein Spannungsunterschied $a\,h$, sondern $a\,h + a\,g = g\,h = a\,b$. Genau so ist es, wenn sich die Last, wie es meist der Fall ist, nicht gerade zwischen 0 und P, sondern zwischen zwei in diesem Bereich liegenden Lasten P_1 und P_2 ändert. Diesem Lastunterschied $P_2 - P_1$ entspricht nicht der Spannungsunterschied $\dfrac{P_2 - P_1}{P}\,a\,h$,

sondern $\dfrac{P_2 - P_1}{P}\,g\,h = \dfrac{P_2 - P_1}{P}\,a\,b$. Hieraus folgt, daß die plastische Verformung Spannungsunterschiede nicht mindert, und daß daher nur die genauere Rechnung die wahre Größe von Wechselspannungen zu ermitteln gestattet. Ein Mißerfolg wäre unvermeidlich, wenn etwa die an einer Ventilfeder mit großem e versuchsmäßig gefundene Dauerfestigkeit in Spannungswerten der Näherungsrechnung ausgedrückt und dann dem Entwurf einer Feder mit kleinem e zugrunde gelegt würde.

20. Die Knicksicherheit. [1], [34], [35], [36], [37]. Druckbeanspruchte Schraubenfedern unterliegen der Gefahr seitlichen Ausknickens genau so wie gerade Druckstäbe. Wenn die Druckkraft P eine bestimmte, von den Abmessungen des Stabes oder der Feder und von der Lagerung der Enden abhängige Größe P_k erreicht, krümmt sich plötzlich die anfänglich gerade Längsachse des Stabes oder der Feder; es tritt Ausknicken ein. Die kritische Kraft P_k heißt daher *Knicklast*, und das Verhältnis $\mathfrak{S} = \dfrac{P_k}{P}$ der Knicklast P_k zur tatsächlichen Belastung P oder der entsprechenden Federungen f_k und f wird *Knicksicherheit* genannt. In Abb. 109 sind die neun wichtigsten Fälle der Lagerung zylindrischer Schraubenfedern dargestellt. Die Federlänge L entspricht derjenigen Belastung P, für welche die Knicksicherheit der Feder untersucht werden soll. Die Art, wie die Federenden gelagert und geführt sind, wird durch den *Lagerungswert* v berücksichtigt; sie hat einen Einfluß auf die Knicklänge $L_k = v\,L$ und damit auf P_k. Soweit die Last P unmittelbar in der Ebene der Federstirnflächen angreift (Fall 1—5), sind die entsprechenden v-Werte bei den Bildern in Abb. 109 angegeben. Für die Fälle 6—9, in denen die Lastangriffspunkte um das Stück a innerhalb oder außerhalb der Federlänge L liegen, sind die zugehörigen v-Werte der Abb. 110 zu entnehmen, in der sie in Abhängigkeit von $\dfrac{L-2\,a}{L}$ und $\dfrac{L+2\,a}{L}$ für Fall 6 und 7, sowie von $\dfrac{L-a}{L}$ und $\dfrac{L+a}{L}$ für Fall 8 und 9 als Kurven aufgetragen sind.

Die Knicklast läßt sich berechnen aus der Formel

$$P_k = \frac{1}{2}\,S\left[\sqrt{1+\left(\frac{2\,\pi}{v\,L}\right)^2\frac{B}{S}}-1\right].\tag{35}$$

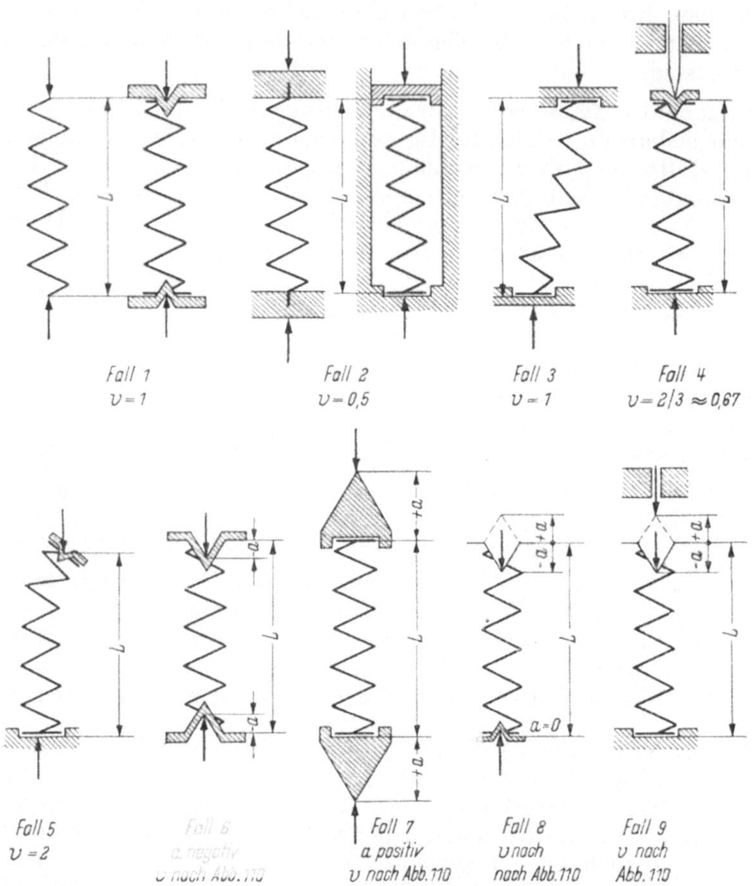

Abb. 109. Die wichtigsten Fälle der Lagerung auf Knickung beanspruchter Schraubenfedern

Es bedeutet

$$B = \frac{L\,G}{\pi\,i\,r}\frac{1}{\left(\dfrac{G/E}{J_1}+\dfrac{1}{k_i}\right)}\qquad \text{die Biegesteifigkeit}\tag{36}$$

$$\left.\phantom{\rule{0pt}{2em}}\right\}\ \text{der Feder,}$$

$$S = \frac{L\,J_2\,E}{\pi\,i\,r^3}\qquad \text{die Schubsteifigkeit}\tag{37}$$

J_1 das Trägheitsmoment der Federdraht- oder -stabquerschnittes in bezug auf die zur Federachse *senkrechte* Schwerachse.

J_2 wie vorstehend, aber bezogen auf die zur Federachse *parallele* Schwerachse.

L die der Belastung P_k entsprechende Federlänge.

Statt P_k zu berechnen, ist es zweckmäßiger, die entsprechende Federung f_k zu ermitteln. Mit $P_k = c\,f_k$ und $L = L_0 - f_k$ läßt sich Gl. (35) schreiben

$$f_k/L_0 = \frac{1}{2}\,\frac{1}{1 - \dfrac{c\,L_0}{S_0}}\left[1 \pm \sqrt{1 - \left(\frac{2\pi}{v\,L_0}\right)^2 \frac{B_0}{c\,L_0}\left(1 - \frac{c\,L_0}{S_0}\right)}\right]. \tag{38}$$

Hierin sind $B_0 = \dfrac{L_0}{L}\,B$ und $S_0 = \dfrac{L_0}{L}\,S$ die Steifigkeiten der unbelasteten Feder von der Länge L_0.

Mit $D = 2\,r$ ergeben sich hieraus für die verschiedenen Querschnittsformen die folgenden Gleichungen

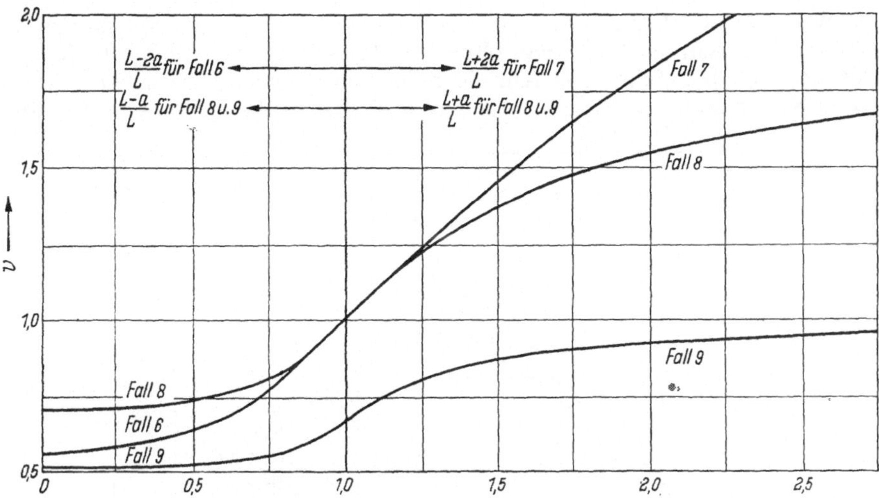

Abb. 110. v-Werte zu den Knickfällen 6—9 der Abb. 109

1. Kreisquerschnitt vom Durchmesser d

$$f_k/L_0 = \frac{1}{2}\,\frac{1}{1 - G/E}\left[1 \pm \sqrt{1 - 2\pi^2 \frac{1 - G/E}{1 + 2\,G/E}\left(\frac{D}{v\,L_0}\right)^2}\right]$$

und für *Stahl* mit $G/E = 0{,}386$

$$f_k/L_0 = 0{,}8144\left[1 \pm \sqrt{1 - 6{,}84\left(\frac{D}{v\,L_0}\right)^2}\right]. \tag{38a}$$

2. Rechteckquerschnitt ($n = h/b; h \geq b$).

In den folgenden Formeln ist $c = \dfrac{P}{f_0}$ nach Gl. (32) benutzt. Für χ sind die $e = \infty$ entsprechenden Werte einzusetzen.

a) $h \perp$ *Federachse*

$$f_k/L_0 = \frac{1}{2}\,\frac{1}{1 - \dfrac{3\pi\,G/E}{2\,n\,\chi}}\left[1 \pm \sqrt{1 - 2\pi^2 \frac{1 - \dfrac{3\pi\,G/E}{2\,n\,\chi}}{1 + \dfrac{3\pi\,n\,G/E}{\chi}}\left(\frac{D}{v\,L_0}\right)^2}\right]$$

oder für *Stahl*

$$f_k/L_0 = \frac{1}{2}\,\frac{1}{1 - \dfrac{1{,}82}{n\,\chi}}\left[1 \pm \sqrt{1 - 2\pi^2 \frac{1 - \dfrac{1{,}82}{n\,\chi}}{1 + 3{,}64\dfrac{n}{\chi}}\left(\frac{D}{v\,L_0}\right)^2}\right]. \tag{38b}$$

b) *h ∥ Federachse*

$$f_k/L_0 = \frac{1}{2}\,\frac{1}{1-\dfrac{3\,n\,\pi\,G/E}{2\,\chi}}\left[1 \pm \sqrt{1 - 2\,\pi^2\,\frac{1-\dfrac{3\,n\,\pi\,G/E}{2\,\chi}}{1+\dfrac{3\,\pi\,G/E}{n\,\chi}}\left(\frac{D}{v\,L_0}\right)^2}\right]$$

oder für *Stahl*

$$f_k/L_0 = \frac{1}{2}\,\frac{1}{1-1{,}82\,\dfrac{n}{\chi}}\left[1 \pm \sqrt{1 - 2\,\pi^2\,\frac{1-1{,}82\,\dfrac{n}{\chi}}{1+\dfrac{3{,}64}{n\,\chi}}\left(\frac{D}{v\,L_0}\right)^2}\right]. \tag{38c}$$

In den Abb. 111 und 112 ist $D/v\,L_0$ in Abhängigkeit von f_k/L_0 und f/L_0 aufgetragen. Mit Hilfe dieser Kurven kann man ohne jede Rechnung feststellen, ob eine Feder knicksicher ist oder nicht. Die Kurven teilen die Zeichenebene in einen *inneren*, zwischen Kurve und f_k/L_0-Achse liegenden, und einen äußeren Bereich. Der äußere

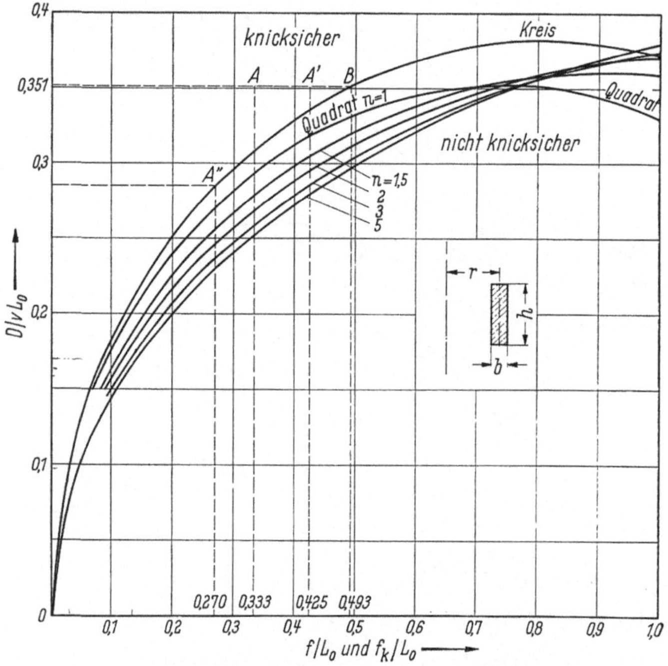

Abb. 111. Zur Bestimmung der Knicksicherheit

Bereich kennzeichnet Knicksicherheit, der innere Knickgefahr. Sind für eine Feder D, L_0 und v gegeben und soll ihre Knicksicherheit für die Federung f untersucht werden, so bildet man $D/v\,L_0$ und f/L_0. Liegt der diesen Koordinaten entsprechende Punkt im äußeren Bereich, so ist die Feder knicksicher. Andernfalls wird sie bestimmt ausknicken. Verlängert man im ersten Fall die Parallele zur Abszissenachse durch den Punkt $D/v\,L_0$ der Ordinatenachse, bis sie die Kurve schneidet, und hat dieser Schnittpunkt die Abszisse f_k/L_0, so ist $f_k/L_0 : f/L_0 > 1$ die Knicksicherheit $\mathfrak{S}$. Im zweiten Fall schneidet die Horizontale die Kurve ohnehin, und die Abszisse f_k/L_0 gibt an, bei welcher Zusammendrückung f Ausknicken eintritt. Ist $D/v\,L_0$ größer als die Scheitelhöhe der Kurve, so ist überhaupt kein Schnittpunkt vorhanden (die Quadratwurzel in den Gln. (38) wird in diesem Falle imaginär), und die Feder ist unbedingt knicksicher.

Besonders im Falle 2a (Abb. 112) kann es bei großen Werten von n vorkommen, daß die Horizontale durch $D/v\,L_0$ die Kurve zweimal schneidet. Dann ist die Feder bis zum ersten Schnittpunkt knicksicher, zwischen den Schnittpunkten unstabil und jenseits des zweiten Schnittpunktes wieder knicksicher. Dieses Verhalten ist bemerkenswert, aber wohl kaum von praktischer Bedeutung.

Die Kurven der Abb. 111 und 112 gelten für ideale Federn und nehmen keine Rücksicht auf unvermeidliche Herstellungsungenauigkeiten wie nicht ganz parallele Stirnflächen oder eine leichte Krümmung der Federachse infolge Verziehens beim

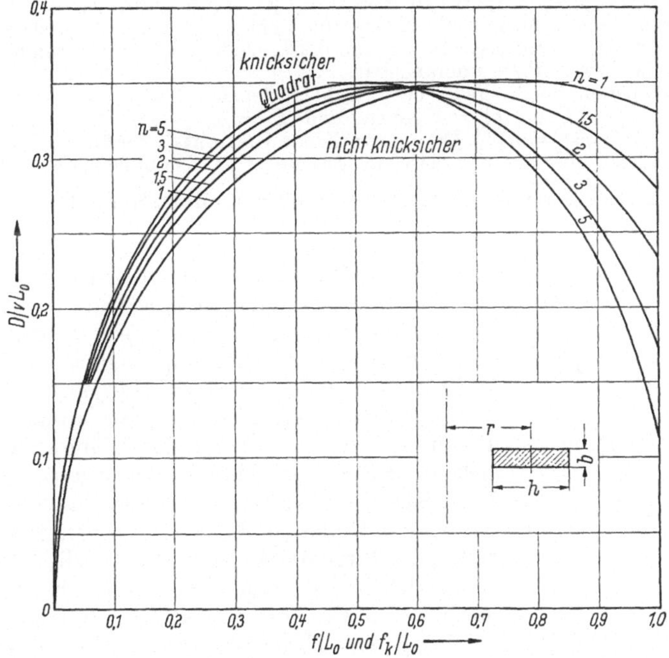

Abb. 112.
Zur Bestimmung der Knicksicherheit. (Der Hinweis Quadrat im Schaubild bezieht sich auf die Kurve $n = 1$)

Härten. Aber selbst ohne solche Mängel besteht keine Gewähr, daß die Feder genau zentrisch belastet ist [33]. Es ist daher dringend zu empfehlen, nicht zu nahe an den Grenzwert f_k/L_0 heranzugehen. Die Frage, was als angemessene Knicksicherheit anzusehen ist, läßt sich kaum allgemein beantworten.

Federn, die nicht knicksicher sind, müssen in einem Rohr oder auf einem Mittelbolzen geführt werden. Das verursacht Reibung und Abnutzung, die unter Umständen die Lebensdauer der Feder beeinträchtigt. Wenn der verfügbare Platz und die Arbeitsweise (langsames und stoßfreies Belasten und Entlasten) es gestatten, ist es besser, die Feder in knicksichere Teilfedern aufzulösen und Zwischenteller vorzusehen, die ihrerseits geführt werden können.

8. Zahlenbeispiel. Die im 1. Zahlenbeispiel (S. 102) behandelte Feder mit Kreisquerschnitt ($D = 10$ cm, $L_0 = 28{,}5$ cm, $L_n = 19$ cm, $f_n = 9{,}5$ cm; $L_B = 16{,}4$ cm; $f_B = 12{,}1$ cm) ist auf Knicksicherheit zu untersuchen.

Ist die Feder nach Fall 1 der Abb. 109 gelagert, so ist (mit $v = 1$) $D/v\,L_0 = D/L_0 = 10/28{,}5 = 0{,}351$. Die Horizontale mit der Ordinate $0{,}351$ schneidet die für Kreisquerschnitt geltende Kurve in Abb. 111 im Punkt B mit der Abszisse $f_k/L_0 = 0,493$. Die Feder würde also ausknicken, wenn sie sich um $f_k = 0,493 \cdot L_0 = 0,493 \cdot 28,5 = 14,05$ cm auf die Länge $L_0 - f_k = 28,5 - 14,05 = 14,45$ cm zusammendrücken ließe. Das ist aber nicht der Fall, weil die Blocklänge 16,4 cm beträgt; die Feder kann daher höchstens auf diese Länge um $f_B = 12,1$ cm zusammengedrückt werden. In diesem Zustand ist also noch die Sicherheit $\mathfrak{S} = f_k/f_B = 14,05/12,1 = 1,16$ vorhanden. Der blockgedrückten Feder entspricht in Abb. 111 der Punkt A' mit der Abszisse $f_B/L_0 = 12,1/28,5 = 0,425$, und die Sicherheit ergibt sich wiederum zu $\mathfrak{S} = 0,493/0,425 = 1,16$. Diese Sicherheit wäre betriebsmäßig etwas gering. Die Feder wird aber nur beim Prüfen blockgedrückt und kann dabei durch eine Führung gegen Ausknicken gesichert werden. Im Betriebe dagegen ist entsprechend der größten Zusammendrückung $f_n = 9,5$ cm, der in Abb. 111 der Punkt A mit der Abszisse $f_n/L_0 = 9,5/28,5 = 0,333$ entspricht, die als ausreichend zu erachtende Sicherheit $\mathfrak{S} = 0,493/0,333 = 1,48$ vorhanden.

Ist die Feder dagegen nach Fall 8 mit $a = +4,4$ cm gelagert, so entnimmt man Abb. 110 für $(L_n + a)/L_n = 23,4/19 = 1,231$ den Wert $v = 1,23$. Jetzt ist $D/v\,L_0 = 0,285$, und die entsprechende Horizontale schneidet die Kurven im Punkte A'' mit der Abszisse $f_k/L_0 = 0,270$. Die Feder knickt also schon aus, wenn sie um $0,270 \cdot 28,5 = 7,7$ cm zusammengedrückt wird, und ist daher in diesem Falle unbrauchbar.

9. Zahlenbeispiel. Bei der Feder des 6. Zahlenbeispiels (S. 111) ist $D = 2 \cdot 11,5 = 23$ cm, $L_n = 17,45$ cm, $f_n = 14$ cm, $L_n = 17,45$ cm und $L_0 = L_n + f_n = 31,45$ cm. Für $v = 1$ ist daher $D/v\,L_0 = 23/31,34 = 0,734$. Die entsprechende Horizontale verläuft außerhalb des Schaubildes Abb. 112 hoch über der Kurvenschar. Die Feder ist also unbedingt knicksicher und ist es auch noch für $v = 2$, weil $\dfrac{1}{2} \cdot 0,732 = 0,366$ größer ist als der Scheitelwert 0,346 der Kurve für $n = 2$.

21. Die Querfederung [1], [37]. Es gibt, z. B. bei der Lagerung von Maschinengrundplatten auf Schraubenfedern, Fälle, in denen auf die Federn außer Kraftwirkungen in Richtung der Federachse auch *Querkräfte* ausgeübt werden, welche die ursprünglich gerade Federachse zu krümmen, also die Feder zu biegen bestrebt sind. Die Verhältnisse liegen offenbar ganz ähnlich wie bei der Biegung gerader, zusätzlich durch eine axiale Druckkraft belasteter Stäbe (s. Abb. 15, wo allerdings Q eine Zugkraft ist). Der praktisch wichtigste Fall ist der, daß eine an beiden Enden in Federtellern gelagerte Schraubenfeder, die durch die Axialkraft P auf die Länge L zusammengedrückt ist, nach Abb. 113 durch eine Querkraft Q seitlich um die *Querfederung* f_q ausgebogen wird.

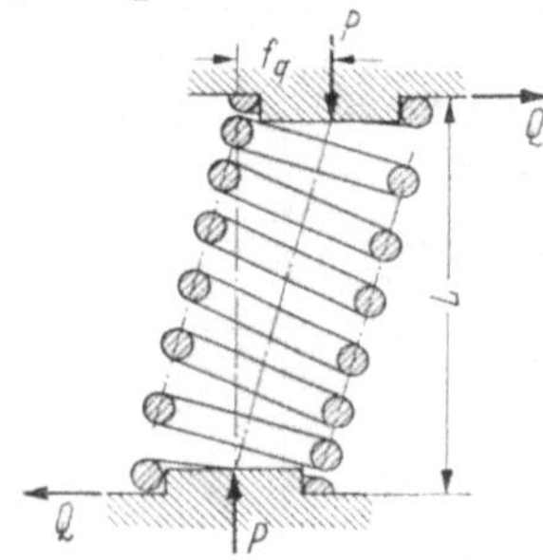

Abb. 113. Die Querfederung einer zylindrischen Schraubenfeder

Ist P eine *Drucklast* (Abb. 113), so läßt sich die Querfederung berechnen aus der Formel

$$f_q = \frac{Q}{P}\left[\frac{2}{\varkappa}\left(1 + \frac{P}{S}\right)\operatorname{tg}\frac{\varkappa\,L}{2} - L\right] \qquad \text{mit } \varkappa = \sqrt{\frac{P}{B}\left(1 + \frac{P}{S}\right)}. \qquad (39)$$

Die Biegesteifigkeit B und die Schubsteifigkeit S nach den Gln. (36) und (37) sind für:

Kreisquerschnitt

$$B = \frac{d^4\,G}{32\,(1 + 2\,G/E)\,i\,r}\,L = \frac{2\,r^2\,c}{1 + 2\,G/E}\,L, \text{ oder für } \textit{Stahl} \text{ mit } G/E = 0,386,$$
$$B = 1,128\,r^2\,c\,L, \qquad (40)$$

$$S = \frac{d^4\,G}{64\,(G/E)\,i\,r^3}\,L = \frac{c}{G/E}\,L, \text{ oder für } \textit{Stahl} \text{ mit } G/E = 0,386,\ S = 2,59\,c\,L. \qquad (41)$$

Rechteckquerschnitt ($h \perp$ Federachse)

$$B = \frac{b^2\,h^2\,G}{4\,\chi\left(1 + \dfrac{3\,n\,\pi\,G/E}{\gamma}\right)i\,r}\,L = \frac{2\,r^2\,c}{1 + \dfrac{3\,n\,\pi\,G/E}{\chi}}\,L, \text{ oder für } \textit{Stahl}\ B = \frac{2\,r^2\,c}{1 + 3,64\,n/\chi}\,L, \qquad (42)$$

$$S = \frac{n\,b^2\,h^2\,G}{12\,\pi\,(G/E)\,i\,r^3}\,L = \frac{2}{3}\frac{n\,\chi\,c}{\pi\,G/E}\,L, \text{ oder für } \textit{Stahl}\ S = 0,55\,n\,\chi\,c\,L. \qquad (43)$$

Das *größte Biegemoment* tritt an den Federenden auf; es hat die Größe

$$M_{\max} = \frac{Q}{\varkappa}\left(1 + \frac{P}{S}\right)\operatorname{tg}\frac{\varkappa L}{2} \tag{44}$$

und erzeugt die *zusätzliche Spannung*

$$\max \tau' = 5{,}093\,\frac{M_{\max}}{d^3}\,\psi' \quad \text{(Kreisquerschnitt)}, \tag{45}$$

$$\max \tau' = \frac{2\,\varphi\,M_{\max}}{b\,h\,\sqrt{b\,h}} \quad \text{(Rechteckquerschnitt)}, \tag{46}$$

die der durch die Axialkraft P hervorgerufenen Spannung $\max \tau$ hinzuzuzählen ist. Ist P eine *Zugkraft*, so geht Gl. (39) über in

$$f_q = \frac{Q}{P}\left[\frac{2}{\varkappa}\left(1 - \frac{P}{S}\right)\mathfrak{T}\mathrm{g}\,\frac{\varkappa L}{2} - L\right] \quad \text{mit } \varkappa = \sqrt{\frac{P}{B}\left(1 - \frac{P}{S}\right)}, \tag{39a}$$

und das *größte Biegemoment* ist

$$M_{\max} = \frac{Q}{\varkappa}\left(1 - \frac{P}{S}\right)\mathfrak{T}\mathrm{g}\,\frac{\varkappa L}{2}. \tag{44a}$$

Für $P = 0$ und $L = L_0$ gelten die Gleichungen

$$f_q = \frac{Q\,L_0^3}{B_0}\left\{\frac{1}{12} + \frac{1}{L_0^2}\,\frac{B_0}{S_0}\right\}, \tag{47}$$

$$M_{\max} = \frac{1}{2}\,Q\,L_0. \tag{48}$$

10. Zahlenbeispiel. Eine Druckfeder aus ölschlußgehärtetem Stahldraht hat die Abmessungen $d = 0{,}6$ cm, $r = 2{,}75$ cm, $i = 7$, $L_0 = 14$ cm.
Die axiale Einheitsfederung ist nach Gl. (15)

$$C = f/P = \frac{64 \cdot 7 \cdot 2{,}75^3}{0{,}6^4 \cdot 830\,000} = 0{,}0869 \text{ cm/kg,}$$

die axiale Einheitskraft

$$c = 1/C = 1/0{,}0869 = 11{,}51 \text{ kg/cm}$$

und die Beanspruchung infolge P nach Gl. (13) mit $\psi' = 1{,}15$ für $e = \dfrac{2 \cdot 2{,}75}{0{,}6} = 9{,}17$

$$\max \tau = 1{,}15 \cdot 5{,}093 \cdot \frac{2{,}75}{0{,}6^3} = 74{,}6\,P \text{ kg/cm}^2.$$

Mit der Länge $L = L_0 - f = L_0 - C\,P = 14 - 0{,}0869\,P = 0{,}0869\,(161{,}1 - P)$ erhält man aus den Gln. (40) und (41)

$$B = 1{,}128 \cdot 5{,}5^2 \cdot 11{,}51 \cdot 0{,}0869\,(161{,}1 - P) = 8{,}54\,(161{,}1 - P) \text{ kgcm}^2,$$

$$S = 2{,}59 \cdot 11{,}51 \cdot 0{,}0869\,(161{,}1 - P) = 2{,}59\,(161{,}1 - P) \text{ kg.}$$

Hieraus lassen sich B und S für verschiedene Werte von P leicht berechnen. Mit ihnen erhält man $\varkappa$ und aus Gl. (39) f_q. Für $P = $ konst ist die Linie $f_q = F(Q, P)$ offenbar eine Gerade. Ändert man P stufenweise, so erhält man ein Büschel von Geraden mit dem Ursprung in $Q = 0$, $f_q = 0$. Da die Kennlinien Gerade sind, genügt es, die Einheitskraft $c_q = Q/f_q$ für eine jede Axiallast P zu ermitteln. Die Ergebnisse sind in Tab. 22 zusammengestellt.
Um wieviel sich die Spannung durch die Querlast Q erhöht, soll für $Q = 6$ kg und verschiedene Werte von P untersucht werden. Man berechnet $M_{\max}$ nach Gl. (44) und, für $P = 0$, nach Gl. (48) und setzt die Ergebnisse in Gl. (45) ein, die dann lautet

$$\max \tau' = 1{,}15 \cdot 5{,}093\,\frac{M_{\max}}{0{,}6^3} = 27{,}1\,M_{\max} \text{ kg/cm}^2.$$

Die Beanspruchungen max τ, max τ' und ihre Summe Σ max τ sind ebenfalls aus Tab. 22 zu ersehen.

Tabelle 22. Ergebnisse des 10. Zahlenbeispiels

P	L	B	S	$1 + P/S$	$\varkappa$	$\operatorname{tg}\dfrac{\varkappa L}{2}$	c_q	f_q (Q = 6 kg)	M_{max}	max τ	max τ'	Σ max τ
kg	cm	cmkg²	kg	—	1/cm	—	kg/cm	cm	kg cm	kg/cm²	kg/cm²	kg/cm²
0	14,0	1375	418	1	0	0	5,010	1,20	42,0	0	1138	1138
20	12,26	1205	366	1,055	0,1322	1,0505	4,445	1,35	50,3	1490	1363	2853
40	10,52	1034	314	1,127	0,2087	1,9530	3,780	1,59	63,3	2980	1715	4695
60	8,78	863	262	1,229	0,2921	3,3728	3,060	1,96	85,1	4470	2310	6780
80	7,04	693	210	1,381	0,3992	5,9816	2,325	2,58	124,1	5960	3365	9325

Das beschriebene Berechnungsverfahren ist durch eingehende Versuche nachgeprüft worden [1]. Dabei hat sich gezeigt, daß Versuch und Rechnung nur dann befriedigend übereinstimmen, wenn die Zahl der an der Querfederung teilnehmenden Windungen genau bekannt ist, und wenn die Federenden *wirklich fest* eingespannt und nicht etwa bloß gemäß Abb. 113 in Federtellern gelagert sind. Bei Lagerung in Federtellern, die in allen Fällen, in denen eine große Zahl von Federn benötigt wird, z. B. bei der federnden Abstützung von Maschinengrundplatten, die einzig wirtschaftliche Art der Lagerung darstellt, sind die tatsächlichen c_q zum Teil *viel* kleiner als die errechneten, so daß den Ergebnissen der Berechnung gegenüber größte Vorsicht geboten ist. Sie liefert den oberen, in Wirklichkeit nie erreichten Grenzwert für c_q und vermag insofern nicht mehr als einen Anhalt zu bieten. Alle Versuche, den Einfluß der unvollkommenen Einspannung bei Lagerung in Federtellern rechnerisch zu erfassen, sind bisher gescheitert und zwar vermutlich an der unterschiedlichen Güte des Planschliffes der Federenden. So bleibt zunächst nichts anderes übrig, als c_q an einigen Probefeldern durch den Versuch zu bestimmen. Grobe Irrtümer lassen sich schon dadurch vermeiden, daß man die den verschiedenen P entsprechenden L an einer Probefeder durch einen Belastungsversuch bestimmt und aus der auf diese Weise gewonnenen Einheits(längs-)federung $C = f/P$ nach Gln. (15) oder (24) das Verhältnis G/i ermittelt und dieses Verhältnis, das auch in den Ausdrücken für B und S erscheint, der weiteren Berechnung zugrunde legt.

22. Eigenschwingungen zylindrischer Schraubenfedern. Federn bilden nicht nur im Verein mit einer an ihrem Lastangriffspunkte angebrachten Masse ein Schwingungssystem, sondern sie sind auch vermöge ihrer über ihre ganze Länge hin verteilten Eigenmasse zu — meist höchst unerwünschten — Eigenschwingungen befähigt. Das gilt selbstverständlich auch für die zylindrischen Schraubenfedern; ihre Eigenschwingungen sind insofern von ganz besonderer Bedeutung, als diese Federn mit Vorliebe zur Steuerung raschbewegter Maschinenteile, z. B. der Ventile der Verbrennungskraftmaschinen, benutzt wird und daher leicht der Gefahr ausgesetzt sind, in Eigenschwingungen zu geraten und infolge der mit Eigenschwingungen stets verbundenen Spannungserhöhungen zu brechen. Die Behandlung des wichtigen Gebietes der Schraubenfederschwingungen muß sich hier auf die wichtigsten Hinweise beschränken. Im übrigen sei auf das Schrifttum verwiesen [1].

a) Freie Schwingungen. Wird einer in ihrer Längsrichtung schwingenden Feder keinerlei Energie zugeführt, so vollführt sie freie Schwingungen, die mit gleichbleibender Schwingungsweite unbegrenzt fortdauern würden, wenn sie nicht die stets mehr oder minder vorhandene Dämpfung (z. B. infolge des Luftwiderstandes) durch stetige Verminderung der Schwingungsweite allmählich zum Abklingen brächte. Das freie Ende einer *einseitig eingespannten* Schraubenfeder vollführe ungedämpfte Schwingungen mit der Schwingungsweite oder Amplitude $A_l = \pm f$. Die Schwingungszahl oder Frequenz (Zahl der Schwingungen in der Sekunde) läßt sich aus der Gleichung

$$v_m = \frac{m}{4} \sqrt{\frac{c\,g}{W_F}} \tag{49}$$

berechnen, in der c die Einheitskraft in kg/cm, W_F das Gewicht der wirksamen Windungen der Feder in kg und $g = 981$ cm/s² die Schwerbeschleunigung bedeutet.

Für *Rundstahl* vom Durchmesser d geht Gl. (49) über

$$v_m = \frac{m\,d}{16\,\pi\,i\,r^2} \sqrt{\frac{g\,G}{2\,\gamma}} \tag{50}$$

oder, für $G = 830\,000$ kg/cm², mit dem spezifischen Gewicht $\gamma = 7,85 \cdot 10^{-3}$ kg/cm³ in

$$v_m = 4530\,\frac{m\,d}{i\,r^2}. \tag{50a}$$

Die entsprechenden Gleichungen für *Rechteckquerschnitt* lauten

$$v_m = \frac{m\,b}{8\,\pi\,i\,r^2} \sqrt{\frac{g\,G}{\gamma}}\,\eta_3 \tag{51}$$

und

$$v_m = 12810\,\frac{m\,b}{i\,r^2} \sqrt{\eta_3}. \tag{51a}$$

(d, b und r in cm).

Der Faktor m kann bei einseitiger Einspannung die Werte 1, 3, 5, 7 usw. annehmen. Die Schwingungszahlen einer Feder mit $r = 2$ cm mittlerem Windungshalbmesser, $i = 8$ wirksamen Windungen und $d = 0,1$ cm Stahldurchmesser sind $v_m = 14,15\,m$, also 14,15; 42, 45; 70, 75 . . . Hertz. Bei der Schwingung 1. Ordnung ($m = 1$), die auch *Grundschwingung* genannt wird, bewegen sich alle Teile der Feder mit Ausnahme des eingespannten Endes. Das freie Ende schlägt, wie schon erwähnt, um $A_l = \pm f$ um die Ruhelage aus. Gegen das eingespannte Ende hin nimmt die Amplitude ab, aber nicht geradlinig, also nach der Gleichung $A_x = \pm f\,\frac{x}{l}$, in der l die ganze Länge der abgewickelten wirksamen Windungen, x den auf dem abgewickelten Draht gemessenen Abstand der gerade betrachteten Stelle der Feder von der Einspannstelle ($x = 0$) und A_x die Schwingungsweite dieser Stelle x bezeichnet, sondern nach einer Sinuslinie mit der Gleichung $A_x = \pm f \sin\left(\frac{\pi}{2}\,\frac{x}{l}\right)$. Zeichnet man diese Sinuslinie, die sog. *Schwingungsform*, auf, indem man A_x über x aufträgt, und legt an irgendeiner Stelle x die Tangente an die Sinuslinie, so ist ihr Neigungswinkel α_x gegen die x-Achse ein Maß für die an dieser Stelle in der Feder herrschende Spannung. Diese Tangente hat die Gleichung $\mathrm{tg}\,\alpha_x = \frac{\pi}{2}\,\frac{f}{l}\cos\left(\frac{\pi}{2}\,\frac{x}{l}\right)$.

Für $x = l$ ist $\mathrm{tg}\,\alpha_l = 0$ wegen $\cos\frac{\pi}{2} = 0$, und für $x = 0$, also für das eingespannte Federende ist $\mathrm{tg}\,\alpha_0 = \frac{\pi}{2}\,\frac{f}{l}$ wegen $\cos 0 = 1$. Würde das freie Federende in *ruhendem Zustand* der Feder um $A_l = f$ ausgelenkt, so wäre offenbar die Spannung an allen Stellen x der Feder gleich groß, und die Gleichung für A_x eine Gerade mit dem Neigungswinkel

$$\mathrm{tg}\,\alpha_r = \frac{A_x}{x} = \frac{f}{l}.$$

Das Verhältnis

$$\frac{\operatorname{tg}\alpha_x}{\operatorname{tg}\alpha_r} = \frac{\pi}{2}\cos\left(\frac{\pi}{2}\,\frac{x}{l}\right) \gtreqless 1 \tag{52}$$

gibt nun an, ob die Spannung an einer Stelle x der mit der Schwingungsweite $A_l = f$ des freien Federendes *schwingenden* Feder größer, gleich oder kleiner ist, als wenn das freie Ende *ruhend* um f ausgelenkt wäre. Für $x = l$ ist nach Gl. (52) $\frac{\operatorname{tg}\alpha_l}{\operatorname{tg}\alpha_r} = 0$ und für $x = 0$ $\frac{\operatorname{tg}\alpha_0}{\operatorname{tg}\alpha_r} = \frac{\pi}{2}$. Das besagt, daß das freie Federende ($x = l$) spannungslos ist, während an der Einspannstelle ($x = 0$) eine um das $\frac{\pi}{2}$-fache, d. h. um 57% höhere Spannung herrscht als bei *ruhend* ausgelenkter Feder. Die Stellen größter Bewegung, die *Schwingungsbäuche*, sind immer spannungslos, während die größte Spannung in den stets in Ruhe befindlichen Punkten der Feder, den *Schwingungsknoten*, auftritt. Eingespannte Stellen sind also stets Schwingungsknoten. Bei der mit der Grundschwingung schwingenden einseitig eingespannten Feder ist nur *ein* Schwingungsknoten ($x = 0$) und *ein* Schwingungsbauch ($x = l$) vorhanden. Bei den Schwingungen höherer Ordnung dagegen treten Schwingungsknoten auch an den Stellen $\frac{2}{m}\,l$, $\frac{4}{m}\,l$, $\frac{6}{m}\,l$, $\frac{8}{m}\,l$ usw. auf, also z. B. für $m = 5$ an den Stellen 0, $\frac{2}{5}\,l$ und $\frac{4}{5}\,l$, während sich Schwingungsbäuche immer zwischen je zwei Knoten, also bei $\frac{l}{5}$, $\frac{3}{5}\,l$ und l ausbilden. Die Spannung in den Knoten einer in den Schwingungsbäuchen mit der Schwingungsweite $A_l = \pm\,f$ schwingenden, einseitig eingespannten Feder ist *allgemein* das $m\,\frac{\pi}{2}$-fache der Spannung, die in der am freien Ende um f *ruhend* ausgelenkten Feder auftritt.

Der Kehrwert der Schwingungszahl oder Frequenz ist bekanntlich die Schwingungsdauer oder Periode $T_m = 1/\nu_m$, nach deren Ablauf die Feder wieder ihre Anfangsgestalt annimmt. Ist also das freie Ende einer mit der Grundschwingungszahl ν_1 schwingenden Feder zur Zeit $t = 0$ um die Amplitude $+A_l$ von der Ruhelage entfernt, so wird es sich nach Ablauf von T_1 sec wieder in dieser Lage befinden, nachdem es nach $T_1/4$ sec durch die Ruhelage gegangen war, nach $T_1/2$ sec den Abstand $-A_l$ angenommen und nach $^3/_4\,T_1$ wieder durch die Ruhelage gegangen war.

Wird eine Feder um $f = +A_l$ zusammengedrückt oder um $-A_l$ gedehnt und plötzlich losgelassen, so vollführt sie außer der Grundschwingung auch alle Oberschwingungen mit den Schwingungsdauern T_3, T_5, T_7 usw. Das freie Ende geht aber trotzdem nach $T_1/4$ sec zum ersten Male durch die Ruhelage. Die Zeit $T_1/4$ wird *Entspannungszeit* genannt.

Die einseitig eingespannte Feder mit ganz freiem Ende spielt technisch kaum eine Rolle; um so mehr aber, wenn an dem freien Ende B eine Masse vom Gewicht W befestigt ist (Abb. 114). In diesem Falle ist das Ende B nicht dauernd spannungsfrei, weil W periodisch beschleunigt und verzögert werden muß. Zwar läßt sich die Schwingungszahl wieder nach Gl. (49) berechnen, aber m ist nicht mehr eine ganze Zahl, sondern eine gebrochene, die sich aus der Gleichung

$$\frac{m\pi}{2}\operatorname{tg}\frac{m\pi}{2} = \frac{W_F}{W} \tag{53}$$

bestimmen läßt. Da W_F und W gegeben sind (bei Druckfedern muß zu W das Gewicht einer Endwindung und bei Zugfedern das Gewicht eines Öse oder dgl. hinzugefügt werden!), kann m nur durch langwieriges Versuchen oder zeichnerisch gefunden werden. Man geht daher zweckmäßigerweise umgekehrt vor; man wählt m und rechnet W_F/W aus. Auf diese Weise ist Tab. 23 entstanden, bei deren Gebrauch zu beachten ist, daß m in Abhängigkeit von W/W_F und nicht von W_F/W gegeben ist. Das ist mit Rücksicht auf günstigere Gestaltung des dieser Tabelle entsprechenden Schaubildes Abb. 115 geschehen.

Tabelle 23. *m-Werte in Abhängigkeit von W/W_F (Grundschwingung)*

W/W_F	∞	10	5	3,333	2,5	2,0	1,667	1,430	1,25
m	0	0,198	0,275	0,330	0,375	0,415	0,450	0,480	0,505

W/W_F	1,111	1,0	0,667	0,5	0,4	0,333	0,2	0,1	0
m	0,528	0,548	0,630	0,685	0,726	0,785	0,838	0,910	1,0

Um das Ablesen für die besonders wichtigen kleinen Werte von W/W_F zu erleichtern, ist für den Bereich 0 bis 1,0 ein 10-fach größerer (oberer) Abszissenmaßstab gewählt als für den Bereich 1,0 bis 10 (unterer Maßstab).

Tab. 23 zeigt, daß $m = 1$ ist für $W/W_F = 0$, also für $W = 0$. Damit ist der Anschluß an den vorher erörterten Fall des völlig freien Federendes erwiesen.

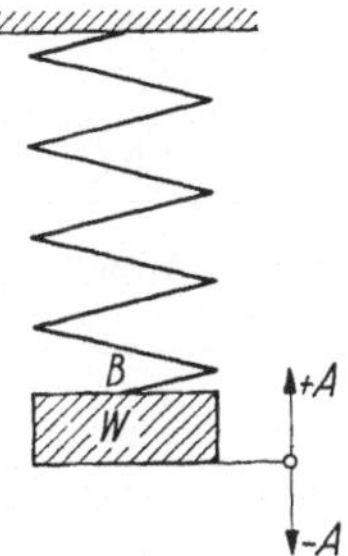

Abb. 114. Schwingendes System, bestehend aus einer Feder und einer Masse

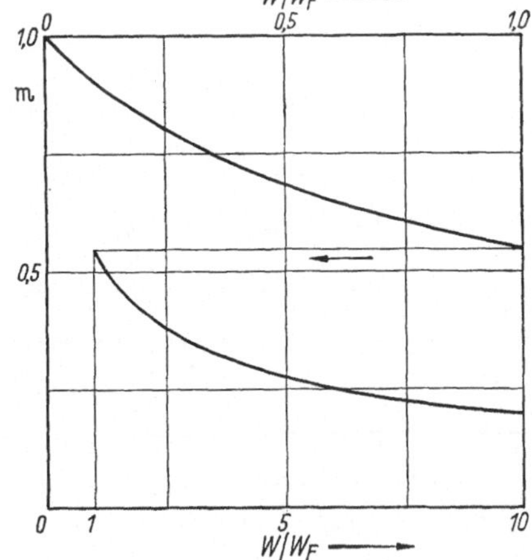

Abb. 115. Faktor m in Abhängigkeit von W/W_F nach Gl. (52)

Tangens ist eine periodische Funktion; es ist $\operatorname{tg} \alpha = \operatorname{tg}(\pi + \alpha) = \operatorname{tg}(2\pi + \alpha)$ usw. Der Wertbereich $m = 1,0$ bis 0 ist daher nicht die einzige Lösung der Gl. (53). Es läßt sich zeigen, daß sie auch durch die Schwingungen höherer Ordnung entsprechenden Wertbereiche $m = 3$ bis 2, $m = 5$ bis 3 usw. erfüllt wird. So entspricht dem Verhältnis $W/W_F = 0,1$ im Bereich 3,0 bis 2,0 der Wert $m = 2,7412$, der etwas mehr als dreimal so groß ist wie $m = 0,910$ für die Grundschwingung (s. Tab. 23). Nach dem vorher angegebenen Gesetz für die Lage der Schwingungsknoten, tritt bei der Schwingung 2. Ordnung außer an der Einspannstelle auch im Abstand

$$\frac{2}{m}\, l = \frac{2}{2,7412}\, l = 0,727\, l$$

vom eingespannten Ende ein Knoten auf.

Die größte Beanspruchung der Feder eines mit der Amplitude $\pm A$ schwingenden Systems nach Abb. 114 ist das $m\,\pi/2$-fache der durch eine ruhende Auslenkung um den Betrag A hervorgerufenen.

Abb. 116 zeigt ein anderes technisch wichtiges Schwingungssystem. Obwohl in Reihe angeordnet, sind die Federn in bezug auf W doch parallel geschaltet und wirken auf die Masse genau so, als wenn sie auf derselben Seite von W angeordnet wären. Sind die Federn gleich, so üben sie die doppelte Kraft der einzelnen Feder auf W aus, oder, anders ausgedrückt, die einzelne Feder hat nur $W/2$ zu beschleunigen oder zu verzögern. Daher ist m für $W/2\,W_F$ aus Abb. 115 zu entnehmen. Im übrigen gilt, was für das Einfedersystem gesagt ist.

Nach dieser Betrachtung läßt sich das Verfahren leicht auf eine beliebige Anzahl gleicher Federn anwenden.

Wenn das Verhältnis W_F/W sehr klein ist, kann man die Eigenschwingungszahl praktisch ohne Fehler nach der bekannten Formel

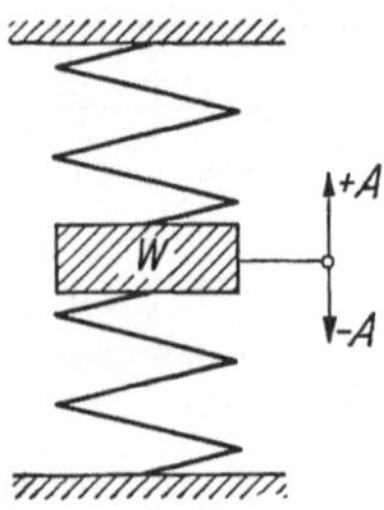

$$\nu' = \frac{1}{2\pi}\sqrt{\frac{c\,g}{W}} \qquad (54)$$

berechnen. Sind aber W_F und W von gleicher oder ähnlicher Größenordnung, so kann Gl. (54) zu beträchtlichen Irrtümern führen. Dividiert man Gl. (54) durch Gl. (49), so erhält man das Verhältnis

$$\frac{\nu'}{\nu} = \frac{2}{m\,\pi}\sqrt{\frac{W_F}{W}}, \qquad (55)$$

Abb. 116. Schwingendes System, bestehend aus zwei Federn und einer Masse

das angibt, um wieviel die nach Gl. (54) berechnete Eigenschwingungszahl zu groß ist. Die Auswertung der Gl. (54) liefert die Tab. 24.

Tabelle 24. *Verhältnis ν'/ν der ohne und mit Berücksichtigung der Federmasse berechneten Eigenschwingungszahlen*

W_F/W	0	0,1	0,2	0,3	0,4	0,5	0,6	0,7	0,8
ν/ν'	1	1,019	1,037	1,058	1,076	1,088	1,099	1,113	1,131

W_F/W	0,9	1,0	1,5	2,0	2,5	3	4	6	10
ν'/ν	1,146	1,165	1,241	1,318	1,390	1,459	1,585	1,814	2,220

Selbst wenn W zehnmal so groß ist wie W_F, beträgt der Fehler noch fast 2%. Sind *beide* Enden der Feder eingespannt, wie es bei Ventilfedern der Fall ist, so lautet die Frequenzgleichung

$$\nu_m = \frac{m}{2}\sqrt{\frac{c\,g}{W_F}} \qquad \text{mit } m = 1, 2, 3, 4 \text{ usw.} \qquad (56)$$

Die Gln. (50) bis (51a) gelten, wenn man die rechten Seiten mit zwei multipliziert. Demnach ist die Grundfrequenz ($m = 1$) in diesem Falle doppelt so groß wie bei einseitiger Einspannung. Schwingungsknoten können außer bei $x = 0$ und $x = l$ auch an den Stellen l/m, $2\,l/m$, $3\,l/m$ usw. auftreten, also für $m = 3$ an den Stellen $0, l/3, 2/3\,l$ und l.

b) Erzwungene Schwingungen [1], [38], [39]. Das eine Ende einer zylindrischen Schraubenfeder sei eingespannt, das andere werde in Richtung der Federachse nach einem Sinusgesetz mit den Größtausschlägen $\pm\,h$ hin und her bewegt. Dieser Fall läge vor, wenn das Federende durch eine Kurbelschleife mit dem Kurbelkreishalbmesser h gesteuert würde, deren Welle mit der Drehzahl $n = 60\,\nu$ in der Minute umläuft. Er wird in reiner Form eigentlich nur in Dauerprüfmaschinen verwirklicht; aber z. B. die Umrißlinie des Steuernockens der Ventilsteuerungen läßt sich stets als eine Überlagerung von Sinuslinien auffassen. Die Zwangsbewegung des Federendes setzt sich daher aus überlagerten Sinusbewegungen (den sog. *Harmonischen*) verschiedener Schwingungsweiten h_m und Schwingungszahlen v'_m zusammen; die v'_m sind stets ganze Vielfache der sekundlichen Drehzahl v des Steuernockens. Die Zwangsbewegung wird auf diese Weise auf die erwähnte reine Sinusbewegung zurückgeführt; man braucht sich nur vorzustellen, daß eine jede Harmonische durch eine besondere Kurbelschleife erzeugt wird, deren Kurbelkreishalbmesser gleich der Schwingungsweite h_m und deren sekundliche Drehzahl gleich der Schwingungszahl v'_m dieser Harmonischen ist. Die einzelnen h_m und v'_m lassen sich durch *harmonische Analyse* der durch Umrißlinie und Drehzahl des Steuernockens bedingten Ventilerhebungskurve bestimmen (etwa nach dem Verfahren von RUNGE [*40*]). Damit sind die Harmonischen, mit deren Auftreten zu rechnen ist, bekannt. Sie müssen für die störenden und oft zu vorzeitigem Bruch führenden Schwingungen verantwortlich gemacht werden, die sich an den Ventilfedern rasch laufender Kraftmaschinen häufig beobachten lassen. Diese Schwingungen erreichen nämlich ihre größte Schwingungsweite immer dann, wenn die Nockendrehzahl und eine der Eigenschwingungszahlen der Feder nach Gl. (57) in einem ganzzahligen Verhältnis zueinander stehen. In diesem Falle liegt *Resonanz* vor, und die Schwingungsweite müßte eigentlich unendlich groß werden, wenn sie nicht durch die stets vorhandene Dämpfung, wie sie schon durch die die Feder umgebende Luft hervorgerufen wird, auf endliche Werte herabgedrückt würde. Die Schwingungsweite ist aber auch schon dann größer als die Schwingungsweite h_m der erregenden Harmonischen der Ventilerhebungskurve, wenn die Schwingungszahl v'_m der Harmonischen *in der Nähe* einer der Eigenschwingungszahlen v_m der Feder liegt, wenn sich also das *Abstimmungsverhältnis* $w = \dfrac{v'_m}{v_m}$ nicht wesentlich von den Zahlen 1, 2, 3 usw. unterscheidet.

Von besonderer Bedeutung sind die durch die erzwungenen Schwingungen bedingten *Spannungserhöhungen*, d. h. die Spannungssteigerungen gegenüber der um den Betrag h_m *ruhend* gedehnten oder zusammengedrückten Feder. Sie sind selbstverständlich wieder am größten in den Schwingungsknoten, die an den Stellen $x = 0,\ l/w,\ 2\,l/w,\ 3\,l/w$ usw. auftreten. Die *theoretische* Spannungserhöhung ist gegeben durch das Verhältnis

$$\tau_{dyn}/\tau_r = \frac{w\,\pi}{\sin(w\,\pi)}\,, \tag{57}$$

das für $w = 1, 2, 3$ usw. (Resonanz) unendlich groß wird, und den Wert eins annimmt, wenn v'_m und damit auch w gleich null ist (Feder ruhend). Infolge der immer vorhandenen Dämpfung ist die *wirkliche* Spannungerhöhung kleiner. Sie läßt sich dadurch ermitteln, daß man die *Schwingungsform* der Feder, d. h. ihre Gestalt in dem Augenblick, in dem alle ihre Punkte am weitesten aus der Ruhelage ausgelenkt sind, stroboskopisch aufnimmt und Tangenten an diese Kurve legt. Das Verhältnis der Neigung dieser Tangenten gegen die x-Achse zu der Neigung $\operatorname{tg} \alpha_r = \dfrac{h}{l}$ der Geraden, die durch die Nockenhöhe h und die Länge l der Feder im abgewickelten Zustand bestimmt ist, gibt die wirkliche Spannungserhöhung gegenüber der um die Nockenhöhe h *ruhend* gedehnten oder zusammengedrückten Feder.

Federschwingungen lassen sich am wirksamsten dadurch vermeiden, daß man Resonanzen bis zu hohen Ordnungen überhaupt unmöglich macht, d. h. einerseits die Eigenschwingungszahlen der Feder so hoch legt, wie es die Dauerfestigkeit des Werkstoffes nur irgend zuläßt, und anderseits durch geeignete Gestaltung des Nockenumrisses Harmonische hoher Ordnung nach Möglichkeit vermeidet. Auch Schraubenfedern mit ungleichförmiger Steigung haben sich bewährt [47].

B. Die Kegelstumpffedern

Diese Federart, von der die Abb. 91 und 92 Beispiele zeigen, unterscheidet sich von der zylindrischen Schraubenfeder hauptsächlich dadurch, daß der mittlere Windungshalbmesser nicht unveränderlich ist, sondern von einem kleinsten Wert r_0 auf einen größten Wert r_l wächst.

23. Die üblichen Berechnungsformeln. Die übliche Berechnung beschränkt sich auf Federn, deren Querschnitt in allen wirksamen Windungen dieselbe Größe und Gestalt hat. Mit den Bezeichnungen der Abb. 91 und 92 und mit $l = \pi\, i\, (r_l + r_0)$ ist

a) *Kreisquerschnitt* (Abb. 91)

$$\tau_l = 5{,}093\,\frac{r_l}{d^3}P\,, \tag{58}$$

$$f = 16\,\frac{i\,(r_l + r_0)\,(r_i^2 + r_0^2)\,P}{d^4\,G} = \frac{5{,}093\,l\,(r_i^2 + r_0^2)\,P}{d^4\,G}\,, \tag{59}$$

$$f = \frac{l\,(r_i^2 + r_0^2)}{r_l\,dG}\,\tau_l\,, \tag{60}$$

$$k = \frac{1}{8}\,\frac{r_i^2 + r_0^2}{r_l^2}\,. \tag{61}$$

b) *Rechteckquerschnitt* (Abb. 92)

$$\tau_l = \frac{r_l}{\eta_2\,n\,b^3}\,P\,, \tag{62}$$

$$f = \frac{\pi}{2}\,\frac{i\,(r_l + r_0)\,(r_i^2 + r_0^2)\,P}{\eta_3\,n\,b^4\,G} = \frac{1}{2}\,\frac{l\,(r_i^2 + r_0^2)\,P}{\eta_3\,n\,b^4\,G}\,, \tag{63}$$

$$f = \frac{1}{2}\,\frac{r_2}{\eta_3}\,\frac{l\,(r_i^2 + r_0^2)}{r_l\,b\,G}\,\tau_l\,, \tag{64}$$

$$k = \frac{1}{4}\,\frac{\eta_2^2}{\eta_3}\,\frac{r_i^2 + r_0^2}{r_l^2}\,. \tag{65}$$

Die größte Spannung τ_l tritt am größten Halbmesser r_l auf; sie kann nach den unter 17 und 18 angegebenen genaueren Formeln Gl. (20) für Kreisquerschnitt und Gln. (31) und (34) für Rechteckquerschnitt ($h \parallel$ Federachse) genauer berechnet werden. Die kleinste Spannung τ_0 herrscht am kleinsten Halbmesser r_0; sie ergibt sich aus den Gln. (58) und (62), wenn man r_l durch r_0 ersetzt.

Mit $r_0 = 0$ gelten die Gln. (58) bis (65) für *Kegelfedern*, die allerdings höchstens von theoretischer Bedeutung sind.

Zahlenbeispiel. Es ist eine Kegelstumpffeder nach Abb. 92 mit $i = 4{,}5$ Windungen aus Stahl $7{,}5\times0{,}5\ \mathrm{cm^2}$ zu entwerfen und zu untersuchen. Der kleinste mittlere Windungshalbmesser soll $r = 2$ cm betragen.

Mit Rücksicht auf das radiale Spiel δ_r, das zwischen benachbarten Windungen verbleiben muß, ist $r_l = r_0 + i\,(b + \delta_r)$ und mit dem üblichen Werte $\delta_r = 0{,}2$ cm im vorliegenden Falle

$$r_l = 2 + 4{,}5\,(0{,}5 + 0{,}2) = 5{,}15\ \text{cm}. \quad \text{Mit } n = \frac{h}{b} = \frac{7{,}5}{0{,}5} = 15$$

und $\eta_2 = \eta_3 = 0{,}32$ ist nach Gl. (62)

$$\tau_l = \frac{5{,}15}{0{,}32\cdot15\cdot0{,}125}\,P = 8{,}58\,P\ \mathrm{kg/cm^2}.$$

Für $\tau_l = 7500$ kg/cm² ist $P = 875$ kg. An der Stelle $r = r_0 = 2$ cm tritt die kleinste Spannung

$$\tau_0 = \frac{2}{0,32 \cdot 15 \cdot 0,125}\, 875 = 2915 \text{ kg/cm}^2$$

auf. Mit $e_l = \dfrac{5,15}{0,25} = 20,6$ und $e_0 = \dfrac{2}{0,25} = 8$ liefert Gl. (34) die genaueren Spannungswerte

$$\max \tau_l = 1,5\, \frac{20,6 + 1}{0,25\,(15 - 0,63)}\, 875 = 7890 \text{ kg/cm}^2$$

und

$$\max \tau_0 = 1,5\, \frac{8 + 1}{0,25\,(15 - 0,63)}\, 875 = 3290 \text{ kg/cm}^2.$$

Die Federung ist nach Gl. (63)

$$f = \frac{\pi}{2}\, \frac{4,5\,(5,15 + 2)\,(26,5 + 4)}{0,32 \cdot 15 \cdot 0,0625 \cdot 810\,000}\, 875 = 5,56 \text{ cm}.$$

Bei der Beurteilung des Raumbedarfs ist zu beachten, daß Kegelstumpffedern bei r_0 und r_l mit je $^3/_4$ oder besser je *einer toten*, ohne Steigung gewickelten und meist in der Dicke abnehmenden Windung versehen werden müssen, um eine gute Auflage der Federenden zu erzielen (s. Abb. 92). Diese toten Endwindungen verringern bei gegebenem Innen- und Außendurchmesser den verfügbaren Raum.

24. Der Einfluß des Steigungsverlaufes. Nach den Gln. (59) und (63) ist die Kennlinie der Kegelstumpffedern eine *Gerade*, sofern bis zum Erreichen der Last P, für die f ermittelt werden soll, alle i Windungen mitarbeiten. Das ist aber nicht ohne weiteres der Fall. Bei einer Feder unveränderlichen Querschnittes nach Abb. 92, deren Steigungswinkel α in allen Windungen dieselbe Größe hat, ist die Federungsmöglichkeit der äußersten Windungen schon bei kleineren Federlasten P dadurch erschöpft, daß sich diese Windungen auf den unteren Federteller — oder bei Federn nach Abb. 91 aufeinander — legen und nicht mehr mitarbeiten [41]. Infolgedessen wird die Federungszunahme bei weiterer Laststeigerung immer kleiner, und es ergibt sich eine nach Kurve I in Abb. 2 gekrümmte Kennlinie, die nur bei kleineren Lasten mit der Geraden nach Gl. (59) oder (63) zusammenfällt. Selbstverständlich sind dann auch die Spannungen nach Gl. (58) und (62) nicht mehr richtig. Die gerade Kennlinie hat einen ganz bestimmten *Steigungsverlauf* zur Voraussetzung, der sich aber nur schwer verwirklichen läßt [41]. Der Einfluß des Steigungs- und Querschnittsverlaufs ist in [1] eingehend behandelt. Allerdings können die bisher bekannten Berechnungsverfahren im wesentlichen nur dazu dienen, eine bereits vorliegende Feder *nachzurechnen*. Der sicherste und einfachste Weg, für einen bestimmten Zweck eine geeignete Kegelstumpffeder zu finden, ist heute immer noch der Versuch. Dem Konstrukteur kann daher nur geraten werden, sich unter Angabe des Verwendungszweckes und der Arbeitsweise der benötigten Feder an die Federfabriken zu wenden, die über eine große Zahl erprobter Ausführungen verfügen. Allerdings handelt es sich dabei entsprechend dem Hauptanwendungsgebiet der Kegelstumpffedern überwiegend um ausgesprochene Pufferfedern, d. h. um Federn, für die man, weil sie nur verhältnismäßig selten in Tätigkeit zu treten brauchen, hohe Spannungen zuläßt. Für Dauerbeanspruchungen, für welche die Kegelstumpffedern an sich schon weniger geeignet sind, wird eine brauchbare Feder häufig erst besonders entwickelt werden müssen. Es sei schließlich noch bemerkt, daß sich ein Berühren der Windungen bei Federn nach Abb. 92 eigentlich nie ganz vermeiden läßt, und daß daher diese Federn wie die geschichteten Blattfedern immer mit Reibung arbeiten.

Kegelstumpffedern dürfen aus denselben Gründen, die bei der Behandlung der zylindrischen Schraubenfedern auf S. 102 schon ausführlich erörtert sind, im Gebrauch nie vollständig zusammengedrückt werden. Um dies unter allen Umständen zu verhüten, ist eine besondere Hubbegrenzung vorzusehen.

Dritter Teil

Zug- und Druckfedern

Zug- und Druckfedern werden, wie schon ihr Name sagt, überwiegend auf Zug oder Druck beansprucht. Jedes Förderseil, das sich durch die geförderte Last elastisch dehnt, ist eine Zugfeder. Der Vorteil dieser Art Federn liegt darin, daß sie über den ganzen Querschnitt und auf ihrer ganzen Länge gleich hoch beansprucht sind, und daher hinsichtlich der Werkstoffausnutzung $\left(\text{es ist } k = \dfrac{1}{2}\right)$ von keiner andern Federart erreicht werden. Um so schlechter nutzen aber stabförmige Zug- oder Druckfedern den *Raum* aus; sie können daher nur in den seltensten Fällen verwendet werden. Dagegen haben ringförmige Zug- und Druckfedern große Verbreitung gefunden.

25. Die Ringfeder. Diese von E. KREISSIG [*42*] erfundene Federart ist in Abb. 117 dargestellt. Sie besteht aus Außen- und Innenringen, die mit Doppelkegelflächen ineinandergreifen. Eine in Richtung der Federachse wirkende Belastung P wird durch die Kegelflächen in weit größere radiale Kräfte umgeformt, welche die Außenringe elastisch aufweiten und die Innenringe elastisch zusammendrücken.

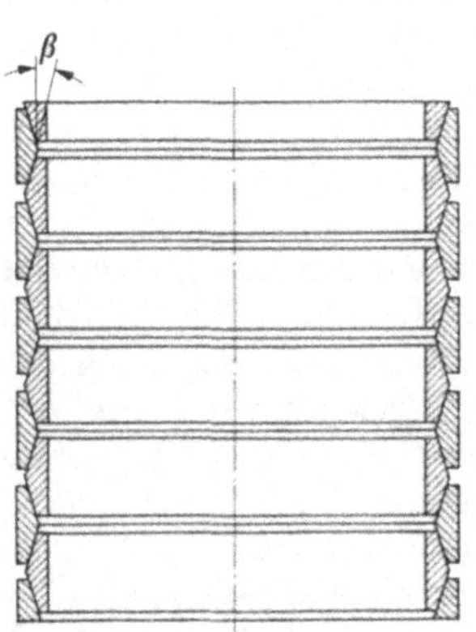

Abb. 117. Ringfeder

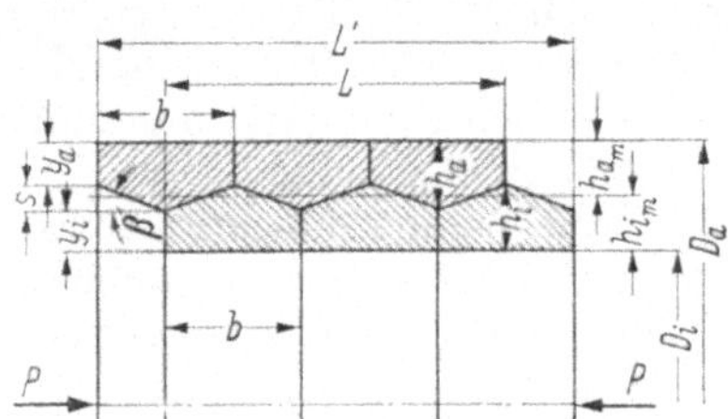

Abb. 118. Zur Ringfederberechnung

Infolge dieser Durchmesseränderungen schieben sich die Ringe weiter ineinander, und die Federsäule wird um die Federung f kürzer. Beim Entlasten nimmt sie wieder ihre ursprüngliche Länge L_0 an. Bei den in den Ringen auftretenden Spannungen σ handelt es sich im wesentlichen um Zugspannungen in den Außenringen und um Druckspannungen in den Innenringen. Selbstverständlich verschieben sich die Ringe auch bei bester Schmierung nur unter beträchtlicher Reibung gegeneinander. Wie bei den geschichteten Blattfedern wirkt die Reibung der Bewegung immer entgegen; sie vermehrt also den Widerstand der Ringfeder beim Belasten und mindert die Rückstoßkraft beim Entlasten. Die Ringfeder ist infolgedessen die denkbar beste Pufferfeder und findet als solche auch in erster Linie Verwendung. Sie gibt nur etwa $^1/_3$ der beim Zusammendrücken aufgenommenen Stoßarbeit wieder zurück. Bezeichnet β gemäß Abb. 117 und 118 den Kegelwinkel, ϱ den Reibungswinkel (die Reibungszahl μ ist mit dem Reibungswinkel ϱ durch die Beziehung $\mu = \operatorname{tg} \varrho$ verknüpft) und P_0 die allein von der *elastischen* Verformung der Ringe herrührende Federkraft, so ist die Federkraft P beim Zusammendrücken

$$P = \frac{\operatorname{tg}(\beta + \varrho)}{\operatorname{tg}\beta}\,P_0, \tag{1}$$

beim Entlasten dagegen *theoretisch* nur

$$P' = \frac{\operatorname{tg}(\beta - \varrho)}{\operatorname{tg}\beta}\, P_0, \tag{2}$$

d. h. beim Entlasten muß die Belastung P nach Gl. (1) auf den Wert P' nach Gl. (2 sinken, bevor die Feder sich zu entspannen beginnt. Belastungs- und Entlastungslinie sind Gerade, wie Abb. 119 zeigt. Beim Belasten wird die Arbeit $A_b = \dfrac{Pf}{2}$ aufgenommen (senkrecht und waagerecht überstrichene Flächen der Abb. 119); die Feder gibt beim Entlasten nur die Arbeit $A_e = \dfrac{P'f}{2}$ zurück (waagerecht überstrichene Fläche); die durch die senkrecht überstrichene Fläche gekennzeichnete Arbeit $A_v = \dfrac{P - P'}{2}\, f$ wird in der Feder in Reibungswärme umgesetzt. Allerdings liefert Gl. (2) im allgemeinen zu kleine Rückstoßkräfte P'; in Wirklichkeit verhält sich die Ringfeder so, als ob der Reibungswinkel ϱ beim Entlasten kleiner wäre als beim Belasten. Infolgedessen ist bei unbearbeiteten Ringen $P' \approx {}^1/_3\, P$ und $A_v \approx {}^2/_3\, A_b = {}^2/_3\,(A_v + A_e)$ und nicht $P' \approx 0{,}2\, P$ und $A_v \approx 0{,}8\, A_b$, wie Gl. (2) vortäuscht, wenn man mit demselben Reibungswinkel ϱ für Belasten und Entlasten rechnet. Beim Belasten der geschmierten Säule ist mit folgenden Reibungswinkeln zu rechnen:

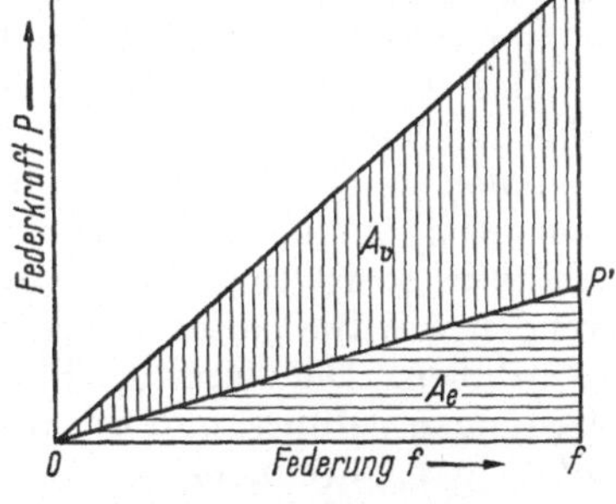

Abb. 119. Theoretisches Arbeitsschaubild einer Ringfedersäule

$\varrho \approx 9°$ für unbearbeitete, schwere Ringe,

$\varrho \approx 8° 30'$ für bearbeitete, schwere Ringe,

$\varrho \approx 7°$ für bearbeitete, leichte Ringe.

Bei schweren und im Verhältnis zu ihrem Durchmesser sehr dicken Ringen findet man oft ϱ-Werte, die kleiner sind als $9°$ oder $8° 30'$. Vermutlich hängt diese Erscheinung damit zusammen, daß sich die Ringe bei dem der Formgebung folgenden Vergüten trotz aller Sorgfalt etwas verziehen und leicht elliptisch werden. In der geschichteten Säule bilden die Ellipsenachsen der einzelnen Ringe die verschiedensten Winkel miteinander. Beim Belasten der Säule verschwindet daher die Elliptizität der Ringe mehr oder minder; ihr Verschwinden liefert eine zusätzliche Federung und täuscht ein kleineres ϱ vor, und zwar in um so stärkerem Maße, je kleiner die eigentliche Federung der Ringe, d. h. je dicker der Ring im Verhältnis zu seinem Durchmesser ist. Jedenfalls wird der Konstrukteur gut daran tun, seinen Entwurf durch den Hersteller prüfen zu lassen und gegebenenfalls zunächst nur eine Probefeder zu bestellen. Die Richtwerte für ϱ und die nachstehend angegebenen Berechnungsformeln sollen in erster Linie dem Konstrukteur darüber Klarheit verschaffen, ob sich eine Ringfeder in einem gegebenen Fall vorsehen läßt und wie sie etwa aussehen wird.

Der Kegelwinkel β muß so gewählt werden, daß er unter allen Umständen, d. h. auch wenn die Reibung infolge mangelhafter Schmierung stark anwächst, größer ist als ϱ, da sonst die Säule, wie Gl. (2) erkennen läßt, steckenbleibt. Für unbearbeitete Ringe hat sich $\operatorname{tg}\beta = 0{,}25$, also $\beta = 14° 3'$ bewährt. Bei bearbeiteten Ringen, besonders wenn sie dünn sind, kann man bis auf $12°$ heruntergehen.

Die Ringbreite b (s. Abb. 118) darf im Verhältnis zum Ringdurchmesser nicht zu klein sein, da sich die Ringe sonst infolge ungenügender Führung der Kegelflächen leicht verkanten. Als Richtlinie für gewalzte Ringe mag die Angabe dienen, daß b

etwa $^1/_5$ des Säulen-Außendurchmessers D_a sein soll, jedenfalls aber nicht kleiner als $^1/_6$. Anderseits dürfen gewalzte Ringe im Verhältnis zu ihrer Dicke auch nicht zu breit sein, da sie sich sonst infolge zu rascher Abkühlung schlecht walzen lassen.

In Abb. 118 ist eine aus je 3 Außenringen und je 3 Innenringen, also aus insgesamt $z = 6$ Ringen bestehende Säule dargestellt und zwar in völlig zusammengedrücktem Zustand. Es sei aber bemerkt, daß eine Ringfedersäule nicht völlig zusammengedrückt werden soll und zwar aus denselben Gründen, wie sie für die zylindrischen Schraubenfedern (vgl. S. 102) auseinandergesetzt worden sind. Zweckmäßigerweise wird daher zwischen benachbarten Außen- oder Innenringen ein Spalt δ vorgesehen, für dessen Größe hier die folgenden Richtwerte genannt sein mögen:

$$\delta \approx \frac{1}{50} \frac{D_a + D_i}{2} \text{ für unbearbeitete Ringe},$$

$$\delta \approx \frac{1}{100} \frac{D_a + D_i}{2} \text{ für bearbeitete Ringe}.$$

Anderseits darf eine Säule im Gebrauch nie ganz entlastet werden, weil sonst die Gefahr besteht, daß sich die Ringe verkanten.

Das eigentlich wirksame Stück der ganz zusammengedrückten Säule nach Abb. 118 hat die Länge L. Die Säule kann also links mit einem *halben* Außenring beginnen und rechts mit einem *halben* Innenring aufhören, wie dies bei der Säule nach Abb. 117 auch tatsächlich der Fall ist. Ist aber der Platz nicht gar zu beschränkt, so ist es einfacher und billiger, auch als Endringe ganze Ringe zu verwenden und die geringe Vergrößerung der Länge von L auf $L' = L + b$ in Kauf zu nehmen. Die einseitige Beanspruchung der ganzen Endringe hat bisher nie zu Anständen geführt, und die Rückwirkung auf die Kennlinie ist bei *größeren Ringzahlen* ganz belanglos.

Unter Voraussetzung, daß Außen- und Innenringe gleiche mittlere Stärke $h_{am} = h_{im} = h_m = \frac{1}{4}(D_a - D_i)$ haben, gelten die Näherungsformeln

$$\sigma = \frac{4\,P}{\pi\,b\,(D_a - D_i)\,\text{tg}\,(\beta + \varrho)}, \tag{3}$$

$$f = \frac{2\,(z-1)}{\pi\,b\,E\,\text{tg}\,\beta \cdot \text{tg}\,(\beta + \varrho)} \frac{D_a + D_i}{D_a - D_i} P = \frac{(z-1)^2}{\pi\,L\,E\,\text{tg}\,\beta \cdot \text{tg}\,(\beta + \varrho)} \frac{D_a + D_i}{D_a - D_i} P, \tag{4}$$

$$f = \frac{z-1}{2} \frac{D_a + D_i}{E\,\text{tg}\,\beta} \sigma = \frac{L}{b} \frac{D_a + D_i}{E\,\text{tg}\,\beta} \sigma, \tag{5}$$

$$A = \frac{P\,f}{2} = \frac{\pi}{8} L \frac{\text{tg}\,(\beta + \varrho)}{\text{tg}\,\beta} (D_a^2 - D_i^2) \frac{\sigma^2}{E} = \frac{1}{2} \frac{\text{tg}\,(\beta + \varrho)}{\text{tg}\,\beta} \frac{V}{E} \sigma^2, \tag{6}$$

$$V = \frac{\pi}{4}(D_a^2 - D_i^2)\,L, \tag{7}$$

$$k = \frac{1}{2} \frac{\text{tg}\,(\beta + \varrho)}{\text{tg}\,\beta}. \tag{8}$$

k nach Gl. (8) ist außerordentlich hoch, da zu der elastischen Arbeit $\left(k = \dfrac{1}{2}\right)$ noch die Reibungsarbeit tritt [*43*].

Die in diesen Formeln erscheinende Blocklänge L einer aus z Ringen bestehenden Säule ist

$$L = \frac{z-1}{2} b. \tag{9}$$

Falls die Endringe *ganze* Ringe sind wie in Abb. 118, ist die Blocklänge

$$L' = L + b = \frac{z+1}{2} b. \tag{9a}$$

Sind die Endringe *halbe* Ringe, so ist selbstverständlich $L' = L$.

Mit dem erwähnten Sicherheitsspalt δ, der $\frac{1}{2}(z-1)$ -mal vorhanden ist, ergibt sich als Federlänge L_p bei der größten Last P

$$L_p = L' + \frac{z-1}{2}\,\delta = \frac{1}{2}\left[(z+1)\,b + (z-1)\,\delta\right] \qquad (10)$$

für Säulen mit *ganzen* Endringen,

$$L_p = L + \frac{z-1}{2}\,\delta = \frac{1}{2}\left[(z-1)\,b + (z-1)\,\delta\right] \qquad (10\,\mathrm{a})$$

für Säulen mit *halben* Endringen.

Hieraus folgt die Länge L_0 in *unbelastetem* Zustand durch Hinzuzählen der Federung f, also $L_0 = L_p + f$.

Wie erwähnt, gelten die Formeln (3) bis (6) nur, wenn Außen- und Innenringe mit *derselben* mittleren Ringstärke $h_{am} = h_{im} = h_m$ ausgeführt werden. Nun ist aber bekanntlich die Bruchgefahr bei zugbeanspruchten Körpern, wie sie die Außenringe darstellen, viel größer als bei den druckbeanspruchten Innenringen. Dazu kommt, daß die Zug-Dauerfestigkeit viel kleiner ist als die Druck-Dauerfestigkeit, die fast so groß ist wie die Streckgrenze. Der Querschnitt der Außenringe muß nach den Zug-Eigenschaften des Stahles bemessen werden. Gäbe man den Innenringen denselben Querschnitt, d. h. dieselbe mittlere Stärke h_m, so würden sie nicht voll ausgenutzt, da sie eine höhere Spannung vertragen könnten. Daher ist es üblich, die Innenringe mit einer mittleren Stärke $h_{im} < h_m$ und die Außenringe mit einer solchen von $h_{am} > h_m$ auszuführen. Dann ist die Zugspannung σ_a der Außenringe kleiner und die Druckspannung σ_i der Innenringe größer als die Spannung σ, die gleicher Stärke $h_{am} = h_{im} = h_m$ entsprechen würde.

Gl. (3) geht in diesem Falle über in

$$\sigma_a = \frac{P}{\pi\,b\,\mathrm{tg}\,(\beta+\varrho)\,h_{am}} = \frac{h_m}{h_{am}}\,\sigma, \qquad (3\,\mathrm{a})$$

$$\sigma_i = \frac{P}{\pi\,b\,\mathrm{tg}\,(\beta+\varrho)\,h_{im}} = \frac{h_m}{h_{im}}\,\sigma, \qquad (3\,\mathrm{b})$$

und Gl. (4) in

$$f = (z-1)\,\frac{P}{2\,\pi\,b\,E\,\mathrm{tg}\,\beta\,\mathrm{tg}\,(\beta+\varrho)}\left(\frac{D_a}{h_{am}} + \frac{D_i}{h_{im}}\right) = (z-1)\,\Delta f. \qquad (4\,\mathrm{a})$$

Durch diese neuen Formeln werden die Gln. (3) bis (6) nicht wertlos; sie dürfen nach wie vor zur Entwurfsarbeit benutzt werden, wenn man h_{am} gegenüber h_m um *denselben* Betrag (10—15%) vergrößert, um den man h_{im} verkleinert. Dann ist nämlich $1/2\,(h_{am} + h_{im}) = h_m$, d. h. es ändert sich nichts an den aus den Gln. (3) bis (6) errechneten Durchmessern D_a und D_i und nicht viel an den sonstigen Abmessungen, da auch der Mittelwert aus σ_a und σ_i

$$\frac{\sigma_a + \sigma_i}{2} = \frac{h_m^2}{h_{am}\cdot h_{im}}\,\sigma$$

sich nicht wesentlich von dem Wert σ unterscheidet, welcher der Berechnung nach den Gln. (3) bis (6) zugrunde gelegt wird. Es genügt daher, f mittels Gl. (4a) lediglich nachzuprüfen.

Sind h_{am} und h_{im} bekannt, so ergeben sich mit dem Anzug $s = \frac{1}{2}\, b \, \mathrm{tg}\, \beta$ des Kegels (s. Abb. 118)

die Ringdicke in der Mitte der Ringe zu $\begin{cases} h_a = h_{am} + \dfrac{s}{2} \\[2ex] h_i = h_{im} + \dfrac{s}{2} \end{cases}$

die Ringdicken an den Enden der Ringe zu $\begin{cases} y_a = h_{am} - \dfrac{s}{2} \\[2ex] y_i = h_{im} - \dfrac{s}{2} \end{cases}$

Als Richtlinie für die Wahl der Spannung $\sigma \approx \dfrac{\sigma_a + \sigma_i}{2}$ mögen folgende Angaben dienen

       9000 kg/cm² für normale Lebensdauer,

       11500 kg/cm² für kürzere Lebensdauer (Ringe unbearbeitet),

       13500 kg/cm² für kürzere Lebensdauer (Ringe bearbeitet).

Die *größte* Spannung sollte nicht überschreiten

$\left.\begin{array}{l} 8000 \text{ kg/cm}^2 \text{ in den Außenringen} \\ 12000 \text{ kg/cm}^2 \text{ in den Innenringen} \end{array}\right\}$ für normale Lebensdauer,

$\left.\begin{array}{l} 10000 \text{ kg/cm}^2 \text{ in den Außenringen} \\ 13000 \text{ kg/cm}^2 \text{ in den Innenringen} \end{array}\right\}$ unbearbeitet, für kürzere Lebensdauer,

$\left.\begin{array}{l} 12000 \text{ kg/cm}^2 \text{ in den Außenringen} \\ 15000 \text{ kg/cm}^2 \text{ in den Innenringen} \end{array}\right\}$ bearbeitet, für kürzere Lebensdauer.

1. Zahlenbeispiel. Es ist eine als Pufferfeder dienende Ringfedersäule aus unbearbeiteten Ringen für $f = 9{,}2$ cm Federung bei $P = 32000$ kg Belastung zu entwerfen. Die mittlere Spannung σ darf 11000 kg/cm² betragen; der Richtwert für den Außendurchmesser D_a ist 16,15 cm.

Als Kegelwinkel werde $\beta = 14°\,3'$ gewählt; also $\mathrm{tg}\,\beta = 0{,}25$. Bei unbearbeiteten Ringen ist mit dem Reibungswert $\mathrm{tg}\,\varrho = 0{,}16$ zu rechnen. Mithin ist $\varrho = 9°\,6'$, $\beta + \varrho = 23°\,9'$ und $\mathrm{tg}\,(\beta + \varrho) = 0{,}4276$.

Die Gln. (3) und (5) lassen sich auf die Formen

$$b\, h_m = \frac{P}{\pi\,\sigma\,\mathrm{tg}\,(\beta + \varrho)} \qquad \text{und} \qquad z = \frac{f\,E\,\mathrm{tg}\,\beta}{2\left(\dfrac{D_a}{2} - h_m\right)\sigma} + 1$$

bringen, weil $\frac{1}{4}(D_a - D_i) = h_m$ und $\frac{1}{2}(D_a + D_i) = 2\,(D_a/2 - h_m)$ ist. Mit den gegebenen Werten und $E = 2{,}1 \cdot 10^6$ kg/cm² erhält man

$$b\, h_m = \frac{23{,}8 \cdot 1000}{\sigma} \tag{I}$$

und

$$z = \frac{2{,}415 \cdot 10^6}{(8{,}25 - h_m)\,\sigma} + 1 \tag{II}$$

und, wenn man vorsichtshalber nicht an die obere Spannungsgrenze geht und nur 10500 kg/cm² einsetzt,

$$b\, h_m = 2{,}265 \qquad \text{und} \qquad z = \frac{230}{8{,}25 - h_m} + 1.$$

Nimmt man für h_m verschiedene runde Werte an, so kann man aus den beiden Gleichungen die entsprechenden Werte von b und z errechnen und erhält

$$h_m \quad 0,6 \quad 0,65 \quad 0,7 \quad 0,75 \quad 0,8 \text{ cm}$$

$$b \quad 3,78 \quad 3,49 \quad 3,24 \quad 3,02 \quad 2,83 \text{ cm}$$

$$z \quad 31,1 \quad 31,3 \quad 31,5 \quad 31,7 \quad 31,9$$

Selbstverständlich muß z eine ganze und — mit Rücksicht auf die Herstellungskosten — eine möglichst kleine Zahl sein. Da es sich um gewalzte Ringe handelt, darf anderseits b nicht zu groß und h_m nicht zu klein sein. Versucht man $z = 31$ und $h_m = 0,7$ cm, so ergibt sich aus Gl. (II)

$$\sigma = \frac{2{,}415 \cdot 10^6}{(z-1)(8{,}25 - h_m)} = \frac{2{,}415 \cdot 10^6}{30 \cdot 7{,}55} = 10\,650 \text{ kg/cm}^2,$$

und aus Gl. (I)

$$b = \frac{23{,}8 \cdot 10^3}{h_m \cdot \sigma} = \frac{23800}{0{,}7 \cdot 10650} = 3{,}19 \approx 3{,}2 \text{ cm}.$$

Damit erhält man $D_i = D_a - 4\,h_m = 16{,}5 - 4 \cdot 0{,}7 = 13{,}7$ cm und nach Gl. (9a) die Blocklänge $L' = \frac{1}{2}(z+1)\,b = 16 \cdot 3{,}2 = 51{,}2$ cm. Mit dem Spalt $\delta = \frac{1}{50}\frac{16{,}5 + 13{,}7}{2} \approx 0{,}3$ cm und der Summe der Spalte $\varSigma\,\delta = \frac{z-1}{2}\,\delta = 15 \cdot 0{,}3 = 4{,}5$ cm ist die freie Länge der Säule $L_0 = L' + \varSigma\,\delta + f = 51{,}2 + 4{,}5 + 9{,}2 = 64{,}9$ cm; die entsprechende Spaltweite ist $\delta_0 = \delta + \frac{2f}{z-1} = 0{,}3 + \frac{9{,}2}{15} = 0{,}913$ cm.

Macht man nun

$$h_{am} = h_m + 0{,}1 = 0{,}7 + 0{,}1 = 0{,}8 \text{ cm}$$

und

$$h_{im} = h_m - 0{,}1 = 0{,}7 - 0{,}1 = 0{,}6 \text{ cm},$$

so wird nach Gl. (3a)

$$\sigma_a = \frac{0{,}7}{0{,}8}\,10650 = 9320 \text{ kg/cm}^2$$

und nach Gl. (3b)

$$\sigma_i = \frac{0{,}7}{0{,}6}\,10650 = 12\,420 \text{ kg/cm}^2.$$

Der Mittelwert $\frac{1}{2}(\sigma_a + \sigma_i) = 10\,870$ kg/cm² übersteigt nicht den zugelassenen Höchstwert von 11\,000 kg/cm². Gl. (4a) liefert die Federung

$$f = 30\,\frac{32\,000}{2\,\pi \cdot 3{,}2 \cdot 2{,}1 \cdot 10^6 \cdot 0{,}25 \cdot 0{,}4276}\left(\frac{16{,}5}{0{,}8} + \frac{13{,}7}{0{,}6}\right) = 30 \cdot \frac{7{,}1}{1000} \cdot 43{,}458 = 9{,}26 \text{ cm},$$

die mit der geforderten Federung von 9,2 cm hinreichend genau übereinstimmt.

Es bleibt noch übrig, die Ringstärke in Ringmitte und außen zu bestimmen. Mit $s = \frac{1}{2}\,b\,\mathrm{tg}\,\beta = \frac{1}{2} \cdot 3{,}2 \cdot 0{,}25 = 0{,}4$ cm ist

$$h_a = h_{am} + s/2 = 0{,}8 + 0{,}2 = 1{,}0 \text{ cm}, \quad y_a = h_{am} - s/2 = 0{,}8 - 0{,}2 = 0{,}6 \text{ cm},$$

$$h_i = h_{im} + s/2 = 0{,}6 + 0{,}2 = 0{,}8 \text{ cm}, \quad y_i = h_{im} - s/2 = 0{,}6 - 0{,}2 = 0{,}4 \text{ cm}.$$

Das im 1. Zahlenbeispiel angewendete Berechnungsverfahren liefert rasch die Hauptabmessungen einer Ringfedersäule mit einer größeren Ringzahl. Zum Anfertigen von Werkstattzeichnungen genügt es aber nicht und muß verfeinert werden.

Die bisher benutzten Gleichungen beruhen auf der vereinfachenden Annahme, daß D_a und D_i durch die Beziehung $D_i = D_a - 2\,(h_{am} + h_{im})$ miteinander verknüpft sind. Sie gilt streng, wenn man sich die Säule völlig zusammengedrückt, die Ringe also elastisch verformt denkt. In unbelastetem Zustande ist zwischen benachbarten Ringen ein Abstand δ_0 vorhanden, und die Ringe greifen nur teilweise ineinander, wie Abb. 117 zeigt. Folglich muß in unbelastetem Zustand $D_a - D_i$

kleiner sein als 2 $(h_{a\,m} + h_{i\,m})$. Man ist daher gezwungen, die für die vereinfachende Annahme geltenden Durchmesser zu ändern, indem man entweder D_a verkleinert oder D_i vergrößert oder gegebenenfalls beides tut. Abb. 120 zeigt ein Ringpaar in unbelastetem Zustand. Die Ringe greifen nur auf der Breite $b/2 - \delta_0/2$ ineinander, und der Abstand zwischen der Stirnseite des Innenringes und dem Scheitelkreis des Außenringes beträgt $\delta_0/2$. Diesem Zustand entspricht der Halbmesserunterschied $\Delta R = \frac{1}{2}\,\delta_0\,\mathrm{tg}\,\beta$. Um $2\,\Delta R = \delta_0\,\mathrm{tg}\,\beta$ muß also D_a verkleinert oder D_i vergrößert werden.

Die Summe aller δ_0 ist $\Sigma\,\delta + f$. Da $\frac{1}{2}\,(z-1)$ sich addierender Spalte vorhanden sind, ist $\delta_0 = 2\,\dfrac{\Sigma\,\delta + f}{z-1} = \delta + \dfrac{2f}{z-1}$. Folglich sind die berichtigten Durchmesser

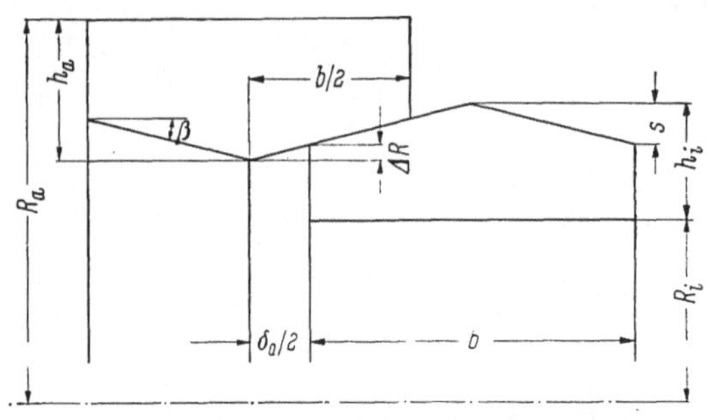

Abb. 120. Zur Berechnung der Ringfeder

$$D_a' = D_a - \left(\delta + \frac{2f}{z-1}\right)\mathrm{tg}\,\beta$$

oder

$$\tag{11a}$$

$$D_i' = D_i + \left(\delta + \frac{2f}{z-1}\right)\mathrm{tg}\,\beta.$$

$$\tag{11b}$$

Durchmesseränderungen beeinflussen das Ringvolumen und dadurch die Federung. Es kann sich daher als notwendig erweisen, einen der Ringquerschnitte oder beide Durchmesser zu ändern.

Die Federung *eines Paares ineinandergreifender Ringhälften* nach Gl. (4a)

$$\Delta f = \frac{P}{2\,\pi\,b\,E\,\mathrm{tg}\,\beta\,\mathrm{tg}\,(\beta+\varrho)}\left(\frac{D_a}{h_{a\,m}} + \frac{D_i}{h_{i\,m}}\right) = B\left(\frac{D_a}{h_{a\,m}} + \frac{D_i}{h_{i\,m}}\right) \tag{12}$$

mit

$$B = \frac{P}{2\,\pi\,b\,E\,\mathrm{tg}\,\beta\,\mathrm{tg}\,(\beta+\varrho)}$$

ist offenbar die *Summe* $\Delta f_a + \Delta f_i$ der Federungsbeiträge des Außen- und Innenringes. Man sollte nun vermuten, daß $\Delta f_a = B\,\dfrac{D_a}{h_{a\,m}}$ und $\Delta f_i = B\,\dfrac{D_i}{h_{i\,m}}$ ist. Das trifft aber nicht zu, sondern es ist

$$\left.\begin{aligned}\Delta f_a &= B\,\frac{D_{sa}}{h_{a\,m}},\\[2mm]\Delta f_i &= B\,\frac{D_{si}}{h_{i\,m}}.\end{aligned}\right\} \tag{13}$$

Hierin bedeuten D_{sa} und D_{si} die Durchmesser der Schwerpunktskreise der beiden Ringe.

Dagegen sind die *Summen* $\Delta f_a + \Delta f_i$ der Beiträge nach Gln. (12) und (13) einander fast genau gleich, so daß Gl. (4), Gl. (4a) und Gl. (5) zum Festlegen der Hauptabmessungen ohne Bedenken benutzt werden können. Dadurch vermindert sich die Entwurfsarbeit ganz beträchtlich, weil die Durchmesser der Schwerpunktskreise erst berechnet zu werden brauchen, wenn die Ringquerschnitte bereits festliegen.

Die *streng richtige Formel* für die Federung lautet

$$f = (z-1)\, B\left(\frac{D_{sa}}{h_{am}} + \frac{D_{si}}{h_{im}}\right) = (z-1)\, \Delta f \tag{4b}$$

mit

$$\left.\begin{aligned}
D_{sa} &= D_a - h_a\,\frac{1 - s/h_a + \dfrac{1}{3}\,(s/h_a)^2}{1 - \dfrac{1}{2}\,s/h_a}\,, \\[2ex]
D_{si} &= D_i + h_i\,\frac{1 - s/h_i + \dfrac{1}{3}\,(s/h_i)^2}{1 - \dfrac{1}{2}\,s/h_i}\,.
\end{aligned}\right\} \tag{14}$$

Die Gln. (3a) und (3b) für σ_a und σ_i gelten streng nur für unendlich dünne Ringe. Bei dickeren Ringen ist die Spannung an der Innenseite höher und beträgt ungefähr

$$\left.\begin{aligned}
\sigma_a' &= \sigma_a\,\frac{(D_a/D_{ma})^2 + 1}{D_a/D_{ma} + 1}\,, \\[2ex]
\sigma_i' &= \sigma_i\,\frac{2\,D_{mi}/D_i}{D_{mi}/D_i + 1}\,,
\end{aligned}\right\} \tag{3c}$$

mit

$$\left.\begin{aligned}
D_{ma} &\doteq D_a - 2\,h_{am}, \\
D_{mi} &= D_i + 2\,h_{im}.
\end{aligned}\right\} \tag{15}$$

Außerdem sind die Ringe der axialen Druckkraft P ausgesetzt. Denkt man sie sich über den größten Ringquerschnitt gleichmäßig verteilt, so erzeugt sie die axiale Druckspannung

$$\left.\begin{aligned}
\sigma_a'' &= \frac{P}{\pi\,(D_a - h_a)\,h_a}\,, \\[2ex]
\sigma_i'' &= \frac{P}{\pi\,(D_i + h_i)\,h_i}\,.
\end{aligned}\right\} \tag{16}$$

Diese Spannungen sind mit σ_a' und σ_i' zu reduzierten Spannungen zusammenzusetzen, und zwar nach den Formeln

$$\left.\begin{aligned}
\sigma_{a\,\text{red}} &= \sqrt{\sigma_a'^2 + \sigma_a''^2 + \sigma_a'\,\sigma_a''}\,, \\[1ex]
\sigma_{i\,\text{red}} &= \sqrt{\sigma_i'^2 + \sigma_i''^2 - \sigma_i'\,\sigma_i''}\,.
\end{aligned}\right\} \tag{17}$$

1. Zahlenbeispiel (*Fortsetzung*). Nach den vorausgegangenen Betrachtungen können jetzt die Fertigungsmaße der Ringe bestimmt werden.

$D_a = 16,5$ cm sei beibehalten und D_i nach Gl. (11b) in D_i' geändert. Mit $f = 9,26$ cm und $\delta = 0,3$ cm ist

$$\text{nach Gl. (11b):}\quad D_i' = 13,7 + \left(0,3 + \frac{9,26}{15}\right)\cdot 0,25 = 13,95 \text{ cm,}$$

$$\text{nach Gl. (14):}\quad D_{sa} = 16,5 - 1,0\,\frac{1 - 0,4 + 0,053}{1 - 0,2} = 16,5 - 0,816 = 15,684 \text{ cm,}$$

$$D_{si} = 13,95 + 0,8\,\frac{1 - 0,5 + 0,083}{1 - 0,25} = 13,95 + 0,622 = 14,572 \text{ cm,}$$

$$\text{nach Gl. (4b):}\quad f = 30\cdot 0,0071\left(\frac{15,684}{0,8} + \frac{14,572}{0,6}\right) = 30\cdot 0,0071\cdot 43,892 = 9,35 \text{ cm.}$$

Diese Federung ist etwas zu groß. Verringert man den Außendurchmesser des Außenringes um 0,1 cm und den Innendurchmesser des Innenringes um 0,11 cm und erhöht die Stärke des

Innenringes (also h_i und y_i) um 0,01 cm so, wird

$$D_{sa} = 16,5 - 0,1 = 16,4 \text{ cm}, \quad D_{sa} = 15,584, \quad D'_i = 13,95 - 0,1 - 0,01 = 13,84 \text{ cm und}$$

$$D_{si} = 13,84 + 0,81 \frac{1 - 0,494 + 0,081}{1 - 0,247} = 13,84 + 0,624 = 14,464 \text{ cm},$$

und man erhält aus Gl. (4b)

$$f = 30 \cdot 0,0071 \left(\frac{15,584}{0,8} + \frac{14,464}{0,61} \right) = 30 \cdot 0,0071 \cdot 43,19 = 9,20 \text{ cm}.$$

(Der Wert des Klammerausdruckes ist genauer 43,1915. Der Klammerausdruck der Gl. (4a) liefert 43,1885.)

Die vorher für $h_{im} = 0,6$ cm berechnete Spannung σ_i verringert sich auf $12\,420\,\dfrac{0,60}{0,61} = 12\,200$ kg/cm². Mit $D_{ma} = 16,4 - 2 \cdot 0,8 = 14,8$ cm, $D_a/D_{ma} = 1,11$, $D_{mi} = 13,84 + 2 \cdot 0,61 = 15,06$ cm und $D_{mi}/D_i = 1,09$ erhält man

$$\text{nach Gl. (3c):} \quad \sigma'_a = 9320 \frac{2,23}{2,11} = 9850 \text{ kg/cm}^2,$$

$$\sigma'_i = 12\,200 \frac{2,18}{2,09} = 12\,720 \text{ kg/cm}^2,$$

$$\text{nach Gl. (16):} \quad \sigma''_a = \frac{32\,000}{\pi\,(16,4 - 1,0) \cdot 1,0} = 660 \text{ kg/cm}^2,$$

$$\sigma''_i = \frac{32\,000}{\pi\,(13,84 + 0,81) \cdot 0,81} = 860 \text{ kg/cm}^2,$$

$$\text{nach Gl. (17):} \quad \sigma_{a\,\text{red}} = 1000\,\sqrt{97 + 0,435 + 6,5} = 10\,190 \text{ kg/cm}^2,$$

$$\sigma_{i\,\text{red}} = 1000\,\sqrt{161,9 + 0,74 - 10,94} = 12\,310 \text{ kg/cm}^2.$$

Bei stärkeren und durch Walzen herzustellenden Ringen ist es aus walz- und härtetechnischen Rücksichten ratsam, die den Kegelflächen gegenüberliegenden Flächen der Ringe nicht zylindrisch (Abb. 117 und 118), sondern gewölbt auszuführen, wie dies Abb. 121 für einen Außenring zeigt. Die Begrenzungskurve muß

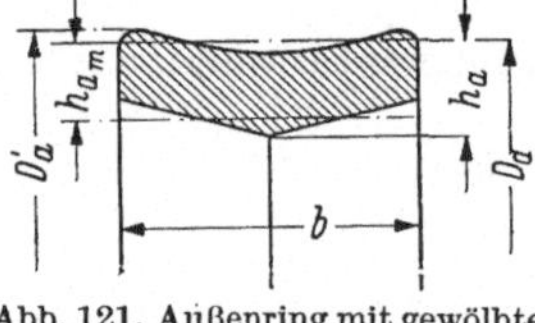

Abb. 121. Außenring mit gewölbter Begrenzungsfläche

dann so gelegt werden, daß sie die für zylindrische Begrenzung errechneten Flächeninhalte $b \cdot h_{am}$ und $b \cdot h_{im}$ der Ringquerschnitte nicht ändert. Daß der neue Außendurchmesser D'_a etwas größer und der neue Innendurchmesser D'_i etwas kleiner wird, als die der Rechnung zugrunde gelegten Werte D_a und D_i, muß man in Kauf nehmen und daher beim Entwurf den rechnerischen Außendurchmesser etwas kleiner wählen als es bei zylindrischer Begrenzung der Ringe notwendig wäre.

Wenn ein Außenring bricht — Innenringe brechen höchst selten —, so weitet er sich unter Last etwas auf, bis sich die angrenzenden Innenringe berühren, und die Säule arbeitet mit geringerer Länge und etwas erhöhter Einheitskraft weiter. Wenn allerdings mehrere Ringe ausfallen, kann der Längenverlust so groß werden, daß sich die Säule unter das Maß ihrer — einer gewissen Vorspannkraft entsprechenden — Einbaulänge verkürzt und spannungslos wird. Dann besteht die Gefahr, daß sich die Ringe verkanten und bei den folgenden Belastungen solchen Schaden nehmen, daß unter Umständen die ganze Säule unbrauchbar wird. Es empfiehlt sich daher, eine besondere kleine Vorspannfeder in Gestalt einer Schrauben- oder Kegelstumpffeder vorzusehen, die gar nicht zu arbeiten braucht, so lange alle Ringe unversehrt sind; erst wenn im Falle von Ringbrüchen die Säulenlänge unter die Einbaulänge sinkt, arbeitet sie mit einem Hub gleich dem Unterschied dieser beiden

Längen. Die Vorspannfeder läßt sich mittels eines Topfes im Innern der Säule unterbringen, so daß sich die gesamte Baulänge nur um die Dicke des auf dem Endring ruhenden Topfflansches vermehrt.

Bei ausgesprochenen Pufferfedern — z. B. bei den Pufferfedern der Schienenfahrzeuge — ist es oft erwünscht, daß die Einheitsfederung am Anfang des Pufferhubes auf einer gewissen Länge viel größer ist als im weiteren Verlauf des Hubes. Diese Aufgabe kann unter Umständen von der erwähnten Vorspannfeder mit übernommen werden. Man braucht die Einbaulänge des Vorspannfeder-Ringfeder-Systems nur um so viel zu vergrößern, daß sich die Vorspannfeder durch Verschwinden im Federtopf erst nach einem bestimmten Arbeitshub ausschaltet.

Bezeichnet

C_v die Einheitsfederung der Vorspannfeder,

C_r die Einheitsfederung der Ringfeder beim Belasten,

P_1 die Last, bei welcher der Knick in der Kraft-Weg-Linie liegen soll,

P_v die der Einbaulänge des Systems entsprechende Vorspannkraft,

so ist der Teil des Federhubes mit großer Einheitsfederung gegeben durch

$$f_1 = (C_v + C_r)\,(P_1 - P_v).$$

Wächst die Last über P_1 hinaus, so arbeitet nur noch die Ringfeder, und es ist der zweite Teil des Hubes

$$f_2 = C_r(P - P_1).$$

Ein anderes Mittel, einen Vorrat an Vorspannung zu schaffen oder zugleich eine geknickte Kraft-Weg-Linie zu erzielen, besteht darin, daß man einen Teil der Innenringe in einer Breite von einigen Millimetern aufschneidet (Abb. 124).

Unter Last arbeiten diese Innenringe (Schlitzringe) zunächst als *Biegefeder*, d. h. sie vermindern ihren Durchmesser nach Art der Kolbenringe so lange, bis sich der Schlitz geschlossen hat. Steigt die Last weiterhin, so arbeiten sie wie die anderen Innenringe als Druckringe weiter. Da der Biegewiderstand eines offenen Ringes viel kleiner ist als der Druckwiderstand eines geschlossenen, ist die Einheitsfederung der Säule bis zum Schließen der Ringe wesentlich größer als danach. Die Kennlinie einer mit Schlitzringen ausgerüsteten Ringfedersäule stellt also einen aus zwei Ästen bestehenden gebrochenen Linienzug dar, dessen Knick durch das Schließen der Ringschlitze bestimmt ist. Die geschlitzten Innenringe werden zweckmäßigerweise wenigstens annähernd als Körper gleicher Biegefestigkeit ausgebildet. Diesem

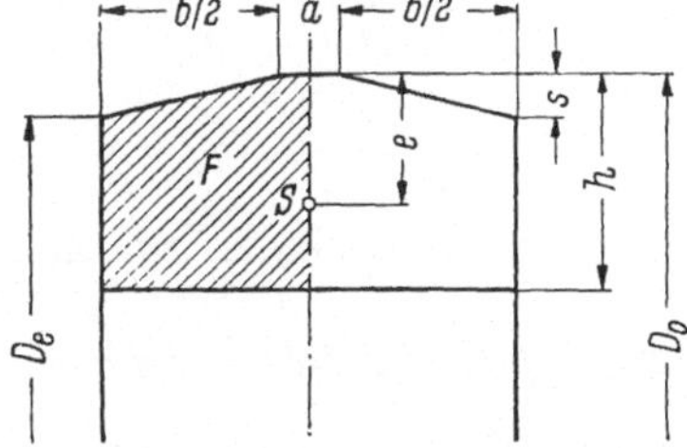

Abb. 122. Schlitzringquerschnitt

Bestreben sind dadurch Grenzen gesetzt, daß der Ring am Schlitz nicht unendlich dünn gemacht werden kann, und daß die innere Begrenzung des Ringes aus Gründen der Fertigung ein außermittiger Kreis sein muß. Man macht die Schlitzringe etwas breiter als die gewöhnlichen Innenringe, indem man aus Festigkeitsrücksichten einen schmalen zylindrischen Teil zwischen den Kegelflächen vorsieht (Abb. 122). Selbstverständlich liefern so gestaltete Schlitzringe, wenn sie nach dem Schließen des Schlitzes als geschlossene Ringe weiterarbeiten, einen kleineren Beitrag zur Federung der Säule als die geschlossenen Innenringe gleicher Wandstärke. Die Federung des Schlitzringes verhält sich nämlich zur Federung des gewöhnlichen

Innenringes wie der Querschnitt des Innenringes zur halben Summe aus dem kleinsten und größten Querschnitt des Schlitzringes.

Die Berechnung des Schlitzringes (Abb. 122 bis 125) ist wegen seines ungleichförmigen Querschnittes recht umständlich. Da ein Schlitzring immer mit einem Außenring zusammenarbeitet, betrachtet man zweckmäßigerweise ein solches *Ringhälftenpaar* (Abb. 123).

An irgendeiner Stelle des Schlitzringes mit der radialen Stärke h (Abb. 122) ist

$$F = \frac{1}{2}\left[(a+b)\,h - \frac{1}{2}\,b\,s\right] \quad \text{die Querschnittsfläche des } halben \text{ Ringes,} \qquad (18)$$

$$e = \frac{1}{4}\,\frac{(a+b)\,h^2 - \frac{1}{3}\,b\,s^2}{F} \quad \text{der Abstand der äußersten Ringfasern vom Schwerpunkt } S, \qquad (19)$$

$$W = \frac{1}{12\,e}\left[2\,(a+b)\,h^2 - b\,s^3\right] - F\,e \quad \text{das entsprechende Widerstandsmoment des } halben \text{ Ringes.} \qquad (20)$$

Der Zeiger 1 soll für die Ringstelle mit größtem Querschnitt (gegenüber dem Schlitz) und der Zeiger 2 für die Stelle kleinsten Querschnittes (am Schlitz) gelten (Abb. 123 und 124).

Mit dem Abstand δ_{so} zwischen zwei Schlitzringen, der wegen der größeren Federung der Schlitzringe beträchtlich größer sein muß als der Abstand δ_0 zwischen gewöhnlichen Ringen, ist nach Abb. 123

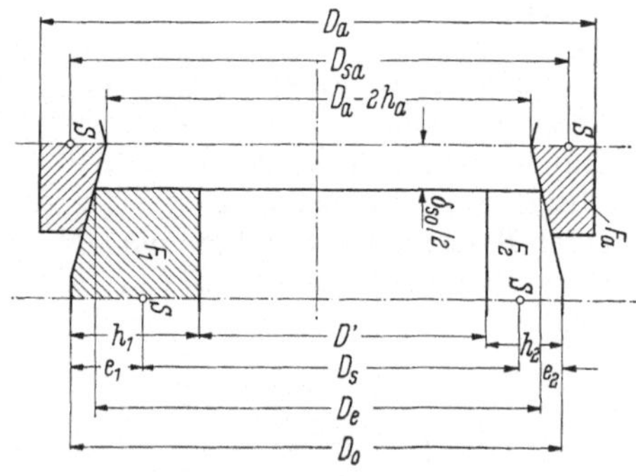

Abb. 123
Zur Berechnung des Schlitzringes

$$D_e = (D_a - 2\,h_a) + \frac{1}{2}\,\delta_{so}\,\mathrm{tg}\,\beta, \qquad (21)$$

$$D_0 = D_e + 2\,s, \qquad (22)$$

$$D_s = D_0 - (e_1 + e_2), \qquad (23)$$

$$D' = D_0 - (h_1 + h_2). \qquad (24)$$

Der Schlitzring soll sich bei der Belastung P_v schließen. Dann entsteht im größten Querschnitt *außen* die *Zugspannung*

$$\sigma_{zv} = \frac{P_v\,D_s}{2\,\pi\,W_1\,\mathrm{tg}\,(\beta + \varrho)} \qquad (25)$$

und *innen* die *Druckspannung*

$$\sigma_{dv} = \sigma_{zv}\,\frac{h_1 - e_1}{e_1}. \qquad (26)$$

Diese Druckspannung muß mit dem Beiwert α_{ik} multipliziert werden, der Tab. 16 für h_1/D_s zu entnehmen ist. Es ergibt sich dann

$$\sigma'_{dv} = \alpha_{ik} \cdot \sigma_{dv}. \qquad (26a)$$

Der entsprechende Beitrag des halben Schlitzringes zur Federung ist

$$\Delta f_{sv} = \frac{1}{4\,\mathrm{tg}\,\beta}\,\frac{\sigma_{zv} \cdot D_s^2}{e_1\,E}, \qquad (27)$$

und der Beitrag des halben Außenringes

$$\Delta f_{av} = \frac{P_v}{2\,\pi\,b\,E\,\mathrm{tg}\,\beta\,\mathrm{tg}(\beta + \varrho)}\,\frac{D_{sa}}{h_{am}}. \qquad (28)$$

Mithin ist *die Federung des Ringhälftenpaares infolge der Belastung P_v*

$$\Delta f_{sav} = \Delta f_{sv} + \Delta f_{av}. \qquad (29)$$

Die Weite des Schlitzes, gemessen auf dem Kreise mit dem Durchmesser D_s, muß betragen

$$\delta_{schl} = 2\,\pi\,\Delta f_{sv}\,\operatorname{tg}\beta. \tag{30}$$

Wird nun die Belastung von P_v auf P gesteigert, so arbeitet der Schlitzring als geschlossener Ring weiter, und Federung der *Schlitzringhälfte* erhöht sich auf

$$\Delta f_s = \Delta f_{sv} + \frac{(P - P_v)\,D_s}{\pi\,(F_1 + F_2)\,E\,\operatorname{tg}\beta\,\operatorname{tg}(\beta + \varrho)} \tag{31}$$

und die Beanspruchung auf

$$\sigma_s = \sigma'_{dv} + \frac{P - P_v}{2\,\pi\,F_1\,\operatorname{tg}(\beta + \varrho)}. \tag{32}$$

Die Federung der *Außenringhälfte* ist

$$\Delta f_a = \Delta f_{av}\,\frac{P}{P_v}, \tag{33}$$

und somit *die ganze Federung des Ringhälftenpaares infolge der Last* P

$$\Delta f_{sa} = \Delta f_s + \Delta f_a. \tag{34}$$

Für die Beanspruchung des Außenringes gelten selbstverständlich die schon früher erwähnten Formeln.

Damit ist die Berechnung des Schlitzringes beendet und die Federung eines Ringhälftenpaares ermittelt.

Besteht eine Säule aus insgesamt z Ringen und sind unter ihren Innenringen z_s Schlitzringe vorhanden, so ist ihre Federung *bei der Last* P_v

$$f_v = 2\,z_s\,\Delta f_{sav} + (z - 2\,z_s - 1)\,\frac{P_v}{2\,\pi\,b\,E\,\operatorname{tg}\beta\,\operatorname{tg}(\beta + \varrho)}\left(\frac{D_{sa}}{h_{am}} + \frac{D_{si}}{h_{im}}\right), \tag{35}$$

bei der Last P

$$f = 2\,z_s\,\Delta f_{sa} + (z - 2\,z_s - 1)\,\frac{P}{2\,\pi\,b\,E\,\operatorname{tg}\beta\,\operatorname{tg}(\beta + \varrho)}\left(\frac{D_{sa}}{h_{am}} + \frac{D_{si}}{h_{im}}\right). \tag{36}$$

Für die Länge der Säule unter der Last P erhält man mit $\delta_s = \delta_{so} - 2\,\Delta f_{sa}$

$$L_p = z_s\,(a + \delta_s) + \frac{1}{2}\,[(z + 1)\,b + (z - 2\,z_s - 1)\,\delta] \tag{37}$$

und für die freie Länge

$$L_o = L_p + f. \tag{38}$$

2. Zahlenbeispiel. Von den 31 Ringen der im 1. Zahlenbeispiel entworfenen Säule sind 2 Innenringe durch Schlitzringe zu ersetzen, die sich bei $P_v = 1500$ kg schließen sollen.

Wählt man $a = 0{,}6$ cm und nimmt $h_1 = 2{,}15$ cm und $h_2 = 0{,}95$ cm an, so ergibt sich

aus Gl. (18)
$$\begin{cases} F_1 = \dfrac{1}{2}\left[(0{,}6 + 3{,}2)\,2{,}15 - \dfrac{1}{2}\,3{,}2\cdot 0{,}4\right] = \dfrac{1}{2}\,[8{,}17 - 0{,}64] = 3{,}765\ \text{cm}^2 \\[2ex] F_2 = \dfrac{1}{2}\,[(0{,}6 + 3{,}2)\,0{,}95 - 0{,}64] \quad = \dfrac{1}{2}\,[3{,}61 - 0{,}64] = 1{,}485\ \text{cm}^2, \end{cases}$$

aus Gl. (19)
$$\begin{cases} e_1 = \dfrac{1}{4}\,\dfrac{3{,}8\cdot 4{,}625 - \dfrac{1}{3}\,3{,}2}{3{,}765} = 1{,}154\ \text{cm} \\[3ex] e_2 = \dfrac{1}{4}\,\dfrac{3{,}8\cdot 0{,}9025 - \dfrac{1}{3}\,3{,}2}{1{,}485} = 0{,}548\ \text{cm}, \end{cases}$$

aus Gl. (20) $\quad W_1 = \dfrac{1}{12\cdot 1{,}154}\,[2\cdot 3{,}8\cdot 9{,}94 - 3{,}2\cdot 0{,}064] - 3{,}765\cdot 1{,}154 = 5{,}44 - 4{,}35 =$

$$= 1{,}09\ \text{cm}^3.$$

Nimmt man die Spaltweite δ_{s_0} zu 1,76 cm an, so erhält man ferner

aus Gl. (21) $D_e = 16,40 - 2 \cdot 1,0 + \dfrac{1}{2}\,1,76 \cdot 0,25 = 16,40 - 2,0 + 0,22 = 14,62$ cm,

aus Gl. (22) $D_0 = 14,62 + 2 \cdot 0,4 = 15,42$ cm,

aus Gl. (23) $D_s = 15,42 - (1,154 + 0,548) = 15,42 - 1,70 = 13,72$ cm,

aus Gl. (24) $D' = 15,42 - (2,15 + 0,95) = 12,32$ cm,

aus Gl. (25) $\sigma_{zv} = \dfrac{1500 \cdot 13,72}{6,283 \cdot 1,09 \cdot 0,4276} = 7040\ \text{kg/cm}^2,$

aus Gl. (26) $\sigma_{dv} = 7040\,\dfrac{2,15 - 1,154}{1,154} = 6070\ \text{kg/cm}^2.$

Für $h_1/D_s = 2,15/13,72 = 0,157$ ist nach Tab. 16 $\alpha_{ik} \approx 1,12$, und daher

aus Gl. (26a) $\sigma'_{dv} = 1,12 \cdot 6070 = 6800\ \text{kg/cm}^2.$

Weiter

aus Gl. (27) $\Delta f_{sv} = \dfrac{1}{4 \cdot 0,25}\,\dfrac{7040 \cdot 188,4}{1,154 \cdot 2,1 \cdot 10^6} = 0,547$ cm,

aus Gl. (28) $\Delta f_{av} = \dfrac{1500}{6,283 \cdot 3,2 \cdot 2,1 \cdot 10^6 \cdot 0,25 \cdot 0,4276}\,\dfrac{15,584}{0,8} = 0,00647$ cm,

aus Gl. (29) $\Delta f_{sav} = 0,547 + 0,006 = 0,553$ cm,

aus Gl. (30) $\delta_{schl} = 6,283 \cdot 0,547 \cdot 0,25 = 0,86$ cm.

Abb. 124 zeigt den Schlitzring im Grundriß.

Für die auf $P = 32\,000$ kg erhöhte Belastung erhält man

aus Gl. (31) $\Delta f_s = 0,547 + \dfrac{(32\,000 - 1500)\,13,72}{\pi\,(3,765 + 1,485)\,2,1 \cdot 10^6 \cdot 0,25 \cdot 0,4276} = 0,547 + 0,113 =$
$$= 0,660\ \text{cm},$$

aus Gl. (32) $\sigma_s = 6800 + \dfrac{30\,500}{6,283 \cdot 3,765 \cdot 0,4276} = 6800 + 3010 = 9810\ \text{kg/cm}^2.$

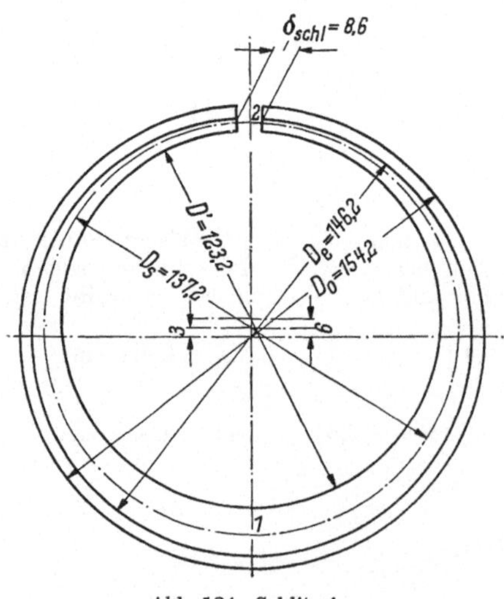

Abb. 124. Schlitzring

Diese Beanspruchung ist so viel niedriger als die der geschlossenen Innenringe, daß es sich erübrigt, σ_{red} zu berechnen.

Schließlich

nach Gl. (33) $\Delta f_a = \dfrac{32\,000}{1500}\,0,00647 = 0,138$ cm,

nach Gl. (34) $\Delta f_{sa} = 0,660 + 0,138 = 0,798$ cm.

Die Spaltweite $\delta_{so} = 1,76$ cm zwischen zwei Schlitzringen verringert sich unter der Last P um $2\,\Delta f_{sa} = 1,596$ cm auf $\delta_s = 0,164$ cm. Dieses Maß ist knapp; anderseits läßt sich δ_{so} nicht wesentlich vergrößern, weil sonst der Schlitzring im Außenring ungenügend geführt wäre.

Mit dem den Gln. (35) und (36) gemeinsamen Faktor

$$\frac{1}{2\,\pi\,b\,E\,\mathrm{tg}\,\beta\,\mathrm{tg}\,(\beta + \varrho)}\left(\frac{D_{sa}}{h_{am}} + \frac{D_{si}}{h_{im}}\right) = 9,58 \cdot 10^{-6}$$

und mit $z_s = 2$, $z = 31$ und $z - 2\,z_s - 1 = 26$ ergibt sich die Federung der Säule

aus Gl. (35) $f_v = 2 \cdot 2 \cdot 0,553 + 26 \cdot 1500 \cdot 9,58 \cdot 10^{-6} = 2,212 + 0,374 = 2,586$ cm,

aus Gl. (36) $f = 2 \cdot 2 \cdot 0,798 + 26 \cdot 32\,000 \cdot 9,58 \cdot 10^{-6} = 3,192 + 7,980 \approx 11,17$ cm.

Die Länge der Säule beträgt

nach Gl. (37) $L_p = 2\,(0{,}6 + 0{,}164) + \dfrac{1}{2}\,[32 \cdot 3{,}2 + 26 \cdot 0{,}3] = 1{,}53 + 55{,}10 = 56{,}63$ cm,

nach Gl. (38) $L_o = 56{,}63 + 11{,}17 = 67{,}8$ cm.

Ohne Schlitzringe ist die aus 31 Ringen bestehende Säule unter der Last P nur 55,7 cm lang. Soll nun die entsprechende Länge der Säule *mit* den beiden Schlitzringen dieses Maß nicht übersteigen, so muß man z auf 30 vermindern. Dann wird

$$L_p = 1{,}530 + \frac{1}{2}\,[31 \cdot 3{,}2 + 25 \cdot 0{,}3] = 1{,}530 + 53{,}35 = 54{,}88 \text{ cm,}$$

$$f_v = 2{,}212 + 0{,}359 = 2{,}571 \text{ cm,} \quad f = 3{,}192 + 7{,}660 = 10{,}852 \text{ cm,}$$

$$L_o = 54{,}88 + 10{,}85 = 65{,}73 \text{ cm.}$$

Die Einheitskraft dieser Säule ist $c_v = P_v/f_v = 1500/2{,}571 = 583{,}5$ kg/cm bis zu 1500 kg Belastung, und $c = (P - P_v)/(f - f_v) = 30\,500/(10{,}852 - 2{,}571) = 30\,500/8{,}281 = 3685$ kg/cm im Bereich 1500 kg bis 32\,000 kg.

Ist ein Federhub H von nur 9,2 cm zulässig, so kann man die Säule auf $L'_v = L_p + H = 54{,}88 + 9{,}2 = 64{,}08$ cm, also um $f'_v = L_o - L'_v = 65{,}73 - 64{,}08 = 1{,}65$ cm vorspannen. Das ergibt eine Vorspannkraft $P'_v = c_v/f'_v = 583{,}5 \cdot 1{,}65 = 963$ kg.

Die Arbeitsaufnahme der Säule ist

$$A = \frac{P_v + P'_v}{2}\,(f_v - f'_v) + \frac{P + P_v}{2}\,(f - f_v) =$$

$$= \frac{1500 + 963}{2}\,(2{,}57 - 1{,}65) + \frac{32\,000 + 1500}{2}\,(10{,}85 - 2{,}57) =$$

$$= 1134 + 138\,690 = 139\,824 \text{ cm kg} \approx 1398 \text{ mkg,}$$

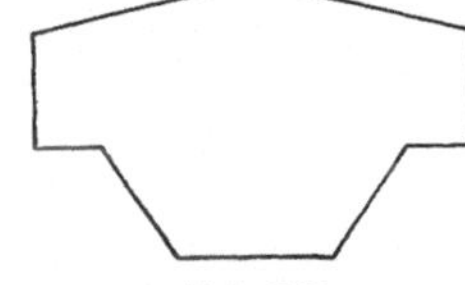

Abb. 125
Neuer Schlitzringquerschnitt

verglichen mit 1472 mkg der aus 31 Ringen bestehenden Säule ohne Schlitzringe.

Die Firma Ringfeder G. m. b. H. in Krefeld-Uerdingen hat die Freundlichkeit gehabt, den Verfasser darauf aufmerksam zu machen, daß sie heute Schlitzringe mit dem Querschnitt nach Abb. 125 verwendet, für die selbstverständlich die Gln. (18) bis (20) nicht gelten. Vermutlich wird beim außermittigen Ausbohren des Schlitzringes nur von dem inneren Ringwulst mit trapezförmigem Querschnitt Werkstoff entfernt.

Selten betätigte Ringfedern werden mit einem guten Starrfett von der Art der Getriebefette geschmiert. Eine kleine ringförmige Schmiernut in der Mitte der Kegelflächen der Innenringe hat sich bewährt. Wenn Ringfedern im Dauerbetrieb arbeiten sollen, ist für die Abfuhr der Reibungswärme durch Luftkühlung oder Ölumlaufschmierung Sorge zu tragen.

Anhang

Theorie der unterstützten Rechteckfeder nach Abb. 17

Die Gestalt $OC_0B_0A_0$ der unbelasteten Rechteckfeder gleicher Blattstärke (Abb. 126) sei durch die Gleichung $y_0 = f(x/l)$ gegeben. Ohne die mit der x-Achse zusammenfallende Stützplatte würde eine am Ende A_0 senkrecht zur Stützplatte angreifende Last P an einer Stelle (x, y_0) die Durchbiegung δ hervorrufen und Punkt B_0 nach B mit der Ordinate $y = y_0 - \delta$ verschieben. Die Feder hätte jetzt die Gestalt $OCBA$.

Wenn p_0/l nicht zu groß ist, läßt sich δ nach der für die gerade Rechteckfeder geltenden Formel (s. Spalte 4 der Tab. 4)

$$y = \delta = 2\,\frac{l^3 P}{B\,h^3 E}\left(\frac{x}{l}\right)^2\left(3 - \frac{x}{l}\right) = \frac{P\,l^3}{2\,E\,J}\left(\frac{x}{l}\right)^2\left[1 - \frac{1}{3}\left(\frac{x}{l}\right)\right]$$

berechnen. Mit der Abkürzung $x/l = \xi$ ist dann die Gleichung der Biegelinie
OCBA

$$y = y_0 - \delta = f(\xi) - \frac{P\,l^3}{2\,E\,J}\,\xi^2(1 - \xi/3) \tag{1}$$

und die Gleichung der Tangente an die Biegelinie

$$y' = dy/dx = f'(\xi) - \frac{P\,l^2}{E\,J}\,\xi(1 - \xi/2). \tag{2}$$

Die Ordinate irgendeines Punktes der Biegelinie der *unterstützten* Feder sei
mit η und die Tangente in diesem Punkt mit η' bezeichnet. Im Berührungspunkt O_1
zwischen Feder und Stützplatte (s. Abb. 17) muß offenbar $\eta = 0$ und $\eta' = 0$
sein. Man kann sich die Stützwirkung der Platte durch eine P entgegengesetzt-
gerichtete Kraft P_1 ersetzt
denken, die den Punkt C um y_1
hebt und die Neigung der
Tangente um y'_1 vermindert,
so daß η_1 und η'_1 zu Null
werden. Für gegebene Werte
von P läßt sich daher die
Abszisse x_1 des Punktes O_1
aus dem folgenden Glei-
chungspaar bestimmen:

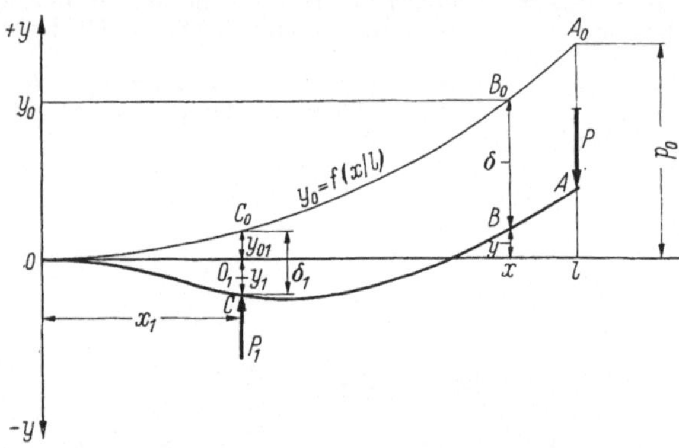

Abb. 126. Zur Berechnung der unterstützten Rechteckfeder

$$y_1 + \frac{P_1\,x_1^3}{3\,E\,J} = 0, \tag{3}$$

$$y'_1 + \frac{P_1\,x_1^2}{2\,E\,J} = 0. \tag{4}$$

Setzt man y_1 und y'_1 nach den Gln. (1) und (2) in die Gln. (3) und (4) ein und
setzt $x_1/l = \xi_1$, so gehen diese über in

$$f(\xi_1) - \frac{P\,l^3}{2\,E\,J}\,\xi_1^2(1 - \xi_1/3) + \frac{P_1\,l^3}{3\,E\,J}\,\xi_1^3 = 0, \tag{3a}$$

$$f'(\xi_1) - \frac{P\,l^2}{E\,J}\,\xi_1(1 - \xi_1/2) + \frac{P_1\,l^2}{2\,E\,J}\,\xi_1^2 = 0, \tag{4a}$$

und durch Eliminieren von P_1 erhält man die Gleichung

$$\frac{f(\xi_1)}{l} = \frac{2}{3}\,\xi_1\,f'(\xi_1) + \frac{P\,l^2}{6\,E\,J}\,\xi_1^2(1 - \xi_1) = 0, \tag{5}$$

aus der sich ξ_1 und damit x_1 für jede Last P bestimmen läßt.

Wenn die Krümmung $1/R_0$ der Kurve $y_0 = f(\xi)$ im Punkte O größer ist als Null,
kann eine Berührung zwischen Feder und Platte in einem Punkte O_1 mit der Abszisse $x_1 > 0$ erst stattfinden, wenn die Krümmung in O auf Null verringert ist,
d. h. wenn das Biegemoment $M_b = P\,l$ die Größe

$$M_k = P_k\,l = \frac{E\,J}{R_0} = E\,J\,\frac{f''(0)}{[1 + f'(0)^2]^{3/2}} \tag{6}$$

erreicht hat. Solange daher $P \leqq P_k$, ist die Kennlinie eine Gerade mit der Gleichung

$$f = \frac{P\,l^3}{3\,E\,J}, \tag{7}$$

und die Biegelinie entspricht Gl. (1). Wenn $P = P_k$ wird, geht Gl. (7) über in

$$f_k = \frac{P_k\,l^3}{3\,E\,J}. \tag{7a}$$

Für $P > P_k$ hingegen besteht die Biegelinie aus zwei den Abszissenbereichen $0 \leqq x \leqq x_1$ und $x_1 \leqq x \leqq l$ zugeordneten Ästen, die getrennt behandelt werden müssen.

Bereich $0 \leqq x \leqq x_1$.

Wenn ξ_1 für eine gegebene Last P aus Gl. (5) ermittelt ist, findet man aus Gl. (3a) die Stützkraft

$$P_1 = \frac{3\,E\,J}{l^3\,\xi_1} \left[\frac{P\,l^3}{2\,E\,J} (1 - \xi_1/3) - \frac{f(\xi_1)}{\xi_1^2} \right]. \tag{3b}$$

Sie ruft an einer Stelle $x < x_1$ die positive Durchbiegung

$$y^* = \frac{P_1\,l^3}{2\,E\,J}\, \xi^2(\xi_1 - \xi/3)$$

hervor und vermindert die negative Ordinate y der nicht unterstützten Feder um diesen Betrag. Folglich ist die Gleichung der *Biegelinie der unterstützten Feder*

$$\eta = y + y^* = f(\xi) - \frac{P\,l^3}{2\,E\,J}\, \xi^2(1 - \xi/3) + \frac{P_1\,l^3}{2\,E\,J}\, \xi^2(\xi_1 - \xi/3) \tag{8}$$

oder, nach Einsetzen von P_1 nach Gl. (3b),

$$\eta = f(\xi) - \frac{P\,l^3}{2\,E\,J}\, \xi^2(1 - \xi/3) + \frac{3}{2\,\xi_1}\left[\frac{P\,l^3}{2\,E\,J}(1 - \xi_1/3) - \frac{f(\xi_1)}{\xi_1^2} \right] \xi^2(\xi_1 - \xi/3). \tag{8a}$$

Das Biegemoment ist

$$M_b = P(l - x) - P_1(x_1 - x) = P\,l(1 - \xi) - P_1\,l(\xi_1 - \xi) \tag{9}$$

oder mit P_1 nach Gl. (3b)

$$M_b = P\,l\left\{ \frac{3\,E\,J}{P\,l^3}\, \frac{f(\xi_1)}{\xi_1^2} - \frac{1}{2}(1 - \xi_1) + \left[\frac{3}{2}(1 - \xi_1) - \frac{3\,E\,J}{P\,l^3}\, \frac{f(\xi_1)}{\xi_1^2} \right] \xi/\xi_1 \right\} \tag{9a}$$

mit den Grenzwerten

$$M_{b(x\,=\,0)} = \frac{3\,E\,J}{l^2}\, \frac{f(\xi_1)}{\xi_1^2} - \frac{1}{2}\,P\,l(1 - \xi_1), \tag{9b}$$

$$M_{b(x\,=\,x_1)} = P\,l(1 - \xi_1). \tag{9c}$$

Bereich $x_1 \leqq x \leqq l$.

Die Stützkraft P_1 beeinflußt die Gestalt CBA dieses Astes nicht, verschiebt ihn aber um y_1 nach oben und dreht ihn zugleich um den Punkt C entgegen dem Sinne des Uhrzeigers um die Richtungsänderung $y_1' - 0 = y_1'$ der Tangente in C, so daß ein Punkt im Abstande $x - x_1$ von O_1 noch zusätzlich um $(x - x_1)\,y_1'$ gehoben wird. Demnach ist die *Biegelinie der unterstützten Feder*

$$\eta = y - y_1 - (x - x_1)\,y_1' = y - y_1 - l\,(\xi - \xi_1)\,y_1'$$

und mit y und y_1 nach Gl. (1) und y_1' nach Gl. (2)

$$\eta = f(\xi) - f(\xi_1) - l(\xi - \xi_1)\,f'(\xi_1) - \frac{P\,l^3}{2\,E\,J}\left[\xi^2(1 - \xi/3) - 2\,\xi_1(1 - \xi_1) - \frac{2}{3}\,\xi_1^3 \right]. \tag{10}$$

Daraus ergibt sich für $\xi = 1$ die Pfeilhöhe (s. Abb. 17)

$$p = f(1) - f(\xi_1) - l(1 - \xi_1)\,f'(\xi_1) - \frac{P\,l^3}{3\,E\,J}(1 - \xi_1)^3 \tag{10a}$$

und die Durchbiegung

$$f = p_0 - p = f(1) - p = f(\xi_1) + l(1 - \xi_1)\,f'(\xi_1) + \frac{P\,l^3}{3\,E\,J}(1 - \xi_1)^3. \tag{11}$$

Das Biegemoment an einer Stelle x ist

$$M_b = P\,l(1-\xi).\tag{12}$$

Es sei eine Feder betrachtet, die nach der *gemeinen Parabel* $y_0 = f(\xi) = p_0\,\xi^2$ gekrümmt ist.

Mit $f'(\xi) = 2\dfrac{p_0}{l}\,\xi$ lautet Gl. (5)

$$\frac{p_0}{l}\,\xi_1^2 - \frac{4}{3}\,\frac{p_0}{l}\,\xi_1^2 + \frac{P\,l^2}{6\,E\,J}\,\xi_1^2(1-\xi_1) = 0$$

oder

$$\frac{P\,l^2}{2\,E\,J}\,(1-\xi_1) - \frac{p_0}{l} = 0.\tag{13}$$

Hieraus

$$\xi_1 = 1 - \frac{2\,E\,J}{P\,l^2}\,\frac{p_0}{l},\tag{13a}$$

$$P\,l = \frac{2\,E\,J}{l^2}\,\frac{p_0}{1-\xi_1},\tag{13b}$$

$$\frac{P\,l^3}{E\,J} = 2\,\frac{p_0}{1-\xi_1}.\tag{13c}$$

Da $f'(0) = 0$, $f''(\xi) = \dfrac{2\,p_0}{l^2} = \text{konst.}$ und daher auch $f''(0) = \dfrac{2\,p_0}{l^2}$ ist, erhält man aus Gl. (6)

$$P_k = \frac{M_k}{l} = 2\,\frac{E\,J}{l^2}\,\frac{p_0}{l},\tag{14}$$

und aus Gl. (7a)

$$f_k = \frac{P_k\,l^3}{3\,E\,J} = \frac{2}{3}\,p_0.\tag{15}$$

Unter Berücksichtigung der Gl. (13c) geht Gl. (3b) über in

$$P_1 = \frac{3}{2}\,\frac{P}{p_0}\,\frac{1-\xi_1}{\xi_1}\left[\frac{p_0}{1-\xi_1}\,(1-\xi_1/3) - p_0\right] = P.$$

Daher ist das Biegemoment nach Gl. (9)

$$M_b = P\,l(1-\xi) - P\,l(\xi_1 - \xi) = P\,l(1-\xi_1)$$

oder mit $P\,l$ nach Gl. (13b)

$$M_b = \frac{2\,E\,J}{l}\,\frac{p_0}{l} = P_k\,l = M_k = \text{konst.}\tag{16}$$

im ganzen Bereich 0 bis x_1.

Mit $P_1 = P$ und im Hinblick auf Gl. (13) nimmt Gl. (8) die Form an

$$\eta = p_0\,\xi^2 - \frac{p_0}{1-\xi_1}\,\xi^2\,[1-\xi_1] = 0.$$

Das Federblatt berührt also die Stützplatte im ganzen Bereich 0 bis x_1, was auch schon aus $M_b = M_k = \text{konst.}$ gefolgert werden kann.

Die Pfeilhöhe unter der Last P ergibt sich aus Gl. (10a) zu

$$p = p_0 - p_0\,\xi_1^2 - 2\,p_0\,\xi_1\,(1-\xi_1) - \frac{2}{3}\,p_0\,(1-\xi_1)^2 = \frac{1}{3}\,p_0\,(1-\xi_1)^2,$$

und die Durchbiegung aus Gl. (11) zu

$$f = p_0\left[1 - \frac{1}{3}\,(1-\xi_1)^2\right] = p_0\left[1 - \frac{4}{3}\left(\frac{E\,J}{l^3}\,p_0\right)^2\frac{1}{P^2}\right].\tag{17}$$

Bei flachgedrückter Feder ist $p = 0$ und $\xi_1 = 1$. Nach Gl. (13a) ist dann $\dfrac{2\,E\,J}{P\,l^2}\,\dfrac{h}{l} = 0$ und folglich $P = \infty$. Das Biegemoment ist aber endlich und zwar M_k, weil Gl. (16) selbstverständlich auch für $x_1 = l$ gilt.

Die *Kennlinie* verläuft gerade bis zu f_k und P_k, krümmt sich dann aufwärts und nähert sich asymptotisch der Parallelen zur P-Achse durch den Punkt $f = p_0$ der f-Achse (s. Abb. 18). Die der *Federarbeit* verhältnisgleiche Fläche besteht also aus einem Dreieck mit dem Inhalt $A_k = \dfrac{1}{2}\,P_k\,f_k$ und der Fläche $A' = \int P\,df$ über der Strecke f_k bis p_0 auf der Abszissenachse.

Mit P_k und f_k nach den Gln. (14) und (15) ist

$$A_k = \frac{2}{3}\,\frac{E\,J}{l}\,(p_0/l)^2\,.$$

Differenzieren der Gl. (17) nach P liefert

$$df = \frac{8}{3}\,p_0\left(\frac{E\,J}{l^3}\,p_0\right)^2\frac{dP}{P^3}\,,$$

so daß

$$A' = \frac{8}{3}\,p_0\left(\frac{E\,J}{l^3}\,p_0\right)^2\int\limits_{P_k}^{P}\frac{dP}{P^2} = \frac{8}{3}\,p_0\left(\frac{E\,J}{l^3}\,p_0\right)^2\left[\frac{1}{P_k} - \frac{1}{P}\right].$$

Mithin ist die *ganze Federarbeit*

$$A = A_k + A' = \frac{2}{3}\,\frac{E\,J}{l}\,(p_0/l)^2\left[3 - 4\frac{E\,J}{l^2}\,(p_0/l)\,\frac{1}{P}\right].$$

Bei *flachgedrückter Feder* wird $P = \infty$ und damit die Federarbeit

$$A_0 = 2\,\frac{E\,J}{l}\,(p_0/l)^2 = p_0\,P_k\,. \tag{18}$$

Es ist also $A_k = \dfrac{1}{3}\,A_0 = \dfrac{1}{3}\,p_0\,P_k$.

Nun ist

$$\sigma^2 = \left(\frac{M_k}{W}\right)^2 = \left(\frac{M_k\,h}{2\,J}\right)^2 = \left(E\,\frac{h}{l}\,\frac{p_0}{l}\right)^2 \qquad \text{oder} \qquad \frac{E}{l}\left(\frac{p_0}{l}\right)^2 = \frac{l}{E\,h^2}\,\sigma^2\,.$$

Führt man diesen Ausdruck in Gl. (18) ein, so erhält man mit $J = B\,h^3/12$ und $B\,h\,l = V$

$$A_0 = 2\,J\,\frac{l}{E\,h^2}\,\sigma^2 = \frac{1}{6}\,\frac{B\,h\,l}{E}\,\sigma^2 = \frac{1}{6}\,\frac{V}{E}\,\sigma^2\,.$$

Die Kennzahl k ist also 1/6 und ebenso groß wie bei der Dreieckfeder und bei der nach einer gemeinen Parabel zugeschärften Rechteckfeder (vgl. Tab. 4). Bezieht man aber die Kennzahl auf den dem Federblatt umschriebenen Quader mit dem Rauminhalt $B\,h\,l$, so steht die unterstützte Rechteckfeder mit 1/6 an erster Stelle; die beiden andern liegen mit 1/12 und 1/9 beträchtlich darunter. Dieser Vergleich ist insofern berechtigt, als sich der Teil des Quaders, den die letztgenannten Federn nicht ausfüllen, wohl nur ausnahmsweise anderweitig ausnutzen läßt. Anderseits darf nicht übersehen werden, daß sich die unterstützte Rechteckfeder nur für Sonderfälle eignet und freie Biegefedern nur selten ersetzen kann.

Zahlenbeispiel. Gegeben ist eine unterstützte parabolisch gekrümmte Rechteckfeder mit $B = 1{,}0$ cm, $h = 0{,}1$ cm, $l = 10$ cm und $p_0 = 3{,}0$ cm aus kaltgewalztem Bandstahl.

Mit $E = 2{,}15 \cdot 10^6$ kg/cm², $J = \dfrac{B\,h^3}{12} = 83{,}3 \cdot 10^{-6}$ cm⁴ und $E\,J = 179{,}2$ kgcm² ist

nach Gl. (14) $P_k = 2 \cdot \dfrac{179{,}2}{1000}\, 3 = 1{,}075$ kg,

nach Gl. (15) $f_k = \dfrac{2}{3}\, 3 = 2$ cm,

nach Gl. (16) $M_b = M_k = P_k \cdot l = 1{,}075 \cdot 10 = 10{,}75$ kgcm,

nach Gl. (17) $f = 3\left[1 - \dfrac{4}{3}\,(0{,}1792 \cdot 3)^2\, \dfrac{1}{P^2}\right] = 3\left[1 - \dfrac{0{,}386}{P^2}\right],$

nach Gl. (18) $A_0 = 2\,\dfrac{179{,}2}{10}\, 0{,}3^2 = 3{,}23$ cmkg.

Mit $W = B\,h^2/6 = 1{,}667 \cdot 10^{-3}$ cm³ ergibt sich als größte Biegespannung

$$\sigma_k = \frac{P_k\, l}{W} = \frac{1{,}075 \cdot 10}{1{,}667}\, 1000 = 6440 \text{ kg/cm}^2.$$

Schrifttum

[1] GROSS, S., u. E. LEHR: Die Federn. Berlin: VDI-Verlag 1938.

[2] Metals Handbook der American Society for Metals.

[3] WITZIG, K.: Zur Berechnung der Tragfedern für Eisenbahnfahrzeuge. Schweiz. Bauztg. Bd. 72 (1918) Nr. 26.

[4] WOLF, FRITZ: Die Federn im feinmechanischen Geräte- und Instrumentenbau. Heft 2 der Schriftenreihe des Industrieblattes, Stuttgart.

[5] MARIÉ, A.: Les dénivellations de la voie et les oscillations du material des chemins de fer. Ann. d. Mines, 10. Série T. VII—IX, 1905/06.

[6] STARK, H.: Über die Ermittlung der statischen Biegespannungen in geschichteten Federn. ATZ Bd. 34 (1931) S. 751.

[7] SANDERS, T. H.: Die Herstellung der Blattfedern. Berlin: Springer 1927.

[8] LEHR, E.: Schwingungsfragen der Fahrzeugfederung. Z. VDI Bd. 74 (1930) S. 1113.

[9] LEHR, E.: Die schwingungstechnischen Eigenschaften des Kraftwagens und ihre meßtechnische Ermittlung. Z. VDI Bd. 78 (1934) S. 329.

[10] LEHR, E., u. U. BERTSCHINGER: Über den Zusammenhang zwischen Schwingungseigenschaften und Fahreigenschaften von Kraftfahrzeugen. ATZ Jg. 48 (1946) und Jg. 49 (1947).

[11] MEINECKE, F.: Über Federung. Motorwagen XXIX (1926) S. 863 und Das Federproblem. Motorwagen XXX (1927) S. 311.

[12] GROSS, S.: Die Berechnung gestufter Blattfedern. Techn. Mitt. Krupp, Oktober 1937.

[13] ENSSLIN, M.: Studien und Versuche über die Beanspruchung und Formänderung kreisförmiger Platten. Dinglers Polytechnisches Journal Bd. 318(1903)S.705—805 und Bd. 319 (1904) S. 609—680.

[14] DUBOIS, FR.: Über die Festigkeit der Kegelschale. Diss. 1917. E. T. H. Zürich.

[15] ALMEN, J. O., u. A. LÁSZLÓ: Trans. A. S. M. E. Bd. 58 (Mai 1936) S. 305–314.

[16] WERNITZ, W.: Die Tellerfeder. Konstruktion Bd. 6 (1954) S. 361—376.

[17] C. Bauer K.-G., Welzheim: Hochleistungs-Tellerfedern.

[18] BRECHT, W. A., and A. M. WAHL: The radially tapered disk spring. Trans. A. S. M. E. Vol. 51 (1930) Part 1, S. 45.

[19] PHILLIPS, M.: Mémoire sur le spiral réglant. Savants étrangers. — XVIII, Paris 1861.

[20] SANDERS, W.: Uhrenlehre. Leipzig: Verlag d. Uhrmacherwoche 1923.

[21] LOVE, A. E.: Lehrbuch der Elastizitätslehre. Deutsch von A. TIMPE. Leipzig: B. G. Teubner 1907.

[22] GROSS, S.: Zur Berechnung der Drehstabfedern mit Kreisquerschnitt. Techn. Mitt. Krupp 1940, S. 33.

[23] GROSS, S.: Nicht-kreiszylindrische Schraubenfedern. Draht Bd. 6 (1955) S. 218.

[24] GROSS, S.: Berechnung schraubenförmiger Unterlagscheiben. Konstruktion u. Betrieb Jg. 89, S. 181.

[25] GÖHNER, O.: Schubspannungsverteilung im Querschnitt einer Schraubenfeder. Ing.-Arch. Bd. 1 (1930) S. 619.

[26] RÖVER, A.: Beanspruchung zylindrischer Schraubenfedern mit Kreisquerschnitt. Z. VDI Bd. 57 (1914) S. 1906.

[27] WAHL, A. M.: Stresses in heavy closely coiled Helical Springs. Trans. A. S. M. E. Bd. 51, Teil 1, APM 51—17, S. 185.

[28] HONEGGER, E.: Zur Berechnung von Schraubenfedern mit Kreisquerschnitt. Proceedings Third International Congress for Applied Mechanics Bd. 2 (Stockholm 1930) S. 99.

[29] BERGSTRÄSSER, M.: Die Berechnung zylindrischer Schraubenfedern. Z. VDI Bd. 77 (1933) S. 198.

[30] WEBER, C.: Die Lehre von der Drehungsfestigkeit. Forschungsarbeiten, Berlin 1921.

[31] GÖHNER, O.: Schubspannungsverteilung im Querschnitt eines gedrillten Ringstabes mit Anwendung auf Schraubenfedern. Ing.-Arch. 1931, S. 1.

[32] WOLF, W. A.: Vereinfachte Formeln zur Berechnung zylindrischer Schrauben-Druck- und Zugfedern mit Rechteckquerschnitt. Z. VDI Bd. 91 (1949) S. 259.

[33] KEYSOR, H. C.: Trans. A. S. M. E. Bd. 62 (Mai 1940) Nr. 4, S. 319—326; Pletta, D. H., u. F. J. MAHER: Trans. A. S. M. E. Bd. 62 (Mai 1940) Nr. 4, S. 327—329. Auszugsweise S. GROSS: Z. VDI Bd. 85 (1941) S. 52. Auch L. RICHTER: Z. VDI Bd. 88 (1944) S. 420.

[34] HURLBRINK, E.: Berechnung zylindrischer Druckfedern auf Sicherheit gegen seitliches Ausknicken. Z. VDI Bd. 54 (1910) S. 133 u. 181.

[35] GRAMMEL, R.: Die Knickung von Schraubenfedern. Z. A. M. M. Bd. 4 (1924).

[36] BIEZENO, C. B., u. J. J. KOCH: Die Knickung von Schraubenfedern. Z. A. M. M. Bd. 5 (1925).

[37] HARINGX, J. A.: Philips Research Reports Bd. 3 (Dez. 1948) und Bd. 4 (Febr. 1949) S. 49.

[38] LEHR, E.: Schwingungen an Ventilfedern. Z. VDI Bd. 77 (1933) S. 457.

[39] GROSS, S.: Die Beanspruchung beim Dauerprüfen zylindrischer Schraubenfedern. Draht Bd. 7 (1956) S. 116.

[40] HÜTTE, Des Ingenieurs Taschenbuch Bd. I, 28. Aufl., S. 223 und anderwärts. Berlin: Ernst & Sohn 1955.

[41] GROSS, S.: Druckbeanspruchte Kegelstumpffedern mit gerader Kraft-Weg-Linie. Z. VDI Bd. 74 (1930) S. 1759.

[42] KREISSIG, E.: Die Berechnung des Eisenbahnwagens. Köln: Ernst Stauf 1937.

[43] WALZ, K.: Arbeitsaufnahme und Federbeanspruchung. Draht Bd. 8 (1957) S. 322.

[44] KÖRBER, F., u. W. ROLAND: Mitt. K.-Wilh.-Inst. Eisenforschg. Bd. 5 (1923) S. 37—54.

[45] PALM, J., u. K. THOMAS: Berechnung gekrümmter Biegefedern. Z. VDI Bd. 101 (1959) Nr. 8, S. 301—308.

[46] LIESECKE, G.: Berechnung zylindrischer Schraubenfedern mit rechteckigem Drahtquerschnitt. Z. VDI Bd. 77 (1933), S. 425 u. 892.

[47] GROSS, S.: Zylindrische Schraubenfedern mit ungleichförmiger Steigung. Draht Bd. 10 (1959) S. 358.

Sachverzeichnis